ChatGPT

职场实战指南

马 骋 朱 琳 黄小刀 著

电子工业出版社·
Publishing House of Electronics Industry
北京·BEIJING

未经许可，不得以任何方式复制或抄袭本书之部分或全部内容。

版权所有，侵权必究。

图书在版编目（CIP）数据

ChatGPT职场实战指南 / 马骋，朱琳，黄小刀著. 一北京：电子工业出版社，2024.3

ISBN 978-7-121-47031-8

Ⅰ. ①C… Ⅱ. ①马… ②朱… ③黄… Ⅲ. ①人工智能 Ⅳ. ①TP18

中国国家版本馆CIP数据核字（2024）第008929号

责任编辑：张　毅

印　　刷：三河市鑫金马印装有限公司

装　　订：三河市鑫金马印装有限公司

出版发行：电子工业出版社

　　　　　北京市海淀区万寿路173信箱　　邮编：100036

开　　本：720×1000　1/16　印张：17　　字数：296千字

版　　次：2024 年 3 月第 1 版

印　　次：2024 年 3 月第 1 次印刷

定　　价：79.00元

凡所购买电子工业出版社图书有缺损问题，请向购买书店调换。若书店售缺，请与本社发行部联系，联系及邮购电话：（010）88254888，88258888。

质量投诉请发邮件至zlts@phei.com.cn，盗版侵权举报请发邮件至dbqq@phei. com.cn。

本书咨询联系方式：（010）68161512，meidipub@phei.com.cn。

序一

专业正在被 AI 重新定义

香　帅

著名金融学者

曾任北京大学光华管理学院金融学系副教授、博士生导师

香帅数字经济工作室创始人

自媒体"香帅的金融江湖"创始人

得到 App 中"香帅的北大金融学课"主理人

著有《金钱永不眠 I 》《金钱永不眠 II 》《香帅金融学讲义》《钱从哪里来：中国家庭的财富方案》《香帅财富报告：分化时代的财富选择》《熟经济：香帅财富报告 3 》《钱从哪里来 4：岛链化经济》等畅销书

这些年，AI 对职业的冲击已经不是新闻——很多"可编码"的重复性工种将面临被取代的风险。

2023 年 ChatGPT（尤其是 GPT-4）面世后，"可编码"的工种范畴被继续扩大。之前那些看似固若金汤的职业，比如编程、写作、绘画……都在 AI 的侵蚀下变得脆弱。

前不久，做 AI 应用方面的创业项目的小马（马骋）在一次我们团队的组会上，分享了他在 ChatGPT 方面的应用的心得。没有太多的概念和理论，小马直接在大屏幕上给团队演示了如何用 ChatGPT "干活"。比如，ChatGPT 可以：

- 撰写金融分析文章
- 查询最新的经济动态
- 编写数据处理代码

- 策划财富研学活动

…………

虽不完美，但都"能干"，干得还着实不赖——很明显，AI 不再是一个模糊的概念，而是能在日常工作中起到实际作用的助手。

我的这个认识很快被一件小事证实了。在筹备"共潮生·香帅年度财富展望 2023"过程中，临近演讲时，团队讨论说希望给现场的观众设计一份特别的纪念品。但时间紧迫，找专业设计团队已经来不及了。团队成员中没有专业的设计人员，小马和团队行政总助王佳雯觉得，AI 可以干。

于是，这两位完全没有专业设计背景的小白，利用 ChatGPT 和 Midjourney 这两个 AI 工具，用几天的零碎时间将这个想法变成了现实。在年度演讲的现场，纪念品的设想变成了观众手中的礼盒，里面包括"共潮生"徽章、书签和金银岛门票，都是由他们和 ChatGPT、Midjourney 合作完成的。

拿到这个小礼盒的当天，有个模糊的认知在我脑海里变得越来越清晰——**"专业正在被 AI 重新定义"**。

AI 时代，专业不再是一道难以逾越的鸿沟。AI 也不会取代人类，只要人类学会如何使用 AI，就能被 AI 赋予更多的能力。

最近，小马、朱琳及其他伙伴共同完成了《ChatGPT 职场实战指南》一书。这本书不仅延续了小马之前分享时的实用落地风格，更深入地探讨了如何将 AI 融入日常工作。与市面上众多理论性的 AI 书籍相比，此书更像是一本实战攻略，主要的案例都是基于他和他团队的实际经验编写的，可以帮助读者深入了解如何在各种场景下灵活运用 ChatGPT 去解决问题。

正如我曾经说过的，AI 带来的不仅是效率的提升，还是生产力的提高。我们必须学会与之共舞。

无论你从事哪个行业，处于哪个岗位，如何用 AI 提升自己的生产力，都将是未来职场的一道必答题。我相信《ChatGPT 职场实战指南》这本书能提供实用的"解题"方法。

序二

未来只有两类人：一类是 AI 之上的，一类是 AI 之下的

孙圈圈

"圈外同学"创始人兼 CEO

前美世咨询（中国）有限公司总监

出版的《请停止无效努力：如何用正确的方法快速进阶》一书畅销 40 万本、豆瓣评分超过 8 分

小刀出了本关于 AI 职场应用的新书，邀请我作序，深感荣幸的同时，作为一个拥有十几年咨询经验的人才发展专家，我也希望把 AI 对职场的影响，以及我对小刀的认识介绍给大家，这有助于大家更高效地阅读这本书。

我先分享一下，有了 AI 之后，我的工作生活发生了什么样的变化。以前需要用 2 天时间完成的工作和学习，用了 AI 后，我只需要 2 小时。

除我之外，我让我的团队成员也全部用上了 AI。我要求他们在 1 个月之内学会，并且做出至少 1 个工作上的应用案例。不仅如此，我还在内部搞了案例 PK 赛，并且把这个过程直播给了我们的用户。最终的结果是，2 个月后，我们公司的人效提升了 2 倍。现在，他们写周报、做 PPT、做招聘、策划活动、写公众号文章、给用户做职业咨询等，全部用上了 AI 工具。

所以，AI 对我们来说，已经成了不可或缺的超级助理。它聪明、智能、不知疲倦、不会情绪化，这是我们能够找到的最佳助理人选。

那么，AI 这么厉害，对职场会有什么样的影响呢？会替代我们吗？我们用数据说话。麦肯锡曾经把一个白领的工作进行拆分，平均来说，一个白领的工作大致包含如下这些，其中有对应的时间占比。

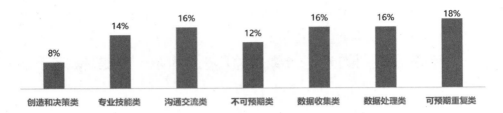

不妨思考一下，上面的这些工作中，哪些是可以被 AI 替代的，哪些不可以？我们来看一下：

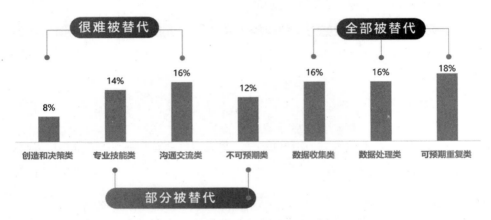

目前来说，重复性工作如数据收集、数据处理等，是完全可以被替代的，专业技能类工作有部分可以被替代。如果你是个设计师，那么与设计相关的部分工作是可以被替代的，很难被替代的是决策和沟通。然而，无论 AI 多么聪明，最终仍需要你来拍板，因为你作为决策者需要承担决策的后果。

所以，未来白领 70% 以上的工作，都是 AI 可以完成的。实际上，我们的很多大型企业客户，已经在内部逐渐推广 AI 应用了。

但是，AI 会不会替代人类呢？不会。我们看历次技术革命，从整个人才市场范围来看，新技术只会改变我们的工作内容和工作方式，不会让我们全体失业。当然，如果从局部来看，一些岗位和职业可能会受到很大的冲击，致使一些人出现了阶段性失业。也就是说，某些人的工作被 AI 替代了，他们还没有掌握 AI 时代的新技能，导致阶段性失业，需要一段时间来调整。

《人类简史》里面提到，未来会有两类人，一类是 AI 之上的，另一类是 AI

之下的。我 8 年前在咨询公司工作的时候，就已经开始研究 AI 等技术对人才的影响。我的结论与此相似：那些能够熟练应用 AI 的人，将能够拥有 AI 这个超级助理，成为 AI 之上的人；而那些无法熟练应用 AI 的人，他们的工作将会被 AI 取代，成为 AI 之下的人。

这就是我不遗余力地跟周围的朋友、用户强调要积极拥抱 AI 的原因。AI 技术是真真切切可以帮我们提升工作和生活效率的，所以值得好好去学习。

我在 ChatGPT 刚出来的时候，试用了一下，就感觉它会有很大的用途。所以我马上安排好自己的工作，公司管理的很多事情都交给了同事，在 2023 年 2 月至 3 月的两个月时间里，我花 70% 以上的时间去学习 AI 技术。不仅如此，我还拉着同事一起学习，这就是我们能够做到人效快速提升的原因。

也是在那段时间，我认识了小刀，当时我花了几万元，买了市面上各种课程、社群和书去学习，在突然冒出来的各种鱼龙混杂的 ChatGPT 专家中，我发现她是真的"有料"，是真的愿意花时间去研究，而且也是真的看好这个领域，并放弃了自己原本创业的领域、换了城市。再之后，我加入了她的 AI 社群，这是我加入的质量最高的 AI 应用社群，每天都有大量的有价值的信息。

她之前写的那几本书，都是从创业的角度来介绍 AI 应用的。应那些想要用 AI 做副业、为创业赋能的读者的要求，这次她终于决定写一本关于职场的 AI 应用书，我认为它对职场人士的帮助太大了。本来我打算自己写，既然有靠谱的人做了这件事，我就不必多此一举了，所以写下了这个推荐序，推荐你们读一读这本书。

成为 AI 之上的人，从这本书开始。

特别鸣谢

　　首先，感谢香帅老师在本书写作过程中给予的鼓励、对本书内容框架的指导，同时感谢孙圈圈老师从职场视角给出的宝贵建议。

　　其次，还要感谢王达、赵程、周毅对本书内容提出了宝贵的反馈建议，感谢刘楚宾、许磊、舒云飞、keepdelong（网名）、廖鑫、李卓书、陈思成、As Before（网名）、台风（网名）、蒋波，他们提供的各行各业的案例大大增强了本书的实战性，为读者提供了直接、落地的参考。

　　最后，感谢所有提供了各行各业 ChatGPT 实践案例与观点的朋友们，你们的经验分享让本书更加丰富、多元。

目　录

第1章
ChatGPT 初相识

20 世纪 50 年代，一篇名为《计算机械和智能》[①]（*Computing Machinery and Intelligence*）的论文被发表，这篇论文中提到了判断机器是否具备人工智能的方法，而它的提出者正是被誉为计算机科学之父、人工智能之父的艾伦·图灵（Alan Turing）。

图灵测试，作为人工智能最初的雏形，其产生时间甚至早于"人工智能"一词的问世。在这个测试中，将测试者（人类）与被测试者（机器）分隔开来，测试者在测试过程中，通过一些中间设备与装置，对被测试者进行随机提问。多轮测试后，如果测试者对被测试的对象到底是人还是机器抱有怀疑，且怀疑的测试者人数比重超过了 30%，那么被测试的机器就被认为具备人工智能。

在图灵逝世的 60 年后（2014 年），俄罗斯的一个团队开发了一款名为"尤金"的计算机软件，它模仿一名来自乌克兰的 13 岁男孩，成功地骗过了 33% 的测试者，"尤金"因此成了历史上第一个通过图灵测试的人工智能软件。

在 21 世纪的信息时代，人工智能正快速发展，并逐渐渗透到我们日常生活和工作的方方面面。在瞬息万变的时代，作为超级交叉科学，人工智能在数据、算力、算法的支持下涉猎了物联网、云计算、大数据，甚至边缘计算等内容。但作为最常见的一种人工智能形式，ChatGPT 以聊天机器人这种最还原、最接近图灵测试的模式，将我们拉回到 70 多年前，亲历人工智能最早的样子。

---

① Turing A M. Computing machinery and intelligence[J]. The Essential Turing: the Ideas That Gave Birth to the Computer Age, 2012: 433-464.

而这一次，我们要关注的早已不再是 ChatGPT 是否能通过测试，而是 ChatGPT 能做什么。

1.1　ChatGPT 是什么

ChatGPT 的全称是"Chat Generative Pre-training Transformer"。这个名字来自它的基础技术——**GPT**，即 Generative Pre-training Transformer，这是一种大型的语言预测模型，能够生成类人表达的文本。而"**Chat**"则表示这个模型是对话场景下进行的。

对于这样一个具备"类人"沟通能力的聊天机器人，它的核心技术是基于大量文本数据训练而来的。不同于传统的搜索引擎模式，ChatGPT 的回答是有逻辑的、可互动的，且上下文是有关联的。这样的颠覆性模型的问世，其实得益于 2019 年微软对一家从事人工智能研究的非营利性组织 OpenAI 的投资[①]。

OpenAI 的设立，是希望保障通用人工智能（Artificial General Intelligence, AGI）能够在大多数具有经济价值的工作中超越人类。在安全和共同利益保障的双重基础上，微软也希望通过人工智能打破谷歌在搜索引擎领域的垄断地位。

2019 年年初，作为战略投资者的微软，参与了 OpenAI 的资本化进程。至此，非营利性的研究组织转变成商业化的企业。同年 7 月，微软注资 10 亿美元，获得了 OpenAI 技术的商业化授权，而这也是微软旗下产品与 GPT 技术完成深度绑定的关键性步骤。

在此后的两年时间里，OpenAI 研究出了 GPT-3 语言模型，发布了第一个产品 OpenAI-API（API：应用程序编程接口），并再次获得了微软的投资，在商业化的道路上迎来了加速期。直至 2022 年年底，最新款人工智能产品被命名为"ChatGPT"。2 个月后，ChatGPT 的全球活跃用户突破了 1 亿人。

我们一起回顾一下 ChatGPT 相关产品 / 模型的发布历程。

---

① OpenAI 由 Elon Musk（伊隆·马斯克）、Sam Altman（山姆·阿尔特曼）等人于 2015 年 12 月 11 日创立，总部位于美国旧金山。

ChatGPT 相关产品 / 模型发布历程

时　间	发布的产品 / 模型	重要创新点
2020.6.11	GPT-3	• 文本生成：GPT-3 生成的文本质量非常高，以至于很难确定它是否由人类编写 • 代码生成：已经具备了代码生成的能力
2022.11.30	ChatGPT/GPT-3.5	• 对话模型：ChatGPT 是基于 GPT-3.5 的对话模型，并采用了类似常见的消息应用界面设计 • 支持处理更复杂的指令 • 内容生成：更长篇的内容输出 （注：对话交互的能力成为 ChatGPT 快速出圈的关键因素。）
2023.3.14	GPT-4	• 模型升级：多模态模型，支持图片输入 • 高级推理：数据推理、图表分析、角色扮演能力，以及各项专业测试得分大幅提升（如司法考试、数学考试、生物竞赛等） • 支持输入的文本长度增加 • 更多创造性 （注：其中多模态能力尚未在产品中提供。）
2023.5.12	网络浏览、插件功能	• 网络浏览：知道何时以及如何浏览互联网来回答关于最近事件和最新主题的问题 • 插件：知道何时以及如何使用被启用的第三方插件 （注：第三方插件的接入被视为一种类似苹果应用商店的模式，这将大大拓展 ChatGPT 的能力并构建生态体系。）
2023.5.24	ChatGPT App	• 支持移动端使用 • 支持语音输入
2023.7.9	Code Interpreter	• 代码解释器：提供了一个可以运行 Python 代码的虚拟环境 • 支持文件的上传、下载

　　产品迭代的加速是 ChatGPT 发展的显著特点，尤其是在 ChatGPT 发布之后，得益于海量真实数据的反馈，产品的迭代速度明显加快。在 2023 年以后，这种迭代的速度更快了，几乎每隔一两个月就会有重大的更新和创新。

　　这样的技术迭代速度，也意味着我们对于"**ChatGPT 是什么**"的认知，不应该仅仅建立在特定版本功能的体验感受上。相反，我们更应该关注的是其底层的逻辑、动态的发展趋势以及巨大的潜力。

在本书中，所有的示例均采用最新的 GPT-4 模型来生成，以展示其最新的技术实力。同时，我们也会结合最新的插件功能，来全面介绍 ChatGPT 的扩展性能力，以及未来的发展潜力。这将帮助读者更深入地了解 ChatGPT 的核心价值和未来可能的发展方向。

可以通过两种方式登录 ChatGPT：

1）官方网站

用户首次登录 ChatGPT 网站时需要注册，并通过如下的交互窗口选择不同模式。

- 普通账户：可使用 GPT-3.5
- Plus 账户：可使用 GPT-3.5/GPT-4

2）手机端 App

2023 年 5 月，OpenAI 发布了 ChatGPT 苹果手机端的应用，适用于 iPhone 8、iOS 16.1 或者更新的机型及系统。而就功能来说，它仅支持文字交互模式，不支持多模态的图片或者视频输出，也不能调用摄像头。

与网页版相似，移动端的 ChatGPT 依旧主打极简、清晰的风格和沉浸式的聊天界面。

但与网页版不同的是，此次使用了 iOS 系统的 ChatGPT 应用在对话中加入了语音输入的功能。语音是以录音的形式输入的，ChatGPT 会先把语音转成文字，确认无误发送后，用户将得到回复。语音输入目前同样支持中文，即便是中英文夹杂的对话形式，其学习和辨识能力也很高。

可以说，ChatGPT 的推广将跨越语言、语种障碍，成为最便携的"类人"智能机器人。

无论是下载 App 还是打开网页，完成注册后，人们对于 ChatGPT 一个主流的错误认知是简单地把 ChatGPT 当成聊天机器人，而忽视了其聊天界面背后的是一套超级智能 SaaS（软件即服务）^①。

　　回归图灵的初心，我们意识到这是一次颠覆性的技术革命。曾令我们人类沾沾自喜的创造力和艺术性将面临巨大的"被替代"危机，但这也是我们可以用最简捷的工具完成自我提升的最好机会。

　　ChatGPT 能做什么？

　　ChatGPT 如何改变我们的工作方式？

　　ChatGPT 技术迭代后能带来什么新机遇？

　　我对于这些问题的思考是本书的基石。因为，**在未来能替代我们的，可能不是 AI，而是会用 AI 的人**。

1.2　ChatGPT 能做什么

　　对于初次接触 ChatGPT 的用户来说，对它的第一个定位是聊天伙伴。通过聊天界面的询问，一些或常规、或有趣的回复是它能在社交媒体快速走红的原因之一。在小红书等平台，以 ChatGPT 问答为核心内容的多个账号迅速走红，吸粉破万人。

　　此外，ChatGPT 也可以是我们的创作助手、导师、历史人物模拟器，甚至是角色扮演游戏中的 NPC（非玩家角色）。

　　而聚焦到职场话题，ChatGPT 则可以成为非常优秀的工作助手，在诸多方面提供帮助。

---

① 周鸿祎 . 万字长文 | 周鸿祎谈 ChatGPT：六大观点、四大挑战、两大预测、一大战略 [EB/OL]. (2023-04-16) [2023-07-13]. https://mp.weixin.qq.com/s/olG5wGuB2Aki5oJydAQt5ww.

ChatGPT 的职场辅助功能

职场辅助功能	具体功能
总结文档与提取摘要	帮助你快速浏览长篇文档，提取关键点，并基于此，形成摘要，大幅提高阅读的效率
撰写电子邮件和通信草稿	在撰写业务方面的电子邮件或报告时，它可以提供写作建议和修改建议，让你的写作更准确、更具说服力
创新性思考	在提出创意的过程中，ChatGPT 可以基于提问者提供的上下文，生成各种可能的解决方案和创新思考，对项目有所启发
学习和研究	对于需要了解和学习的新事物，ChatGPT 可以为你提供详细的解释和背景知识，帮助你迅速掌握新的信息
技术解读	对于难以理解的复杂的技术术语和概念，ChatGPT 可以帮助你解读这些术语，使其更容易理解
准备演讲和提案内容	帮助你整理思路，提供逻辑连贯、引人入胜的演讲稿或者提案内容
支持多语言	提供多种语言的翻译。如果你在与外国同事或客户交流时遇到语言障碍，ChatGPT 能提供实时翻译
提供客户服务	提供常见问题的自动回答，从而节省客服人员的时间

以上的列举只是 ChatGPT 能力的冰山一角，而 ChatGPT 在职场工作中更为系统的用法，我们将在本书后文部分进行系统性的展开说明。

1.3　生成式 AI 带来的降维打击

1. ChatGPT 与 AIGC

在过去的十年里，人工智能技术取得了显著的进步。从 AlphaGo 击败围棋世界冠军李世石，到图像识别、语音识别和机器翻译等技术的成熟，AI 技术已然渗透到了各个领域。然而，ChatGPT 的问世标志着 AI 技术又一次有了重大突破。

要了解这个突破，需要先从了解 AIGC（AI Generated Content，人工智能生成内容）说起。

AIGC 的本质是包括文字、图片、音频、视频等多种形式的内容生产，其生产的方式是通过人工智能自动完成的。与传统的判别式 AI（偏重识别能力）不同，AIGC 作为新生代生成式 AI，具备了一定程度的认知能力和创造力，能够处理更加复杂的场景，并且支持自然语言对话场景下的交互。

通俗地说，判别式 AI 的智能体现在**"能听会看"**，它擅长识别和分类输入的信息。而最新的生成式 AI 的智能则体现在**"能说会写"**，这意味着它不仅仅具有被动接受和判别信息的能力，更拥有主动创作和表达的能力。

判别式 AI 与生成式 AI 的不同之处

维　度	判别式 AI	生成式 AI
基本原理	识别输入信息的模式	生成与输入相关的输出
应用领域	图像识别、语音识别等	文本生成、图像生成等
技术特点	识别和分类能力	生成和创造能力
认知能力和智能水平	低层次认知能力	高层次认知能力
实际应用	人脸识别等	虚拟助手、内容创作等
用户交互	有限的交互能力，侧重于单向的任务处理	更复杂的交互能力，支持自然语言对话

从原理到应用，ChatGPT 作为生成式 AI 的代表，与传统的判别式 AI 有着根本的区别：

（1）ChatGPT 模型的训练采用自我监督学习、强化学习。自我监督学习的方式，是指通过大量的文本数据进行训练，使其能够生成准确的预测；人类反馈的强化学习（RLHF）[①] 则强调通过真实的语境和人的反馈，对机器的学习进行优化，输出更合适、更精准的回应。

（2）ChatGPT 展示了更高维度的内容生产能力。这表现在 ChatGPT 不仅能理解和回答问题，还能生成新的建议。对于 ChatGPT 具备的这种突破性能力，我们分别从 **"GPT"** 和 **"Chat"** 这两个词背后的意思来进一步解释。

---

① 人类反馈的强化学习是一种机器学习方法。其中，人类指导或反馈被用来帮助 AI 系统做出更好的决策。简单来说，就像是在 AI 训练过程中引入了一位人类教练。

2. GPT：能力升级，从被动判别到主动创造

如前文所述，判别式 AI 主要专注于识别和分类。举个例子，我们将一张宠物照片录入，判别式 AI 会识别图像中的宠物种类、颜色等，而录入一段语音，也可以将其转换为文字。然而，GPT 作为生成式 AI 的代表，它的主要特点在于创造性的内容生成能力。

这种能力的提升，使得 AI 从一个被动的工具变成了一个更加主动、能提供交互式服务的创造者。

在多段对话场景的交互中，生成式 AI 能够精准理解上下文是否隶属同一个主题，即便是一些诸如"能展开说说吗？""能举个例子吗？"之类的表达，它也可以使得到的回复不偏离前面的对话场景与内容。

我计划到昆明旅游，推荐3个值得去的景点。

当然，昆明是中国云南省的省会，有许多值得一去的景点。以下是我为您推荐的三个：

1. 世博园：这是亚洲最大的园艺公园，也是2004年中国昆明世界园艺博览会的举办地。公园内的风景丰富多样，有水域园林、山地花坛、植物迷宫、国际标准的玫瑰园等多个景区，以及56个民族的特色建筑和园艺艺术。
2. 西山森林公园：西山位于滇池西岸，是昆明市的标志性景点之一。您可以乘船游览滇池，观赏湖景，也可以乘坐缆车上山，远眺昆明城市全景。公园内有许多名胜古迹，如华严寺、龙门、太华山等。
3. 石林：位于昆明市的东南方向，是世界自然遗产地，被誉为"世界奇石博物馆"。这里有大石林、小石林、外石林、奇石林、长湖、月湖、大水面等景点。石林的石柱林立，形态各异，充满了神奇和美丽。

这只是昆明众多风景名胜区中的一部分，相信您的旅行将会十分愉快。

有哪些美食？

昆明作为云南省的省会，是云南菜系的重要代表，这里的美食丰富多样，具有鲜明的地方特色。以下是一些您可能会喜欢尝试的昆明美食：

1. 过桥米线：这是云南的标志性美食，其特点是鲜、香、嫩、滑，汤色清亮，营养丰富。过桥米线的主要配料包括鲜鸡、鸭肠、猪肝、鱼片、鸭血、豆腐等，口味丰富多样。
2. 香辣烤鱼：香辣烤鱼是昆明特色小吃之一，鱼肉烤得外皮酥脆，内肉鲜嫩，口味香辣，颇受欢迎。
3. 鲜花饼：昆明作为"春城"，四季如春，鲜花资源丰富。鲜花饼就是将鲜花与面粉一起烤制而成的特色美食，口感香甜，十分独特。

ChatGPT 理解上下文的能力

在这段对话中，第一个问题提到了"昆明"，因此在第二个问题中，即使没有明确指定昆明有哪些美食，ChatGPT 依然识别出了我们讨论的背景是"昆明"。

　　　能展开说说吗？

　　　当然可以。这里有更详细的信息：

1. 过桥米线：过桥米线的名称来源于一段美丽的爱情故事。在云南，过桥米线是一种非常重要的食物，具有丰富的口感和营养价值。过桥米线主要由米线、热鸡汤和多种肉类、蔬菜等配料组成。这道菜的独特之处在于其烹饪过程：首先，将热鸡汤倒入碗中，然后依次加入肉类、蔬菜和米线。过桥米线的口感鲜美，汤色鲜亮，是昆明人民日常生活中的必备食品。
2. 香辣烤鱼：这是一道具有昆明特色的菜肴。鱼是这道菜的主要原料，加入大量的香料和辣椒烤制而成，烤出的鱼肉香辣可口，外皮酥脆，内肉鲜嫩。昆明的香辣烤鱼让人回味无穷，如果您喜欢辣，这绝对是一个不错的选择。
3. 鲜花饼：昆明作为"春城"，全年盛产各种鲜花。鲜花饼将鲜花与面粉一起烤制而成，形成了这款独特的甜品。鲜花饼的口感酥脆，香甜可口，有着鲜花的香味，不仅美观，而且美味。

ChatGPT 模糊提问的功能

"能展开说说吗？"这句话本身是一个较为模糊的问题，ChatGPT 依然给出了令人期待的回答。它能识别出"展开说说"的对象是上文对话中的"过桥米线、香辣烤鱼、鲜花饼"。这种上下文理解能力，使得我们与它的对话体验非常接近真人沟通。

3. Chat：交互革新，从专用人工智能迈向通用人工智能

"Chat"，即聊天的意思，代表了 AI 交互模式的革新。

在过去，AI 系统主要依赖于复杂的机器语言进行交互，这对普通用户来说是极具挑战性的。在 ChatGPT 出现之前，想要充分利用 AI 的强大能力，用户必须进行大量的技术性工作，包括数据处理、模型训练、模型部署以及 API 接口调用等。这些工作需要用户拥有丰富的编程和开发知识，这对大多数非技术背景的人来说，是一项巨大的学习负担，而这也导致了技术普及受阻。

然而，不同于机器语言交互，ChatGPT 采取的是自然语言交互，用户不必通过再学习，就可通过日常对话获取所需的信息。要达到这种普及程度，

ChatGPT 的交互能力需要兼顾三个重要的方面。

1）地域普及程度提升

ChatGPT 几乎支持全球 50 多种语言的输入，是一个大型的智能语言模型。正是因为这种多语言之间无缝切换的功能，其普及程度大大提高，受众群体突破了区域性的限制。从这个维度来看，ChatGPT 在跨地区语言交流和翻译过程中，给人们提供了很多核心竞争力。

（1）即时性。用户可以与 ChatGPT 对话，实现语言的实时翻译，无论是通过 App 的口头语言转录还是书面文本，这种即时性基本上可以理解为随身携带了一位同声传译，帮助用户跨国旅行或进行商务和跨文化的沟通。

（2）多语言转换。ChatGPT 支持多语言的翻译任务，以满足用户多样化场景的需求。这在很大程度上提升了内容从生产到跨语种转换的效率，最大化内容推广的可及性。

（3）文化适应性。鉴于 ChatGPT 积累的海量资料和学习算力，一些文化的差异和习惯用语也在翻译和运用的过程中更加准确。它能够帮助用户减少误解和歧义，使其表达更加自然和容易被理解。

 ChatGPT，我能用哪些语言和你对话？你能理解哪些国家的语言？

 ChatGPT主要以英文进行交互，但它也可以理解和生成多种语言的文本，包括但不限于：

- 中文
- 法文
- 德文
- 西班牙文
- 意大利文
- 葡萄牙文
- 俄文
- 阿拉伯文
- 日文
- 韩文
……

然而，需要注意的是，由于ChatGPT的训练数据主要是英文，因此它处理英文的能力通常会优于其他语言。对于非英文的语言，虽然ChatGPT可以理解和生成，但可能不如英文准确。

ChatGPT 的多语言能力

2）指令容错率提升

对于口语化和非正式的表达，ChatGPT 具有很强的理解能力和较高的容错率。对于语气助词、模糊字词的表述，ChatGPT 能够站在"类人"的语境中，精准理解其含义，为表达者降低被误解的概率。

> 我收到一段语音转的文字，你能帮我**整理**一下吗？

> 嗯，那个……嗯……我正在超市，嗯，想买点什么，你需要些什么呢？嗯……有，有什么你想要的……那个，你知道的，特别的东西……我可以……啊……看看，嗯……找找看。比如……嗯……猫猴桃，话菜，啊……还有……那个，书片和巧克力……

> 我理解"猫猴桃"可能是"猕猴桃"的错别字，"话菜"应该是"花菜"，而"书片"应该是"薯片"。整理后的内容如下：

> "我现在在超市，想买些东西，你需要我帮你买些什么呢？有没有你特别想要的东西？我可以帮你找一找。例如，猕猴桃、花菜、薯片和巧克力等等。"

ChatGPT 对于模糊表达的推断理解能力

3）自然语言交互

ChatGPT 打破了人类语言与机器编程语言的壁垒，用自然语言完成了人机交互的可能。

这意味着，无论是编程高手，还是对编程一窍不通的普通用户，都可以通过自然语言与 AI 进行有效沟通，完成各种复杂任务。这种从专用模型到通用模型的转变，打破了特有技术的高壁垒，使得普通的用户经过简单的培训，也可拥有私人定制的 AI 助手。

## 第 2 章

ChatGPT 如何改变未来职业

2.1　职业场景下的三个颠覆性改变

ChatGPT 出现后，我们的职业场景下将有三个颠覆性的改变：

- 获取知识和信息的模式的改变
- 交互模式的改变
- 个人和企业角色的改变

1. 获取知识和信息的模式的改变

ChatGPT 大大降低了专业领域知识的获取壁垒，这使得更多人可以涉足新领域，跨领域的知识整合将成为常态。

一位行业经验丰富的资深人士，可能并不善于写作。但是借助 ChatGPT，他可以直接获得写作能力，快速完成优秀文章的创作。以小红书文案写作为例，要适合该平台的文字风格，可以直接发送指令，让 ChatGPT 自动生成文案。除文案之外，适配文字的表情符号也可以在 ChatGPT 对话框中获得。

ChatGPT 能够将专业、晦涩和复杂的技能转换为标准、程序化的指导。这个转变使得特定的职业壁垒被打破，让更多普通人有了涉足新领域的机会，它也打破了心理学家 Anders Ericsson 提出的"**10000 小时理论**"[①]。

借助 ChatGPT 的高度总结能力，学习者可以直接得到框架性的知识和要点总结，10000 小时的时间成本会被大大缩短。在未来，时间能发生放大效应，普通人成为专家的路径变得更加多元。

勤能补拙固然是良训，但善用工具更应该被奉为圭臬。

ChatGPT 正在打破以知识存量为竞争壁垒的格局。在过往的认知里，学富五车、见多识广的既有知识存量常被认为是一种不可多得的竞争力。然而，在把 AI 工具作为"神助攻"的当下，这种缓慢的、渐进式的"积跬步以致千里，积小流以成江海"的模式将得到质的飞跃。增量的内容将以指数级的形式帮助存量体系进行自我完善，那种"士别三日，当刮目相看"的溢美之词，或将成为大众的习以为常。

除了竞争格局的转变，ChatGPT 的出现，对我们人类而言也是一种警告，我们应该顺势而为，转变思维模式，尽快改变原有的从点到面的系统化的学习方式。在未来，最终的需求将成为起始点，倒推式的逆向学习或将成为主流。

在传统的正向思维中，学习者通常需要先学习并掌握一定范围的知识，然后再应用到实际场景中。而在需求驱动的逆向学习中，学习过程会变得更加实用和高效。当抽象的概念成为实际的问题时，没有相关积累的探路者可以借助工具，更加主动地从指示中倒推，也可以针对不懂的地方直接发问，以获得更加精准的信息。

2. 交互模式的改变

ChatGPT 直接对话的交互模式使得"What You Chat is What You Get"（所聊即所得）成为现实。即使我们没有任何计算机和编程基础，也可以驾驭先进的 AI 技术。

首先，这种对话的方式让所有人都可以几乎零门槛地使用 AI。想象一下，

---

① Ericsson A. Deliberate practice and acquisition of expert performance: a general overview[J]. Academic Emergency Medicine, 2008, 15(11): 988-994.

我们与 AI 沟通的方式，就像和自己的朋友说话一样。这样的互动方式，打破了以往复杂的软件工具使用门槛，使得 AI 的使用变得触手可及。简单地说，只要动动嘴皮子，就可以调用最先进的 AI。

其次，这种自然对话的方式，可以大大减轻用户的思维负担。ChatGPT 的上下文理解能力，可以识别逐步深入描述的问题，使我们没有一次性阐明复杂问题的压力。这样，我们就可以更专注于当前的任务和下一步的思考，而不用记忆并处理大量的信息。

最后，这种对话的交互方式，可以帮助用户将模糊的思维转化为清晰的表达。许多时候，人的想法会停留在感性层面，是模糊的、无法用语言直接描述的。但现在，我们可以利用 ChatGPT，以碎片化甚至模糊的方式，逐步地描述自己的想法。然后，通过 ChatGPT 的反馈，逐渐将这些碎片化的思绪梳理得更加清晰。

这种"所聊即所得"的交互方式，会彻底改变团队的工作方式。借助 ChatGPT，团队里的所有项目都可以在讨论结束后，直接生成会议纪要，甚至根据现场的灵感，直接生成解决方案和提案，从而带来前所未有的效率提升。

3. 个人和企业角色的改变

在这个新时代，对于职业价值的认知，将不再局限于个人价值，而更多的是人机交互共创的价值。

这一捆绑式的新模式，将改变角色在团队中的定位，也将改变既定的考核范畴。多角色之间的切换、多任务的处理能力、人机之间的协同效应将成为关键。

从这种变化出发，个人价值的不可替代性将**从"我能做什么"转变为"我 + ChatGPT（AI 工具）能做什么"**。这意味着，在寻求职业瓶颈的突破与市场机遇的过程中，需要更加关注如何与 AI 技术互补，将彼此作为利益共同体，共同创造价值。

举例来说，设计师可以通过与 ChatGPT 共同探讨设计理念和方案，来提高签单前的提案能力。

值得注意的是，ChatGPT 对自己的定位并不仅仅是工具，因为它拥有自我学习能力，随着使用时长和习惯的培养，它会在一次次对话中，成为理解使用者表达意图和需求的数字伙伴。它就像一个数字世界里忠诚的"镜像"与"分身"，在潜移默化中了解使用者的偏好、职业习惯和特点。

以北京市经济和信息化局正式发布的《2022 年北京人工智能产业发展白皮书》（以下简称《白皮书》）为例，其对待 ChatGPT 的态度积极明朗。《白皮书》称：

"北京将引导企业、高校、科研院所、新型研发机构、开源社区等，围绕人工智能关键核心技术创新协同攻关。全面夯实人工智能产业发展底座，支持头部企业打造对标 ChatGPT 的大模型，着力构建开源框架和通用大模型的应用生态。加强人工智能算力基础设施布局，加速人工智能基础数据供给。"

在接下来的内容中，我们将详细探讨哪些职业技能可能面临被 ChatGPT 和其他 AI 工具替代的风险，以及人的哪些特质具备不可替代性。

2.2　警惕！这些职业技能将被替代

尽管我们已经提到了一些可能被 ChatGPT 替代的职业技能，如文案写作、语言翻译、客服对话以及数据分析等，但这只是问题的表面。要真正了解 AI 工具替代职业技能的核心逻辑，需要进一步探究：哪些特性使得某些职业技能更容易被替代，被替代的程度又有多高？这才是需要我们深入研究的关键问题。

为了对这个问题有更深入的理解，我们可以将职业技能按照可替代程度分为三个等级：事实性知识、可编码技能、可描述技能。

1. 事实性知识

事实性知识（Factual Knowledge）关联着特定主题或领域的基本信息和

数据。这种知识通常具体静态，且可验证，并且大部分情况下不会因时间或情境的变化而改变。例如，解答"财务报表是什么"，或者"Python 的基本语法是什么"等问题，我们提供的就是事实性知识。

事实性知识与知识的复杂性无关，而与问题的性质有关。无论是简单的问题，如"苹果是什么颜色？"，还是复杂的问题，如"量子力学是什么？"，只要问题的本质是在寻求对特定主题的基本解释或描述，即"是什么"，那么我们提供的就是事实性知识。这种知识不关心问题的难易程度，只关心能否提供可验证的、不随时间或情境变化的信息。

例如，尽管"量子力学是什么？"是一个涉及大量复杂物理学知识的问题，但我们对此问题的回答依然属于事实性知识。因为它提供了描述量子力学基本原理和理论的可验证的信息，而这些信息通常不会因时间或情境的变化而改变。

这意味着无论是拥有广博知识的"博学之士"，还是熟练掌握某个专业领域知识的"专业人士"，如果其职业价值主要建立在了解和掌握事实性知识上，那么这样的职位可能会被 ChatGPT 等 AI 工具所取代。

2. 可编码技能

可编码技能（Codable Skills）通常涉及有明确的任务目标且内容重复性较高的工作，例如收银员、柜员、客服等职位。这些工作内容往往可以用明确的操作步骤来说明，因此很容易被计算机算法进行编码，形成程序来自动完成。

不论工作内容如何，只要工作的内容可以被一个标准的流程来定义，这种属性的工作在理论上都可以被自动化的工具所替代。

值得注意的是，在 AI 大规模应用以前，这类可编码的工作实际上并没有被大规模替代，比如大多数公司都保留了人工客服。这是由于在实际操作中，往往会遇到许多预期之外的情况，这些情况通常被称为"长尾问题"或"例外"。例如，一个收银员可能需要处理商品扫描错误、客户付款问题、促销活动的特殊情况等，这些问题往往需要人类的判断和灵活性来解决。

如今，ChatGPT 基本能够在大多数场景下解决原来无法覆盖的长尾问题。这是因为 ChatGPT 基于海量的文本数据训练，能够理解和回应各种各样的问题，包括在特定领域内的复杂问题。这种技术的关键之处在于其"链式思维"能力，即可以理解上下文，跟踪长篇对话中的线索，并据此生成适当的回答。此外，ChatGPT 的逻辑推断能力也在很大程度上提高了它处理问题的准确性。

因此，这使得原来"半自动化"的岗位将直接被"全自动化"替代。例如，客服聊天机器人可以自动回答用户的问题，减轻客服人员的工作压力。

3. 可描述技能

可描述技能（Describable Skills）一般涉及一定复杂性、灵活的任务，但这些任务可以通过语言文字描述，并转化成 AI 可以执行的任务。比如，基础财务、基础数据分析、基础编程、研究助理等初级岗位。这类岗位，由于其工作的灵活性、开放性，且往往需要一定的专业知识（如财务知识、数据分析等），并不容易被其他工具所替代。这类岗位的工作往往由助理、实习生承担。

而今，ChatGPT 具有强大的语言理解能力，可以准确地解析人类的任务指令，并根据指令完成任务。同时，由于 ChatGPT 在训练过程中接触了大量跨专业的知识，从科技、文化、艺术到法律、医学等，都有所涵盖，这使得ChatGPT 在处理这类可描述任务时，能够理解任务的本质，提取关键信息，然后基于其庞大的知识库，对任务进行有效的完成。

以"帮我查找 AI 领域最新的行业报告"的任务为例，ChatGPT 不仅能快速查询到最新的权威性行业报告，并且能快速总结要点，供我们参考。

帮我查找AI领域最新的行业报告，并总结要点。

Used WebPilot ∨

根据斯坦福大学的2023年AI指数报告，以下是一些关于AI领域的主要发现和趋势：

1. **行业领先于学术界**：直到2014年，大多数重要的机器学习模型都是由学术界发布的。自那时起，行业已经接管了。在2022年，有32个重要的行业生产的机器学习模型，而学术界只生产了三个。构建最先进的AI系统越来越需要大量的数据、计算和资金，这些资源是行业参与者相比非营利组织和学术界更多地拥有的。

2. **传统基准上的性能饱和**：AI继续发布最先进的结果，但许多基准上的年度改进继续边际化。此外，达到基准饱和的速度正在加快。然而，新的、更全面的基准测试套件，如BIG-bench和HELM正在发布。

3. **AI对环境的影响**：新的研究表明，AI系统可能对环境产生严重影响。然而，新的强化学习模型如BCOOLER表明，AI系统可以用来优化能源使用。

4. **AI的滥用事件数量正在迅速增加**：根据AIAAIC数据库，与AI的道德滥用相关的AI事件和争议自2012年以来已经增加了26倍。

5. **AI相关专业技能的需求在几乎所有美国工业部门都在增加**：在美国的每个部门（除了农业、林业、渔业和狩猎），AI相关的职位发布数量平均从2021年的1.7%增加到2022年的1.9%。美国的雇主越来越需要具有AI相关技能的工人。

6. **AI的私人投资首次出现年度下降**：2022年全球AI的私人投资为919亿美元，比2021年下降了26.7%。AI相关的资金事件的总数以及新资助的AI公司的数量也有所下降。

以上是报告的一些主要要点，但报告内容丰富，还包括了关于AI在教育、政策和治理、多样性和公众观点等方面的深入分析。

ChatGPT 可以完成可描述性任务

这表明，**"可以清晰描述任务目标"** 的大多数工作，也将被纳入 ChatGPT 的技能清单，包括但不限于：

（1）初级市场研究。例如，"帮我列举全球范围内最大的电动汽车制造商，以及它们各自的市场份额"。

（2）内容筛选与编辑。例如，"从我提供的论文草稿中，帮我找出最重要的三个观点，并改进其表达方式"。

（3）初级项目管理。例如，"提醒我关于项目的重要时间点，或者跟踪我的工作日程"。

（4）文档编撰。例如，"根据我提供的大纲，帮我撰写一个项目报告"。

从这个不断扩展的任务清单中，我们可以清晰地看到原本被视为有一定门槛的可描述技能的岗位，已经面临来自 AI 工具的严峻挑战。

以 ChatGPT 为代表的 AI 技术正在迅猛发展，我们可以预见未来 AI 的能力边界将不断被拓展。这引发了一个根本性的问题：作为人类，我们拥有的哪些特性是无法被 AI 所替代的？

2.3　如何打造自己的不可替代性

在这样一个极度不确定的时代中，职场人士如何提高自己的不可替代性又被再一次谈及，成为令人瞩目的焦点话题。

论及职业的**"不可替代性"**，我们首先想到的是一些因为特有性质会被率先替代的职业种类。

2013 年，牛津学者 Carl Benedikt Frey 和 Michael Osborne[①] 就曾对更广义上的技术替代做出了预判。他们认为，到 2030 年中期，美国 47% 的岗位将实现计算机化，处于较高的失业风险之中。而在美国 702 种职业中，服务业、办公行政等都处于被替代的高风险之中。

这个预测被时下的美国白宫经济顾问委员会、英格兰银行、世界银行等多家机构采用，产生了较大的影响。而此后的 2019 年，Frey 也在其《技术陷阱》[②]（The Technology Trap）中回溯了相关内容。

对于持续高失业率主导因素的讨论，数十年间，最典型的观点是工作本身所需的"人力"可以被"计算机化"所替代。在 Frey 和 Osborne 的工作样本分析中，有 237 个工种被计算机化的概率小于 30%。总结这些职业的属性，我们不难发现一些共有的特征：

（1）具有社交智慧。例如，心理健康和物质滥用社工、医疗社工、心理学家、培训与发展经理、销售经理、中学特殊教育教师、高等教育教师、婚姻和家庭治疗师等。

---

① Frey C B, Osborne M. The future of employment[NJ]. Oxford: University of Oxford, 2013.

② Frey 认为，从长远来看，技术革命会造福每一个人，但是短期存在技术陷阱，可能会产生大规模的失业、阶级变化，甚至社会动乱。

（2）具有创造力。例如，编舞师、戏剧和表演化妆师、音乐指导和作曲家、时装设计师、摄影师、制片人与导演等。

（3）具有专业实操能力。例如，康复治疗师、口腔和颌面外科医生、医师和外科医生、纺织品和服装样师、布景和展览设计师、机械工程师、药剂师、航空航天工程师、物理治疗助理等。

1. 具有社交智慧

社交智慧是指在社交互动中展现出来的智慧和能力。它涉及了解和适应社交情境、与他人有效地交流和互动，以及对人际关系和社会规范较敏感。

具备社交智慧的人，比起机器，更能够准确地"读取"他人的情感和意图，展现出恰当的情绪表达和沟通方式，以及建立和维护互惠、双赢的人际关系。如果对社交智慧再进行拆解，其中又包括以下几个方面的能力和技巧：

（1）情绪管理能力。能够准确地察觉自己及他人的情感状态、情绪变化。懂得如何在适当的时候进行情绪管理，有效地应对他人的情绪，并表达自己的情感。在这个方面，AI 能够做到基础的带有感情的交流（如感谢、抱歉的委婉表达），但在共情力上，目前依旧无法达到替代人与人交流的真实与自然。

（2）社交洞察力。能够观察和理解复杂社交情境中的直接言语的明示及非言语的暗示。懂得如何解读他人的肢体语言、面部表情和语气，从而更好地理解他们的意图和需求。

（3）人际交往能力。具备良好的沟通技巧，包括积极倾听、表达清晰、善于提问和精准回应。能够适应不同的人际风格和沟通方式，建立积极、互惠的人际关系。

（4）冲突解决能力。懂得处理人际冲突和矛盾，采取合适的方法和策略解决问题，维持良好的人际关系。

在职业的不可替代要素中，一切都是以"人"为本，而不是以可被量化的"技术"为本的。基准不同，人工智能的替代自然存在瓶颈，正如刘慈欣在《三体 II：黑暗森林》[①] 中所描述的，对于宇宙公理论的讨论，"猜疑链"的背后，其实是以"人"为例子的宇宙文明中，各个种族间的生物与文化差异，它的坚不可摧不能被"技术爆炸"所替代。

2. 具有创造力

创造力是指个体在思维、行为和表现方面展现出的创造性特质和能力。它涉及独特的思维方式、创新的思考和行动，以及能够产生新颖、有价值和有意义的想法、概念、产品或解决方案。具有创造力具体表现为：

（1）原创性思维。拥有独特的、富有想象力的思维方式，能够提出新颖的观点和有创造性的想法。能够跳出传统的框架和限制，采用非常规的思考方式来解决问题或面对挑战。在以 ChatGPT 为例的文本模型中，大多的回答是基于在既有的公开信息下构建的交互体系，但是对于全新原创、未被提及的产品、概念等尚不具备完善的快速检索和架构重组的能力。同机器学习不同的是，人的原创性、发散性思维具备一定的天赋，也需要后天的强化训练。对于那些具备卓越创造力与创新能力的人来说，其不可替代性往往体现在一次次让人耳目一新的想象之中。

（2）冒险精神。愿意尝试新的想法和方法，勇于面对不确定性和风险，并从中学习和成长；在不同的环境和变化之中，能够灵活调整思维和行为，从而应对新的挑战和需求。即便落地时困难重重，也能够将想法转化为实际行动，并持续努力实现目标。

以文学创作为例，在科幻与奇幻文学的殿堂中，"雨果奖"和"星云奖"的获得者表现出人类极致的、特有的创造力与想象力。细数 20 多年的写作生涯，奥森·斯科特·卡德 [②] 从 1977 年发表第一篇小说开始至今，仅雨果奖和星云奖就获得了 24 次提名，并有 5 次最终捧得了奖杯。

---

① 刘慈欣 . 三体 II：黑暗森林 [M]. 重庆：重庆出版社，2008.

② 1986 年，奥森·斯科特·卡德的《安德的游戏》囊括雨果奖、星云奖；1987 年，其续集《死者代言人》再次包揽了这两个世界科幻文学的最高奖项。

虽然人工智能和深度学习语言模型发展非常迅速，但我们其实并不需要过度担心人工智能语言模型会给人类带来威胁[①]。将人与 AI 在内容创作上进行比对，AI 更大程度上起的是辅助作用。

因此，我们需要冷静地了解 AI 的能力和边界，并努力寻找新的方向。这个过程很漫长，也需要更好地管理公众预期。而独属于人类的创造力，将带着自己文明的那份浪漫，在浩瀚的星河里徜徉。

3. 具有专业实操能力

专业度很高的实操性工作，通常是指那些需要高度专业的知识和技能，并且在实际操作中灵活运用这些知识和技能的工作。对于这样的工作，AIGC 或许在未来能够大量地学习理论与专业知识，但在应用层面，却是短时间内无法取代的。具有专业实操能力具体表现为：

（1）操作技能。说到操作技能，我们首先想到的是一些手工艺人，如雕刻师、画家、陶艺师等，以及一些技术性的工匠，如修理师、机械师等。这些职业都需要高度的手工操作技能。例如，一个雕刻师需要能够精细地操作工具，在各种材料上创作出生动的艺术作品。这种操作技能不仅需要精湛的手工艺技能，还需要对材料的深入了解和丰富的实践经验。

（2）专业实践与案例积累。除了手工艺和技术工艺，许多专业领域的实操工作更多地依赖于实际案例的积累和实践。医疗健康领域的医生和护士、心理咨询师等，他们的核心技能不仅仅来自书本知识和专业训练，更在于经验的积累。例如，一位医生治疗水平的提升需要有大量患者治疗病例的积累，而一个心理咨询师则需要根据客户的实际情况，提供有针对性的心理治疗方案。

（3）行业经验与隐性知识。行业经验和特定领域的"Know-How"也属于专业实操。这类知识通常是难以形式化的"隐性知识"，需要通过长期的工作实践和经验积累才能获得。例如，一个资深的销售经理可能在多年的工作中，逐

---

① 观点取自印度统计研究所统计学教授阿塔努·比斯瓦斯（Atanu Biswas）。

渐掌握了如何与不同类型的客户打交道，如何处理各种预料之外的情况，以及如何有效地管理销售团队，等等。

在这些高度专业化的实操性工作中，人类的创造性、适应性和复杂的情绪感知能力发挥了至关重要的作用，这些都是目前的 AI 还无法替代的。

虽然社交智慧和创造力在很大程度上依赖个人的天赋，但专业实操能力的积累适用于每个人，每个领域的人都可以通过它来形成自己的独特性。因此，专业实操能力在人们对未来的职业生涯规划中，具有更加重要的意义，是每个人都可以通过努力得到提升的发力点。

2.4　ChatGPT 时代的职业价值方法论

综合以上的讨论，我们可以把 ChatGPT 时代的职业价值方法论精练为以下两个核心思路：

- 在 AI 可以替代的领域：借助 AI 将自己打造成超级个体
- 在 AI 无法替代的领域：强化自己的不可替代性

1. 借助 AI 将自己打造成超级个体

在 ChatGPT 时代，我们的职业价值转变成了"我 +ChatGPT"所能创造的价值。ChatGPT 可以替代诸多基础的职业技能，它的存在使得我们能够打破传统角色的边界，拓宽个人的能力范围，实现一个人扮演多个角色的可能性。

例如，你是一个项目经理，但在 ChatGPT 的协助下，你同样可以充当设计师、营销专家、数据分析师等角色。你可以成为业务负责人，甚至成为自己的老板。这使得"一个人活成一个团队"成为现实。

在传统模式下，完成一些大型项目通常需要整个团队的协作。然而现如今，借助 ChatGPT 等 AI 工具，我们有可能单独完成这些项目，并且可能在效率上会超越传统的团队模式。这不仅极大提升了我们的工作效率，同时也增强了创新能力和决策能力。

作为独当一面的超级个体，我们在职场将会有更强的议价力：可以直接与客户或者雇主进行交流和协商，无须通过第三方，这将大大提高我们在谈判中的地位，获得更多升职加薪的机会。

在这个视角下，ChatGPT 不仅仅是一个工具或者助手，它还是我们扩展自我、超越自我的伙伴。可以预见，在未来的职业场景中，超级个体的存在将越来越普遍，这将是一个职业能力和效率得以极大提升的时代。

2. 强化自己的不可替代性

可以把个人不可替代性总结成一个简单的公式：

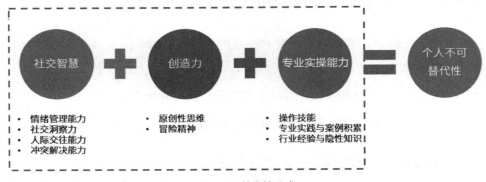

个人不可替代性公式

在"**社交智慧 + 创造力 + 专业实操能力 = 个人不可替代性**"这个公式中，"+"意味着不同维度的叠加：一个人的不可替代特质既可以体现在社交智慧上，也可以体现在创造力和专业实操能力上，每增加一个维度就意味着他在职场上的稀缺性增强一些。

举例来说，心理咨询师需要有出色的社交智慧来理解和共情客户的感受，需要创造力去提出适合个体的咨询方案，同时也需要丰富的实操经验才能提供有效的咨询服务。

更进一步来讲，这三种不可替代性的要素也存在相辅相成的联系：

（1）社交智慧可以帮助我们更好地获得客户的信任和项目机会。具有高社交智慧的人擅长理解他人的需求和感受，与他人建立良好的关系，并协调团队间的合作。这将帮助他们在与客户的交往中建立信任，从而获取更多的项目机会。

（2）实施项目的经历又进一步帮助我们积累专业实操能力。每一个项目的实施都是专业实操能力的提升和积累。在项目中遇到的问题和挑战，会促使我们寻找新的解决方案，深化对专业知识的理解，从而提升我们的专业实操能力。

（3）创造力也可以通过社交智慧和专业实操能力得到提升。例如，可以通过了解他人的需求，创新自己的工作方法；也可以通过专业实操，发现新的工作方法，创新自己的产品或服务。

在未来的职场中，我们应该努力提升这三种不可替代性的要素，让自己成为不可替代的个体！

2.5　ChatGPT 如何助力求职者的应聘

作为职场人士，在 ChatGPT 的帮助下，我们如何更快地更新职业技能，满足岗位要求，也是一大挑战。面对这个挑战，ChatGPT 可以扮演个人职业教练的角色，帮助应聘者更好地评估自身现状，有针对性地提升技能，并通过模拟面试等方式，助力其应聘成功。

具体来说，ChatGPT 可以通过分析应聘者的简历，提出优化建议，帮助其更好地展示自己的优势。在面试准备环节，ChatGPT 可以通过模拟面试，帮助应聘者提前预演面试情景，提升面试的成功率。

假设你已经拥有多年互联网产品、运营相关经验，正在考虑应聘一个与 ChatGPT 结合的产品经理岗位。

1. 让 ChatGPT 帮助应聘者设计简历

首先，可以让 ChatGPT 帮助你生成一份有针对性的简历模板，作为参考。

能否针对这个岗位，帮我生成一份高质量的简历模板？
我的基本信息：硕士学历，五年互联网经理，在两家电商公司担任产品经理、运营岗位。

当然可以，以下是一份针对你基本信息的简历模板。

个人简历

基本信息

姓名: [你的名字]
联系电话: [你的电话]
电子邮件: [你的电子邮件]

教育背景

硕士学位，[你的专业]，[你的大学名字]，[你的毕业年份]

工作经验

产品经理 / 运营经理，[第二家电商公司名字]，[工作年份] - 至今

- 借助ChatGPT成功推动了C端、B端和G端产品在医疗健康领域的应用；
- 通过深入洞察用户需求，推动了一系列产品创新并负责了产品的发展和功能规划；
- 协调跨部门团队，成功推动了多个产品功能的开发、测试、发布；
- 分析用户行为和需求，收集用户反馈，对产品进行了持续优化和改进；
- 在产品运营方面有所突出，推动了产品运营工作的成功执行。

ChatGPT 提供的简历模板

以上的简历模板中规中矩，缺少一些量化的业务成果描述，可以让
ChatGPT 继续优化。

要突出关键业务指标量化成果，作为简历的亮点。优化以上的简历模板。

 你完全正确，详细并量化地表述你的成就，尤其是与业务关键指标(KPIs)有关的，是使你的简历在众多申请者中脱颖而出的有效方法。以下是根据你的要求优化后的简历模板：

个人简历

基本信息

姓名: [你的名字]
联系电话: [你的电话]
电子邮件: [你的电子邮件]

教育背景

硕士学位，[你的专业]，[你的大学名字]，[你的毕业年份]

工作经验

产品经理 / 运营经理，[第二家电商公司名字]，[工作年份] - 至今

* 利用ChatGPT成功推动医疗健康领域的C端、B端和G端产品应用，提升产品活跃用户数20%;
* 持续挖掘用户需求，推动产品创新，并负责产品功能规划，使产品线平均月度活跃用户增长15%;
* 协调跨部门团队，成功推动多个产品功能的开发、测试、发布，提高新功能发布频率25%;
* 通过分析用户行为和需求，收集用户反馈，持续优化产品并提升用户满意度10%;
* 积极推动产品运营工作，通过精细化运营策略，使产品月度销售额增长30%。

产品经理，[第一家电商公司名字]，[工作年份] - [工作年份]

* 独立负责多个产品或功能的全生命周期管理，包括界面设计、项目推进、迭代优化等，平均提升产品用户留存率12%;
* 利用需求分析、产品设计，数据分析、竞争分析等方法，成功推动产品市场份额增长10%;
* 精通AXURE RP、MOCKPLUS、思维导图、VISIO等设计工具，提升产品设计效率30%。

技能

* 市场敏锐度：能够准确把握市场动态，预见行业趋势;
* 工具技能：精通AXURE RP、MOCKPLUS、思维导图、VISIO等设计工具;
* 沟通能力：具备良好的沟通表达和协作能力，能够在跨部门项目中有效推动进度。

附加信息

* 具有丰富的产品运营经验，成功推动多个产品的市场表现;
* 擅长时间管理和项目管理，能在多项目环境下保持高效的工作状态。

ChatGPT 优化后的简历

接下来，你可以直接问 ChatGPT，你想应聘这个岗位，它有哪些建议？

 我想应聘这个岗位，你有哪些建议？

首先，这个岗位是一个产品与运营相结合的岗位，主要职责是将ChatGPT应用到医疗健康或其他领域，并负责产品的全生命周期管理。这个岗位需要对市场和产品有足够的敏感度，精通各种设计工具，掌握需求分析、产品设计、数据分析、竞争分析等方法，并具备良好的沟通表达和协作能力。

1. **了解ChatGPT和AI技术**：由于这个岗位需要将ChatGPT应用到医疗健康或其他领域，因此你需要对ChatGPT和AI技术有深入的理解和实践经验。
2. **产品和运营经验**：这个岗位需要你独立负责产品或功能的全生命周期管理，包括界面设计、项目推进、迭代优化等，因此你需要有丰富的产品和运营经验。
3. **市场敏感度**：你需要对市场以及产品有足够敏感度，能够快速捕捉市场变化，及时调整产品策略。
4. **沟通和协作能力**：这个岗位需要你与各个部门进行协作，因此你需要具备良好的沟通表达和协作能力。
5. **准备相关案例**：在面试中，你可能需要分享你过去如何成功地将AI技术应用到产品中，以及你如何管理产品的全生命周期。因此，你需要准备一些相关的案例，以便在面试中分享。
6. **了解公司和行业**：在申请这个岗位之前，你需要对公司的业务和行业有深入的了解，这将帮助你更好地理解这个岗位的职责和要求。

总的来说，你需要有深入的AI技术理解，丰富的产品和运营经验，以及良好的沟通和协作能力，才能胜任这个岗位。

ChatGPT 提供的岗位应聘建议

结合 ChatGPT 给出的建议，应聘者可以有针对性地做一些准备，并更新自己的简历。

2. 让 ChatGPT 模拟面试场景

在优化简历的基础上，可以让 ChatGPT 扮演面试官的角色，帮助应聘者做好个人展示的准备。

我已经做好了简历准备，你能否扮演面试官的角色，出几道面试的题目，给我参考。

当然可以，以下是一些可能的面试问题：

1. **项目相关：** 你能否详细介绍一下你的"Chat健康"微信小程序项目？在这个项目中，你的主要职责是什么？你在项目中遇到的最大挑战是什么，你是如何解决的？
2. **技术相关：** 你是如何利用ChatGPT的API来提供健康评估建议的？你在使用ChatGPT的过程中，有没有遇到什么技术问题，你是如何解决的？
3. **产品设计：** 在你的小程序中，你是如何考虑用户体验的？你是如何收集并使用用户反馈来优化产品的？
4. **数据处理：** 在处理用户的体检信息时，你是如何保证用户数据的安全和隐私的？
5. **团队合作：** 在你的项目中，你是如何与团队成员进行协作的？你能分享一个你在团队中发挥关键作用的例子吗？
6. **未来规划：** 如果你被录用，你打算如何将你的经验应用到我们的产品中？你对于ChatGPT在我们公司的应用有什么想法或建议？

这些问题主要考察你的项目经验、技术能力、产品设计思维、数据处理能力、团队合作能力以及对未来的规划。希望这些问题能帮助你更好地准备面试。

ChatGPT 提供的面试题目

ChatGPT 已经结合以上提到的项目，制定了有针对性的面试问题。应聘者可以从第一个问题开始，模拟面试场景。

非常好，我很高兴听到你对这个项目的热情。那么，让我们开始吧。

第一个问题是关于你的"Chat健康"微信小程序项目。你能详细介绍一下这个项目的主要功能和你在项目中的主要职责吗？同时，我也很想知道，在这个项目中，你遇到的最大挑战是什么，你又是如何解决的呢？

我先介绍一下这个项目的来源：这个项目，源于我自己做体检时感受到的痛点：看不懂体检指标，如果咨询体检机构，可能被推销更多高消费的检验项目。我希望用一个产品解决更多人的痛点。

这个项目中，我同时扮演了产品经理和技术开发的角色，我通过描述开发需求，让ChatGPT生成微信小程序代码，并指导我完成调试。这样的双重角色，对我来说是很大的挑战，但在ChatGPT的辅助下，我做到了，而且比传统的"产品—设计—开发—测试"团队模式做到了更高的效能。

ChatGPT 扮演面试官模拟面试（对话 1）

非常好，你的项目来源很有意义，解决了一个实际的问题。同时，你在项目中扮演了多重角色，这显示了你的多元技能和适应能力。你能进一步详细描述一下，你是如何利用ChatGPT来生成微信小程序代码的吗？在这个过程中，你是如何解决遇到的技术问题的？

这个问题非常好，使用ChatGPT生成小程序代码，其实是整个项目中的一个技术环节。以往，"产品经理"和"IT开发"是两个角色，存在很大的沟通成本。现在，借助ChatGPT的辅助编程能力，我可以同时扮演两个角色，大大提升了产品设计、迭代的效率。具体来说：

1) 使用ChatGPT帮我将产品设想转化成需求开发描述，比如"我想开发一个Chat健康小程序，帮助用户看懂体检报告，请帮我生成开发需求"。
2) 使用ChatGPT将开发需求转化成技术规划，比如"请根据开发需求，设计整个项目的技术框架，并拆解到具体的开发任务模块"。
3) 使用ChatGPT逐个生成模块代码，逐个验证之后，再整合成完整的项目。

这是一个基本的概述，在这种模式下，我也会遇到复杂的技术问题，我会直接向专业人士请教，明确思路之后再和ChatGPT继续交互迭代。

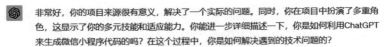

ChatGPT 扮演面试官模拟面试（对话 2）

结合上面的对话，可以让 ChatGPT 对面试表现做出评估。

"面试"暂停。请你根据以上的面试对话，评估我的表现，并给出提升的建议。

根据你的面试对话，我认为你的表现非常出色。以下是我的一些观察和建议：

1. **项目介绍**：你对项目的介绍非常清晰，你成功地阐述了项目的来源、你在项目中的角色，以及项目的目标。你的描述展示了你对项目的深入理解和你在项目中的主导作用。
2. **问题解答**：你对问题的回答非常详细，你详细解释了你如何利用ChatGPT在项目中提高效率，这展示了你对ChatGPT的深入理解和实际应用经验。
3. **挑战和解决方案**：你提到了在项目中遇到的挑战，并解释了你是如何解决这些挑战的。这展示了你的问题解决能力和适应性。

建议：

1. **更多的细节**：虽然你的回答非常详细，但在描述你如何解决项目中的挑战时，你可以提供更多的具体例子。这将帮助面试官更好地理解你的问题解决能力。
2. **展示你的热情**：在面试中，展示你对工作的热情和兴趣是非常重要的。你可以通过分享你对ChatGPT的兴趣，或者你对未来在这个领域工作的期待，来展示你的热情。
3. **准备问题**：在面试结束时，你可以准备一些问题来询问面试官。这不仅可以帮助你更好地了解职位和公司，也可以展示你对这个职位的真正兴趣。

ChatGPT 给出的面试表现反馈

显然，ChatGPT 提供了详细且专业的反馈，帮助应聘者了解面试表现的亮点和改进空间。

然而，我们也需要注意，由于 ChatGPT 的设计倾向于提供积极、肯定和鼓励性的反馈，因此其评价可能不够客观。为了获得全面的反馈，应聘者仍需要寻求其他同事或专业人士的意见，以便更全面地了解自己的面试表现和改进空间。

第 3 章 ◀

ChatGPT 职场实战方法论

ChatGPT，这个强大的 AI 助手，已经在各个维度上展现出了出色的智力。然而，当我们尝试将其应用到职场实战中时发现，实际的工作场景并不像预想中的那样简单。即便 ChatGPT 能够回答各种问题，但从这些答案到解决实际业务问题之间，仍然存在一定的距离。

以自媒体业务为例，ChatGPT 可以轻松完成很多具体的工作，比如文章的写作、标题的拟定、宣传文案的撰写，等等。但是当我们站在经济效益的角度，提出如何用 ChatGPT 提升自媒体的流量、如何提升业务的变现能力时，就会发现这样的问题 ChatGPT 很难给出直接的答案。

如何将 ChatGPT 的技术能力转化成真实的、全面的业务生产力？ 这是一个值得深思的问题。

要回答这个问题，我们不妨一起回顾一下第二次工业革命中电力的应用。回首历史，我们会发现，人类对电力的运用，实际上就是把原有的问题转化为可以通过电力解决的问题。例如：

照明问题： 我们用电灯取代了煤油灯和蜡烛。

运输问题： 我们用电车取代了马车。

通信问题： 我们用电报和电话取代了信鸽和人工信使。

可以看出，尽管电力在各个领域的应用形态各异，但它们都遵循一个共同的基本逻辑：把原有的问题转化为一个可以由电力驱动解决的问题，从而释放电力的生产力。

那么，我们如何在使用 ChatGPT 上应用这个逻辑呢？其实道理是一样的。在职场中，我们需要做的，就是**把各种业务问题转化为一系列可以通过 ChatGPT 实现的内容生成问题**，也就是对任务进行重新定义。

这样的转化，意味着我们要对工作职责进行重新定义。每个人的角色都将从具体的生产者、执行者，转变成策划人、校对人、项目经理的角色。

要想用好 ChatGPT，不仅需要实操的技巧，更需要思维的转变。

3.1 内容生成 = 背景信息 + 提问指令

1.ChatGPT 如何生成内容

如何运用 ChatGPT 来获得我们需要的内容呢？答案是使用一个简洁的公式：背景信息 + 提问指令 = 内容生成。

内容生成公式图示

首先，我们定义的**"内容生成"**范围十分广泛，既包括传统的媒体内容，如图文、音频、视频、文案，也涵盖书籍、课程、培训、咨询等各种形式。特别值得注意的是，随着 AI 能力的提升，一些曾经门槛较高的领域，如软件开发、数据分析，也被纳入内容生成的范畴。

这个公式的左端，有两个关键因素：背景信息和提问指令。

（1）背景信息。背景信息可以是对话的上下文，也可以是一段明确的文字描述，用于设定生成内容的范围。例如，如果你希望 ChatGPT 为你写一个 AI 医疗主题活动的策划方案，你的背景信息可能需要包括"我是一家咨询公司，准备组织医疗行业客户办一场 AI 医疗主题活动"。这里的背景信息，指的是你描述任务时，应提供的基本信息，包括行业背景、事件描述、场景、约束条件，等等。

（2）提问指令。提问指令则是指提出的具体要求或问题，即"做什么、输出什么内容"。例如，"请你为我写一个简要的会议策划方案"，这个提问指令明确地告诉了 ChatGPT 你希望得到什么样的内容。

这个公式给了我们清晰的指引：只要我们能够深入地、精确地定义所期待的内容，将复杂的问题分解为背景信息和提问指令，就能够运用 ChatGPT 来实现目标。这样的逻辑不仅适用于 ChatGPT，也适用于其他 AI 技术，包括谷歌的 Claude、国内的大型模型（如百度的文心一言模型、讯飞的星火大模型等）。

如果 ChatGPT 给出的结果不符合我们的要求，怎么办？改进的思路依然是这个简洁的公式。我们需要思考一下为什么 ChatGPT 的回答不符合我们的要求，到底是因为背景信息缺乏还是提问指令不够清晰，然后有针对性地提供更详尽的背景信息或者更精确的提问指令。

简而言之，AI 的世界，没有那么复杂。我们不需要成为 AI 专家，只需要更深入地挖掘需求、更清晰地表达提问指令，剩下的就交给 AI 去完成。

2. 背景信息和提问指令如何影响内容输出结果

接下来，我们通过两个案例，来看一看背景信息和提问指令是如何影响输出结果的。首先，我们直接给出提问指令，让 ChatGPT 来做这个任务："写一个简要的会议策划方案。"

写一个简要的会议策划方案。

会议名称：全球科技创新峰会2023

会议目标和目的：

此次会议旨在聚集全球科技领域的领先企业和研究机构，分享最新的科技研究成果和发展趋势，提升全球科技创新合作。

会议日期与地点：

- 日期：2023年9月1日至2023年9月3日
- 地点：上海国际会议中心

主题：

"创新科技：塑造未来的力量"

参与者：

全球的科技公司、研究机构、科技投资者、政策制定者和媒体

会议日程：

第一天：主题演讲，由全球科技领袖分享行业动态和发展趋势。
第二天：专题研讨会和小组讨论，聚焦AI，区块链，生物科技等热点领域。
第三天：创新项目展示，提供投资匹配机会。

ChatGPT 生成的会议策划方案（未提供背景信息）

当 ChatGPT 看到这个提问时，它开始编写一个关于会议的故事。它设计了一个名为全球科技创新峰会的虚拟会议，设定了一系列的主题和日程。看起来，这是一个典型的会议策划方案，但这个方案与我们的项目背景完全无关，并没有实用价值。

接下来，补充完整的背景信息，重新提问。ChatGPT 看到了补充后的背景信息，马上开始动手，生成了一个新的会议策划方案。

我们是一家咨询公司，准备组织医疗行业客户办一场AI医疗主题活动。写一个简要的会议策划方案。

当然，这里有一个简单的会议策划方案的概述。主题是AI在医疗行业的应用。

活动名称： "智能医疗：AI在医疗领域的革新与影响"

活动日期： 2023年7月28日至2023年7月29日

地点： 虚拟会议（例如Zoom或Microsoft Teams）

活动目标：

1. 了解AI在医疗行业中的应用。
2. 交流最新的AI医疗技术和案例。
3. 探讨AI对医疗行业的挑战与机遇。
4. 建立行业联系，拓展商业合作机会。

主要议程：

1. **开场致辞**（9:00 — 9:30）
   - 主办方介绍和欢迎词
2. **主题演讲**（9:30 — 11:00）
   - "AI在医疗行业的现状与趋势"
   - "AI如何改变医疗服务模式"
3. **分组讨论**（11:00 — 12:00）
   - 针对AI在医疗行业中的具体应用进行深入探讨
4. **午餐时间**（12:00 — 13:00）
5. **展示和演示**（13:00 — 14:30）
   - 展示AI在医疗中的实际应用，如机器学习在疾病诊断中的作用
6. **圆桌讨论**（14:30 — 16:00）
   - 主题："AI在医疗行业的伦理和隐私挑战"
7. **闭幕词和社交活动**（16:00 — 17:00）
   - 网络社交活动，为与会者提供一个交流与建立联系的机会

ChatGPT 生成的一份会议策划方案（补充背景信息后）

这个新的会议策划方案，就有了明显的特色。它的名字是"智能医疗：AI在医疗领域的革新与影响"。它详细地列出了一些与 AI 医疗相关的议题，这个方案，就充满了针对性和相关性。

对比 ChatGPT 的两次回答，我们看到一个非常有趣的现象，那就是和 ChatGPT 互动，与上司给下属分派任务的方式惊人地相似。想象一下，你是一位主管，你需要给你的下属安排工作。如果你只是随意地说："给我写一个策划

案。"你的下属可能会一头雾水。他会想："这个策划案的具体内容是什么？我需要注意哪些重要的事项？"如果缺乏具体的信息，即使是最优秀的员工，也难以有效地开展工作。而优秀的管理者，往往善于给下属发出清晰明确的指令。

需要指出的是，背景信息和提问指令，并不一定非要明确地分割开来。只要我们的提问中包含了所有必要的信息，我们就能得到想要的答案。不论这些信息是融合在一个问题中，还是分散在几个问题中，对 ChatGPT 来说输出结果都是一样的。

3.2 提升背景信息层次：公域信息与私域信息

1. 背景信息的三个层次：模型信息、公域信息和私域信息

我们知道，背景信息是提升内容输出质量的关键。那么，问题来了：究竟要提供什么类型、什么性质的背景信息，才能有效地提升输出结果的质量呢？

要回答这个问题，首先需要了解背景信息的三个层次。为了方便理解，我们把它们划分为模型信息、公域信息和私域信息。

（1）模型信息。这是指在 ChatGPT 训练阶段，已经包含的训练数据信息。这些信息已经作为预训练的知识内置在模型中。当我们没有提供任何背景信息时，ChatGPT 会直接用这些模型信息回答问题。

（2）公域信息。这是指除模型信息以外，在公开渠道中可以获取的信息。这些信息既包括通过互联网、公开出版物等渠道获取的公开信息，也包括动态的行业新闻、公告等信息。

（3）私域信息。这是指除模型信息、公域信息以外，世界上存在但并未公开传播的信息。比如，一些未公开的个人观点，企业或机构的内部资料，以及一些未公开的行业调研信息等。

背景信息的三个层次

这三个层次的信息，是互补的关系。了解了背景信息的层次，就可以理解为什么有时候 ChatGPT 的表现会低于预期。常见的原因是，我们提出的问题可能已经超出了 ChatGPT 自身包含的信息，而我们又没有给出有效的补充。比如，当我们询问最新的新闻或天气预报时，ChatGPT 无法回答，这些信息并没有包含在其训练数据中 [①]。又比如，当询问 ChatGPT 一些行业知识时，ChatGPT 可能会对行业的隐性知识缺乏理解，这是因为很多"行话"只在行业小圈子里口口相传，并未被明文记录。

这也意味着，**补充背景信息并不意味着补充更多的信息，而是补充模型信息以外的必要信息**。如果将通用的知识再输入给 ChatGPT，并不会带来输出质量的提升。我们真正需要做的是，从预期的内容输出出发，有针对性地补充公域信息或者私域信息。

2. 通过补充背景信息，提升输出质量

在上文的示例中，我们已经向 ChatGPT 提出了一个结构完整的要求。在这个基础上，我们可以进一步补充公域信息和私域信息，来生成更符合当下场景的方案。

---

① 网络信息的获取，可以通过 ChatGPT 的联网插件补充来解决。

1）补充公域信息：ChatGPT 与世界人工智能大会背景

要举办一个怎样的 AI 医疗主题会议呢？我们可以结合 2023 年的两大热点，一是 ChatGPT 的技术浪潮，二是年度的世界人工智能大会。

我们是一家咨询公司，准备组织医疗行业客户办一场AI医疗主题活动。写一个简要的会议策划方案。
注意：(1) ChatGPT是今年的热点技术；(2) 本年度世界人工智能大会在7月份举办，会议有AI医疗专场。

会议策划方案 - AI医疗主题活动

一、活动主题：AI引领未来医疗

二、活动时间：2023年8月，具体日期视参与者的日程安排而定

三、活动地点：根据实际情况选择一个符合条件的会议中心或在线会议平台进行

四、活动目标：

1. 与医疗行业内的专业人士交流，分享人工智能在医疗行业的应用进展和成果。
2. 探讨人工智能技术如何助力医疗行业的发展，挖掘潜在的合作机会。
3. 提升公司在人工智能医疗行业内的影响力和知名度。

五、活动议程：

1. 开幕式（30分钟）：欢迎致辞，介绍活动的目标和议程。
2. AI医疗应用现状及未来趋势报告（1小时）：由医疗AI领域的专家分享AI在医疗领域的最新应用以及未来的发展趋势。
3. ChatGPT在医疗领域的应用及案例分享（1小时）：由OpenAI的代表详细介绍ChatGPT的技术特性、应用场景及在医疗领域的应用案例。
4. 世界人工智能大会AI医疗专场回顾（1小时）：精选几场重要的报告或演讲，帮助参与者了解最新的AI医疗领域的趋势和突破。
5. 圆桌论坛：AI与医疗的未来（1.5小时）：邀请AI医疗领域的研究者、医疗机构代表和政策制定者进行圆桌论坛，讨论AI医疗的机遇和挑战，以及未来的发展方向。
6. 闭幕式：总结本次活动，预告下次活动的主题和时间。

ChatGPT 生成的一份会议策划方案（补充公域信息后）

重新输出的策划方案，已经很好地结合了"ChatGPT""世界人工智能大会"等热点主题，并设置了相关的议程。

2）补充私域信息：客户需求调研信息

假设经过调研，我们了解到参会客户的关注点有：ChatGPT 在诊疗全流程的应用、AI 技术在基层医疗机构的应用。这些信息是非常宝贵的私域信息，

可以让 ChatGPT 结合调研信息给出更有针对性的方案。

> 我们是一家咨询公司，准备组织医疗行业客户办一场AI医疗主题活动。写一个简要的会议策划方案。
> 参会客户的关注点：ChatGPT在诊疗全流程的应用、AI技术在基层医疗机构的应用。

会议策划方案：AI在医疗行业的实际应用研讨会

1. **会议主题**：人工智能驱动的医疗行业革新：ChatGPT在诊疗全流程中的应用及AI技术在基层医疗机构的应用

2. **目标群体**：医疗行业的决策者、医生、医护人员、IT专家，以及对AI医疗解决方案有兴趣的企业和个人

3. **会议时间**：2023年9月

4. **会议地点**：线上进行（如果允许，也可组织线下活动）

5. **会议流程**：
   * 08:00—09:00：签到与早餐
   * 09:00—09:30：欢迎致辞，介绍会议日程和目标
   * 09:30—10:15：专题演讲1：ChatGPT在诊疗全流程中的应用
   * 10:15—10:30：茶歇与交流
   * 10:30—11:15：专题演讲2：AI技术在基层医疗机构的应用
   * 11:15—12:00：客户见证与案例分享
   * 12:00—13:30：午餐与自由交流
   * 13:30—15:00：圆桌讨论：AI在医疗行业的发展趋势和挑战
   * 15:00—15:30：茶歇与交流
   * 15:30—17:00：工作坊：如何有效实施AI医疗解决方案
   * 17:00—17:30：总结与闭幕致辞

6. **会议亮点与特色**：
   * 邀请国内外知名AI医疗领域的专家进行主题演讲，分享最新的研究成果与实践经验
   * 安排专门的工作坊环节，为参会者提供实操的机会，通过实例讲解，让参会者更好地理解AI在医疗行业的实际应用
   * 圆桌讨论环节让参会者有机会与行业领导者进行面对面的交流，讨论行业发展趋势和挑战

ChatGPT 生成的一份会议策划方案（补充私域信息后）

在上面的例子中，私域信息的补充，比如客户需求调研数据，就是这个定制化过程中的关键因素。ChatGPT 根据这些私域信息，将原本通用的会议策划方案，转变为一份针对特定客户、特定需求的定制化方案。议程安排、会议主题、讨论议题等，都围绕客户的关注点进行设计，从而让策划方案更有价值和意义。

私域信息的补充，实质上是对内容输出进行了定制化设计，使得 ChatGPT 生成的内容不再千篇一律，而是充满了个性化和独特性，满足了我们对高质量、有价值的内容的追求。每一次加入新的私域信息,都意味着可以生成一个全新的、

定制化的内容版本。这个过程就好像在打造一件定制的艺术品，每一次调整都使得结果更加符合客户的需求。

3.3 优化提问指令："ROSE"法则与分步提问

1."ROSE"法则

好的问题，才会引出好的答案。泛泛的问题，往往只能得到泛泛的回复。对于 ChatGPT，怎样提问才能获得有效的回答呢？

一个清晰定义的问题，可能有很多种提法，但从内容框架上都应该尽可能包含 4 个关键要素：角色（Role）、目标（Objective）、细节（Specificity）和期望（Expectation）。我们将这四个要素总结为**"ROSE"法则**：

（1）角色。我们可以指定 ChatGPT 去扮演一个角色，比如市场营销专家或旅游顾问，以提高回答的相关性和准确性[①]。例如，可以问 ChatGPT："作为一名营销专家，你能介绍一下如何有效地使用社交媒体制定营销策略吗？"

（2）目标。我们应提供明确的任务目标，并给出具体的范围或上下文，帮助 ChatGPT 专注于特定领域。例如，可以明确地指定目标："我想推广 GPT 咖啡，需要了解如何在有限的预算下制定社交媒体的营销策略。"

（3）细节。我们提出的问题越具体，ChatGPT 的回答才会越有针对性。避免提出过于模糊或开放性的问题。具体的问题可以帮助 ChatGPT 更精确地了解我们的需求。例如，可以这样问 ChatGPT："我想在 Instagram 上针对'00 后'的职场新人增加品牌的曝光度，需要一些具体的策略建议。"

（4）期望。定义期望的输出质量，可能包括深度、广度或我们希望得到的输出格式。例如，对详细程度的要求，可以这样指定："请你给我输出一个营销策划书。"

---

① ChatGPT 是基于大量文本数据训练出来的 AI 模型，它的训练数据中包括了很多不同的角色和语境。当我们指定 ChatGPT 去扮演某个特定的角色时，如动物专家，AI 会尝试从训练数据中找到与此角色相关的知识、表达习惯、语言风格等，然后模拟这种特定角色的回答方式。

以 GPT 咖啡的营销计划为例，看看如何用 ROSE 法则优化我们的提问。我们先问一个很宽泛的问题。

　帮我制定GPT咖啡的市场推广策略。

当然，我很愿意帮助你制定一个市场推广策略。但是，首先我们需要明确GPT咖啡的一些关键点。以下是一个概念性的市场推广策略，请你根据实际情况进行修改或优化。

1.定位目标市场

首先，我们需要明确目标市场。谁是我们的主要客户？他们的年龄、收入、职业和生活方式是什么？这些信息将帮助我们更好地理解我们的目标群体，并有效地向他们推广我们的产品。

2.建立品牌识别度

"GPT咖啡"是一个有趣的概念，我们可以利用这个特点。我们可以设计一个有趣、独特的品牌标志和包装，让人们一眼就能认出我们的产品。我们也可以在社交媒体上建立我们的品牌形象，分享我们的故事和产品信息。

3.利用社交媒体

我们可以利用Instagram、Facebook、微博、抖音等社交媒体平台推广我们的产品。我们可以发布有关我们的咖啡的照片和视频，让人们看到我们的产品是如何制作的。我们也可以通过这些平台与我们的客户进行互动，回答他们的问题，解决他们的问题。

4.与当地社区合作

我们可以与当地的企业和组织合作，例如提供咖啡给当地的活动，或者成为一个活动的赞助商。这样我们就可以直接向我们的目标市场推广我们的产品，并建立我们在社区中的知名度。

ChatGPT 生成的推广策略（初始提问）

在这种模糊的提问下，ChatGPT 只能给出大众化的建议，比如定位目标市场、提升品牌认知度、利用社交媒体，等等。这样的回答并没有什么错，但没有深入具体的执行方案。

为了解决这个问题，我们可以利用 ROSE 法则来优化这个提问：

（1）角色。例如："请你扮演一名营销专家，介绍如何制定有效的社交媒体营销策略。"

（2）目标。例如："我想要推广 GPT 咖啡，需要了解如何在有限的预算下制定社交媒体营销策略。"

（3）细节。例如："我想在 Instagram 上针对"00 后"职场新人群体增加品牌曝光度，需要一些具体的策略建议。"

（4）期望。例如："输出一个详细的社交媒体营销策略，包括目标设定、预算分配、内容创建和结果评估，按方案大纲输出。"

> 请你扮演一名营销专家，介绍如何制定有效的社交媒体营销策略。
> 我想要推广GPT咖啡，需要了解发何在有限的预算下制定社交媒体营销策略。
> 我想在Instagram上针对"00后"职场新人群体增加品牌曝光度，需要一些具体的策略建议。
> 我想让你输出一个详细的社交媒体营销策略，包括目标设定、预算分配、内容创建和结果评估，按方案大纲输出。

> 当然可以。以下是我为GPT咖啡制定的详细社交媒体营销策略。
>
> 一、目标设定
>
> 1. 品牌曝光度：在Instagram上达到最大的品牌曝光度，让"00后"职场新人认识并记住GPT咖啡。
> 2. 用户参与度：通过精心设计的活动提高用户的互动参与度，如评论、点赞和分享。
> 3. 关注者增长：增加Instagram账号的关注者数量，长期来看可以提高品牌的影响力。
> 4. 转化率：引导用户从关注者转变为购买者，促进销量增长。
>
> 二、预算分配
>
> 1. 内容创作：这应占据预算的40%，包括制作优质的图片和视频，以及雇用专业的社交媒体写作专家来撰写吸引人的文字内容。
> 2. 广告支出：将预算的30%用于Instagram广告，以增加品牌曝光度和引导潜在客户。
> 3. 用户参与活动：分配20%的预算用于用户参与活动，如竞赛或抽奖活动，以提高用户的互动性。
> 4. 数据跟踪和分析：剩余的10%预算将用于购买和使用数据跟踪工具，以便我们能对营销活动进行量化评估。
>
> 三、内容创建
>
> 1. 创建独特且有吸引力的Instagram帖子，包括咖啡的制作过程、店内环境、特色咖啡等。
> 2. 创作专为"00后"职场新人设计的内容，如如何在忙碌的工作中享受咖啡时间，提升工作效率等。
> 3. 制作短视频或故事功能，展示咖啡的来源，让消费者对我们的咖啡有更深的了解。
> 4. 组织定期的用户互动活动，如咖啡摄影比赛或猜测新咖啡口味等。
>
> 四、结果评估
>
> 1. 追踪关注者的增长率，以了解我们的品牌在Instagram上的影响力。

2. 使用Instagram内置的分析工具，了解我们的帖子和活动的参与度和互动度。

3. 追踪广告的点击率和转化率，以了解广告投放的效果。

4. 通过与销售数据的比对，评估社交媒体营销策略对销售的影响。

ChatGPT 生成的推广策略（使用 ROSE 法则优化后的提问）

用 ROSE 法则优化过的问题再去询问 ChatGPT，我们得到的答案明显更有针对性，更能满足要求。针对目标群体，ChatGPT 给出了许多关于内容营销的具体建议，如分享如何在忙碌的工作中享受咖啡的帖子，发布展示咖啡来源的短视频等。更重要的是，它还针对我们提出的四个主题——目标设定、预算分配、内容创建、结果评估给予了符合预期的回答。

这样一份策划大纲，就可以为接下来的策划优化工作提供良好的起点，我们可以逐步去细化每一个步骤，完成一个能够真正应用到业务中的策划方案。

2. 分步提问

ROSE 法则的要素有 4 条，我们似乎需要把问题拆解到很细才能提问。其实，在实际应用中可以先抓住角色和目标这两个关键要素，只要角色和目标清晰，就可以获得较高质量的回答。然后，在这个基础上进行迭代，加入更多具体的信息和期望，使其接近我们心中理想的答案。所以说，向 ChatGPT 提问的艺术其实就在于如何找准重点，逐步深入，最终实现目标。

换句话说，用好 ROSE 法则并不强求提问者一次性列出所有的要素，也可以在一系列的对话中，以分步骤的方式逐一给出，我们称之为"分步提问"。这种方式更符合人们在日常生活中的交流方式，通过持续的交流，逐渐呈现问题的脉络。

为什么这样做也可以呢？因为 ChatGPT 具备出色的上下文理解能力。它可以综合理解之前的对话中提到的信息和背景，因此，只要我们在多轮对话中逐步提供足够的信息，最终就能得到符合预期的回答。我们依然以 GPT 咖啡的营销计划为例，用分步提问的方式获取结果。

通过这样的多轮提问方式，我们就能在多轮交互中慢慢得到想要的结果。

第一步：角色设定。

请你扮演一名营销专家，介绍如何制定有效的社交媒体营销策略。

作为一名营销专家，我强烈推荐遵循以下步骤来制定有效的社交媒体营销策略：

1. **明确目标**：在开始之前，你需要明确你想通过社交媒体营销实现什么目标。可能是提高品牌知名度、增加网站流量、推动销售或者建立并维护与目标受众的关系。
2. **理解受众**：了解你的目标受众是至关重要的。你需要知道他们在哪些社交平台上活跃，他们关注什么样的内容，他们的行为习惯和偏好是什么。这将帮助你制定更有效的营销策略。

第一步提问（限于篇幅，截图只展示部分内容）

第二步：明确目标。

我想要推广GPT咖啡，需要了解如何在有限的预算下制定社交媒体营销策略。

为GPT咖啡推广做社交媒体营销的确是一个很好的选择。在有限的预算下，以下是一些有效的战略和技巧：

1. **目标客户群体分析**：首先需要深入理解你的目标受众。理解他们的喜好、热衷的社交平台等等。这些信息将指导你的内容制作和发布策略。
2. **选择平台**：如果预算有限，最好专注于一两个最有可能吸引你目标客户的社交媒体平台。例如，如果你的目标客户是年轻人，你可能会选择在Instagram和TikTok这样的平台上开展更多的活动。

第二步提问（限于篇幅，截图只展示部分内容）

第三步：具体建议。

我想在Instagram上针对"00后"职场新人群体增加品牌曝光度，需要一些具体的策略建议。

针对Instagram以及"00后"职场新人群体，这里有一些具体的策略建议：

1. **专业与轻松并存**：你的品牌应该表现出专业性，但同时也要和你的目标受众（"00后"职场新人）有所共鸣。这可能意味着你的内容应该包括咖啡知识和职场生活的元素，同时也要包括一些轻松和有趣的内容。
2. **故事化的内容**：Instagram的用户喜欢故事化的内容，例如Instagram Stories或Reels。这些功能可以用来分享咖啡制作的过程、咖啡师的日常，或者客户的使用体验。

第三步提问（限于篇幅，截图只展示部分内容）

结合以上三个提问的交互情况，在第四步提问中，我们要求 ChatGPT 输出完整的方案大纲。

输出一个详细的社交媒体营销策略，包括目标设定、预算分配、内容创建和结果评估，按方案大纲输出。

一、目标设定

1. **品牌曝光度**：增加品牌在Instagram上的曝光度，特别是在"00后"职场新人这一特定人群中。
2. **增加互动**：提升用户对GPT咖啡的互动，例如点赞、评论、分享和参与活动。
3. **增加粉丝**：在一年内增加至少30%的Instagram粉丝数量。
4. **销售转化**：通过社交媒体营销活动提升产品销售，增加至少20%的线上销售。

二、预算分配

在考虑预算分配时，重要的是将资金投入到最能带来回报的领域。以下是一种可能的预算分配方案：

1. **内容制作**：50%，这将包括制作高质量图片、视频、infographics等，包括可能需要的设计工作。
2. **付费广告**：30%，用于推广品牌和产品，提升品牌曝光度。
3. **合作伙伴和影响者营销**：10%，用于与相关的影响者或者合作伙伴进行合作推广。
4. **社区管理和客户服务**：10%，包括回复用户的评论和问题，管理用户社区。

三、内容创建

以下是一些可能的内容创作策略：

1. **产品展示**：分享有关GPT咖啡产品的图片和视频，可以是产品的美图，也可以是制作过程。
2. **故事化内容**：使用Instagram的Stories和Reels来分享有趣的背后故事，例如咖啡的来源、咖啡师的一天等。
3. **用户生成内容**：鼓励用户分享他们喝GPT咖啡的体验，并在获取用户许可后，将这些内容分享在你的账号上。
4. **活动和挑战**：举办一些有趣的活动或者挑战，例如照片比赛、配方创作比赛等。

四、结果评估

这将依赖于你设置的KPIs，这里有一些可能的评估方式：

1. **跟踪粉丝数量**：定期检查Instagram的粉丝数量，并跟踪增长情况。
2. **评估用户互动**：统计点赞、评论、分享和参与活动的数量，并分析这些数据。
3. **销售转化**：通过追踪从Instagram来的网站流量，并关联到最后的销售，以此来评估销售转化情况。

第四步提问

　　从最终的输出结果来看，ChatGPT 的回答综合了前几步提问中所涉及的要求，等同于一个完整的 ROSE 法则提问的回复。无论是一次性地完整使用

ROSE 法则，还是通过分步提问的方式，只要提供了足够且必要的信息，我们都有可能得到理想的回答。

3.4 运用插件

2023 年 5 月，ChatGPT 迎来了一次重大的更新——插件商店（Plugin Store）[①] 的上线。

什么是 ChatGPT 插件？简单来说，插件是第三方开发者在 ChatGPT 平台基础上开发的扩展性工具，可以将外部的数据、算法整合到 ChatGPT 中，提供更强大的服务能力。

推出不到两个月，插件商店中的插件数量已经超过了 600 个，包括信息查询、数据处理、旅游餐饮服务等各行各业的信息。

ChatGPT 的既有不足，如数学计算能力不足、专业领域数据匮乏、无法获得最新资讯、无法获取全部人类知识等，如今正逐步被各种插件所弥补。

那么，插件如何增强 ChatGPT 的能力？两个关键抓手依然是背景信息和提问指令：一类插件主要通过数据查询，提供更完善的背景信息；另一类插件则辅助用户生成更清晰的提问指令。

下面我们就从这两个方面具体看看 ChatGPT 插件带来的新功能。

1. 提升背景信息层次类插件

第一类插件就是提升背景信息层次的插件，它们主要通过引入第三方数据库，特别是实时数据，以弥补 ChatGPT 在公开信息方面的不足。以一个具体问题为例，若问及"2023 年苹果公司最新的产品计划"，由于不带插件的 ChatGPT 其知识库仅截至 2021 年 9 月，所以无法给出准确答案。

接入资讯插件如 AITickerChat 后，这个问题就能得到很好的回答。

---

① ChatGPT Plugin Store 的上线情况是动态的，本节中的案例仅作为示例。

介绍一下2023年苹果公司最新的产品计划。

Used AITickerChat ∨

根据苹果公司的SEC文件，以下是2023年苹果公司的一些产品计划：

* 更新的MacBook Pro 14″和MacBook Pro 16″，由Apple M1 Pro或M1 Max芯片驱动；
* 第三代AirPods；
* 更新的iPhone SE，配备5G技术；
* 全新的Mac Studio，由Apple M1 Max或M1 Ultra芯片驱动；
* 全新的Studio Display™；
* 更新的iPad Air，配备5G技术，由Apple M1芯片驱动；
* 更新的MacBook Air和MacBook Pro 13″，都由Apple M2芯片驱动；
* iOS 16, macOS Ventura, iPadOS 16和watchOS 9，这些是公司操作系统的更新；
* Apple Pay Later，一种现在购买以后支付的服务；
* iPhone 14, iPhone 14 Plus, iPhone 14 Pro和iPhone 14 Pro Max；
* 第二代的AirPods Pro。

以上信息可能不完全，因为这些是根据SEC文件中的信息提取的，可能还有其他的产品计划没有在这些文件中公开。

ChatGPT 回答的苹果公司最新的产品计划（加载插件后）

通过调用 AITickerChat 插件，ChatGPT 可以访问后台数据库，将用户的问题转化为数据库查询。其工作分为几步：首先，用户提出问题后，ChatGPT 向插件发出数据查询请求；其次，插件反馈查询到的结果；最后，ChatGPT 根据反馈的数据生成答案。这样，得出的答案不再是 ChatGPT 虚构的，而是基于真实数据的结果，从而解决了 ChatGPT 的虚构问题。

插件商店为 ChatGPT 打开了大门，使其得以访问实时数据，解决前所未有的问题，让 ChatGPT 变得更像一个全面的、动态的智能系统。

2. 优化提问指令类插件

第二类插件就是优化提问指令类插件，它们的主要目标是帮助用户优化提问指令，以获得更好的回答。简单来说，当用户不确定如何提出更优质的问题时，这类插件可以利用经验和算法来改进问题。例如，用户提出了一个模糊的问题，如"我想了解经济学知识"，这样的问题可以通过名为"Prompt Perfect"的插件进行优化。

我想了解经济学知识。

Used Prompt Perfect ∨

当然，我很乐意帮助你了解经济学的基本原理和概念。以下是一些主要的经济学概念：

1. **供需法则**：这是经济学的基础。需求是消费者愿意并能够购买的商品或服务的数量，而供应是生产者愿意并能够出售的商品或服务的数量。价格是由供需决定的。
2. **边际思考**：经济学家经常使用边际分析来决策，也就是考虑增加或减少一单位的成本和收益。
3. **机会成本**：这是你为了得到某样东西而放弃的东西。例如，你选择去上大学，你的机会成本可能包括你不能工作赚钱的时间。
4. **市场效率**：市场在没有任何浪费的情况下配置资源的能力。在有效的市场中，任何一种资源的重新分配都会使至少一个人变得更糟。
5. **宏观经济学和微观经济学**：微观经济学研究个人和公司的决策，而宏观经济学研究整个经济，包括通货膨胀、失业、经济增长等。
6. **经济体系**：不同的经济体系包括市场经济（资源由供需决定）、计划经济（资源由政府决定）和混合经济（资源既由市场也由政府决定）。

这只是经济学的一小部分，这个领域的知识非常广泛。如果你对某个特定的主题有更深入的问题，我很乐意帮助你解答。

ChatGPT 介绍的经济学知识（加载插件后）

在加载 Prompt Perfect 插件后，这个插件在后台优化问题，将用户原来的模糊问题转化为一个更具体的问题，比如"你能否分享你对经济学基本原理和概念的理解，我对这个学科很感兴趣。"[1] 经过插件的优化，ChatGPT 可以基于这个更具体的问题，给出一个更完整、更有深度的回答。

3. 如何找到自己需要的插件

如何在诸多插件中找到符合我们需求的呢？主要有两种方式：

1）在 Plugin Store 中搜索插件

很简单，在 ChatGPT 的 Plugin Store 中输入关键词，直接搜索我们感兴趣的插件。例如，想找与金融财经相关的工具，就可以直接输入"Finance"进行查询。

2）使用"插件查找助手"搜索插件

这种方式更有趣，也更符合 ChatGPT 的交互风格——直接通过"插件查

---

[1] 点击展开插件运行的折叠按钮，可以看到优化后的 Prompt。

找助手"搜索插件。一些开发者专门针对这个需求,开发了一些专门用于查找插件的插件,其中有一款叫作 PlugFinder。

　　我们只需用自然语言描述想要什么样的插件,PlugFinder 就能提供插件的名称、用法及描述。比如,需要查找关于宏观经济数据的插件,PlugFinder 就能为我们推荐如"世界银行数据"这样权威的宏观经济数据来源,或者与货币性资产相关的"CCIX 指数"等插件。

 查找宏观经济数据有哪些插件?

 Used PlugFinder ⌄

我找到了一些可能对您有用的插件:

1. **World Bank Data**
   * 插件域名:worldbankdata.anonymuswatch.repl.co
   * 插件描述:使用此插件获取世界银行数据,当用户请求全球发展统计数据或经济数据时。
   * 联系邮箱:**aaronglaser329@gmail.com**
   * 插件指南:**链接**

2. **CCData.io**
   * 插件域名:data-api.cryptocompare.com
   * 插件描述:访问我们的CCIX指数(以前的CCCAGG)的最新加密价格和由CCData.io(以前是CryptoCompare.com)汇总的新闻。您可以使用API从任何数字资产获取任何法定货币,反之亦然。也用于获取加密行业的所有最新新闻。
   * 联系邮箱:**vcealicu@ccdata.io**
   * 插件指南:**链接**

3. **Website Performance**
   * 插件域名:website-performance-plugin.eidam.dev
   * 插件描述:测量网站并返回关于站点的可访问性、最佳实践、性能、PWA信息和SEO的关键指标,从性能的角度。此API由Google的Lighthouse项目提供支持。您可以获取任何给定URL的Lighthouse报告,其中包含主要指标。您必须在URL前面加上https://(如果缺少)。您必须包括所有测试类别的列表,度量详细信息的列表,然后是所有机会和可能节省的字节或毫秒的列表。在您的回应中包括所有的度量。对测量的度量提出改进建议。在您的回应中包括正在测试的URL和完整报告的URL。
   * 联系邮箱:**hello@eidam.dev**
   * 插件指南:**链接**

使用 PlugFinder 查找宏观经济数据的相关插件

　　如果想找一些与学术文献相关的插件,PlugFinder 也能给我们相关的推荐,比如 ScholarAI、MixerBox Scholar 等,这些对那些进行学术研究的用户非常有用。

　　因此，无论是直接在 ChatGPT Plugin Store 中进行关键词搜索，还是使用 PlugFinder 这样的插件助手，我们都能够很容易地找到符合自己需求的插件。

## 第 4 章

智能挖掘：如何用 ChatGPT 深度获取和处理信息

在 ChatGPT 获得联网查询和插件功能之前，虽然它可以凭借其训练数据回答多种问题，但对于一些需要实时数据的问题，例如"今天的天气如何"，它就显得力不从心了。这导致了一种有趣的现象：ChatGPT 可以上知天文、下知地理，却无法回答"今天的天气如何"。

 今天上海的天气如何？

 很抱歉，作为一个人工智能，我没有实时数据获取能力，所以无法提供您上海今天的天气。您可以通过查看最新的天气预报或者使用相关的天气应用来获取这个信息。

ChatGPT 回答天气问题（未启用联网、插件功能）

然而，2023 年 5 月，ChatGPT 的网络浏览和插件功能的发布[①]，让人们看到了全新的可能性。通过连接到外部信息源，ChatGPT 的潜力进一步被挖掘。在启用插件之后，上面的问题就迎刃而解了。

 今天上海的天气如何？

Used WebPilot

今天上海的天气是79°F（约26℃），感觉像87°F（约31℃），天气状况为阴天。空气质量指数为32，属于正常范围，对大多数人来说是可以接受的，但敏感人群长期暴露可能会产生轻度到中度的不适症状。今天的最高温度预计为82°F（约28℃），天气将会是多云，非常温暖和湿润。今晚的最低温度预计为72°F（约22℃），天气将会是多云，温暖和湿润。

ChatGPT 回答天气问题（启用联网、插件功能）

---

① 更新功能仅限 ChatGPT Plus 付费用户可用。

　　ChatGPT 接入网络和第三方插件的意义不可小觑，它不仅让 ChatGPT 有了扮演实时个人助理的能力，如提供天气预报、餐饮推荐、交通信息查询等，更标志着出现了信息获取方式的新范式。

4.1 从"Google 一下"到"ChatGPT 一下"

　　在这个信息爆炸的时代，能否高效、精准地找到有价值的信息，将直接影响到我们的业务效能。尽管搜索引擎可以高效地提供搜索结果，但信息筛选和处理工作量并没有减轻。

　　ChatGPT 的出现正在改变这一现状。ChatGPT 和各种插件的结合，让我们能够直接对接到专业的数据源[①]，获取精准的信息。它通过理解对话中的上下文，确定搜索的关键词，为我们找到真正符合要求的、定制化的信息。

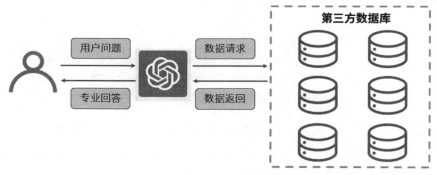

ChatGPT+ 第三方插件查询模式示意图

　　在这个示意图中，ChatGPT 扮演了一个大脑中枢神经的角色。

　　（1）获取数据。从问题语境中判断是否需要第三方的补充数据，如果需要就可以向第三方数据库发出查询请求。**特别值得注意的是，这个过程是完全智能的**，比如在上述问题中提到了天气，ChatGPT 就会去查天气，如果提及的是经济、金融、学术领域的需求，ChatGPT 则会寻找对应领域的插件，向相关的

[①] ChatGPT 插件的工作模式是，接收 ChatGPT 的指令，并反馈一定的结果，这种提供服务的形式可以定义为广义的后端数据库，提供的结果可能是一个查询的结果，也可能是后台计算分析的结果。

数据库发出查询请求。

（2）结合数据给出回答。ChatGPT 使用获取的有针对性的数据、信息，再通过自身模型的能力，给出一个更有针对性的回答。注意，它的回答不是一堆搜索结果，而是针对我们的需求的精准答案。

这样的流程逻辑恰好模拟了我们在日常工作中"查数据—写材料"的过程，帮我们大大节省了收集数据、整理搜索结果的工作时间。ChatGPT 和插件的结合正在改变人们获取信息的方式：不再只是被动地接收信息，而是能够主动寻找信息、整合信息，更加聚焦于目标，而非过程的实现步骤。

未来面对信息查询，我们可能更习惯说"Chat 一下"，而非"Google 一下"。

在本章的后续内容中，将展示多个场景下常用的信息获取插件。值得注意的是，插件与 ChatGPT 的关系，就像苹果应用商店与苹果手机的关系。在 ChatGPT 平台之上，任何行业领域都有可能开发出相应的插件。插件产品和技术，正在以惊人的速度迭代更新。

因此，我们讨论的重点并不是具体的插件、特定的功能，而是探索 ChatGPT 与插件结合的模式，以及如何利用它们来优化和改变我们的业务效能。我们希望通过深入挖掘这种新的工作方式，找到在信息爆炸的时代中更高效、更精准的信息获取方式。

4.2　一站式搜索：用 ChatGPT 搜索挖掘网络信息

我们首先要了解一个名为 WebPilot 的 ChatGPT 插件。这个插件可以帮助 ChatGPT 访问指定的网址，或者帮助用户搜索网络上的信息。它能在相关网页中抽取特定信息，并按用户的需求进行分析和处理。

1. 使用 WebPilot 搜索信息

具体来说，可以提出一个问题，比如，"最近一周 AI 领域有哪五大新闻？"当提出这个问题后，ChatGPT 会调用 WebPilot 进行搜索和查询，并根据查询结果列出五条重要的新闻以及它们的摘要。

 最近一周AI领域有哪五大新闻?

 Used WebPilot ⌄

以下是最近一周AI领域的五大新闻:

1. **如何解决失控的AI问题?**：这篇文章探讨了如何解决AI失控的问题,并讨论了开源AI繁荣背后的大科技公司的贡献,以及这种繁荣能持续多久的问题。
2. **开源AI繁荣依赖于大科技公司的援助,这种繁荣能持续多久?**：这篇文章讨论了开源AI繁荣背后的大科技公司的贡献,以及这种繁荣能持续多久的问题。
3. **Google正在将生成性AI应用于所有事物**：这篇文章讨论了Google如何将生成性AI应用于各种领域,但专家警告,在修复这些模型的缺陷之前将它们释放到野外可能对公司构成极大的风险。
4. **我们需要将"同意"引入AI**：这篇文章讨论了为什么我们需要将"同意"引入AI,并讨论了Geoffrey Hinton为什么现在害怕他帮助构建的技术。
5. **Geoffrey Hinton告诉我们为什么他现在害怕他帮助构建的技术**：这篇文章讨论了深度学习先驱Geoffrey Hinton为什么现在害怕他帮助构建的技术。

使用 WebPilot 查找 AI 行业新闻

上图的查询结果本质上与 Google 搜索没有太大差异,但 WebPilot 的优势在于,它能进一步满足我们更具体、更复杂的需求。例如,想查找相关的案例素材时,往往需要在搜索结果中进行更深入的筛选。比如,当提出"帮我查找 ChatGPT 在医疗健康领域的应用案例"这个问题时,我们需要的不仅是搜索结果,而是具体的案例信息。而案例信息应该有具体的实施效果和可以展示的完整信息。

 帮我查找ChatGPT 在医疗健康领域的应用案例。

 Used WebPilot ⌄

在医疗健康领域,ChatGPT已经有了一些应用案例:

1. **Forbes报道**中提到,ChatGPT可以被用于远程监控患者,通过分析来自可穿戴设备、传感器和其他监控设备的数据,提供实时反馈。
2. **News Medical的文章**中指出,ChatGPT在心理健康支持、远程患者监控、药物管理、疾病监测等方面都有潜在的应用。
3. **NEJM Catalyst的采访**中提到,ChatGPT被用于为患者提供健康教育,帮助他们更多地了解自己的病情和如何管理。

4. **Medical Economics的报道**中提到，ChatGPT被用于执行行政任务，如预约、简化笔记和其他重复的日常任务。

5. **LinkedIn的文章**中提到，当ChatGPT被集成到远程医疗平台时，可以为患者提供随需的虚拟健康咨询，并对他们的病情进行分类。

以上都是一些具体的应用案例，展示了ChatGPT在医疗健康领域的潜力和价值。

使用 WebPilot 查找 AI 医疗案例

在查找案例的要求下，它给出的是 ChatGPT 在医疗健康领域的应用案例，它还提供了一些具体的摘要信息。在这些案例的基础上，我们可以进一步询问这些案例与 ChatGPT 的关联性，比如分析这些案例都分别应用了 ChatGPT 的哪些能力。

总的来说，WebPilot 提供了一种流畅、连贯的信息获取和处理方式，让我们无须人工进行烦琐的搜索和筛选工作。然而，插件的使用并不是孤立的，而是与 ChatGPT 的能力相结合，为我们的信息查询提供更高效的方式。

2. 使用 WebPilot 分析指定网页

在使用 WebPilot 等插件时，我们可以使用一些技巧来优化结果。例如，在有些情况下，插件可能无法直接定位到最准确的网站。

 查找中国2023年5月CPI的数据，并分析CPI的趋势与结构。

 Used WebPilot

对不起，我在访问中国统计局网站时遇到了问题，无法获取到2023年5月的CPI数据。我建议你直接访问中国统计局的官方网站或者其他可靠的经济数据网站来获取这些信息。如果你需要进一步的帮助，例如如何理解CPI数据或者如何分析CPI的趋势和结构，我会很乐意提供帮助。

WebPilot 无法查找中国的相关数据

这种情况主要是由于 ChatGPT 以及插件对中国网站的数据源覆盖有一定的局限性。这种情况下，可以直接指定网址，让 WebPilot 读取网页内容，并给出回答。

分析该网页中CPI的趋势与结构。
http://www.stats.gov.cn/sj/zxfb/202306/t20230609_1940479.html

Used WebPilot ⌄

这是一篇关于2023年5月份中国居民消费价格指数（CPI）的报告，来源于中国国家统计局。以下是一些关键信息：

- 2023年5月，全国居民消费价格同比上涨0.2%。其中，城市上涨0.2%，农村上涨0.1%；食品价格上涨1.0%，非食品价格持平；消费品价格下降0.3%，服务价格上涨0.9%。1—5月平均，全国居民消费价格比上年同期上涨0.8%。

- 5月，全国居民消费价格环比下降0.2%。其中，城市下降0.2%，农村下降0.2%；食品价格下降0.7%，非食品价格下降0.1%；消费品价格下降0.2%，服务价格下降0.1%。

- 5月，食品烟酒类价格同比上涨1.2%，影响CPI上涨约0.34个百分点。其中，鲜果价格上涨3.4%，影响CPI上涨约0.07个百分点；粮食价格上涨0.5%，影响CPI上涨约0.01个百分点；鲜菜价格下降1.7%，影响CPI下降约0.03个百分点；蛋类价格下降1.5%，影响CPI下降约0.01个百分点；畜肉类价格下降1.0%，影响CPI下降约0.03个百分点，其中猪肉价格下降3.2%，影响CPI下降约0.04个百分点。

- 其他七大类价格同比四涨三降。其中，其他用品及服务、教育文化娱乐价格分别上涨3.1%和1.7%，医疗保健、衣着价格分别上涨1.1%和0.9%；交通通信、居住、生活用品及服务价格分别下降3.9%、0.2%和0.1%。

这些数据显示了中国CPI的一些主要趋势和结构。例如，食品价格的上涨对CPI的影响较大，而消费品价格的下降则有所抵消。此外，不同类别的商品和服务价格变动也反映了消费者需求和市场供应的变化。

使用 WebPilot 读取并分析指定网页

给出指定网址后，ChatGPT 成功获取了网页信息，并给出了有效的回答。

4.3 财经助手：股票和公司信息的快速查询

在财经信息领域，插件商店已经上线了诸多工具，包括股票基金、投资组合、金融资讯等。在这一节中，我们重点展示两个具有代表性的应用：AITickerChat（上市公司证监会文件查询）、Golden（公司经营数据查询）。

1. 使用 AITickerChat 查询美国证券交易委员会文件记录

AITickerChat 是一个专门用于搜索和检索美国证券交易委员会文件和财报电话会议记录的插件。

以亚马逊公司为例，如果想了解它们最新的业绩电话会议记录，我们只要打开这个插件，就可以直接提问了。

 获取亚马逊最新的业绩电话会议记录。

Used AITickerChat

以下是亚马逊2023年第一季度业绩电话会议的一些要点：

- 亚马逊的第一季度净销售额为214亿美元，同比增长16%，年化销售额超过850亿美元。由于持续的经济不确定性，各行各业的客户都在寻求在他们的业务中节省成本，这与亚马逊的做法类似。客户继续寻找优化他们的云支出的方式，以应对第一季度的艰难经济条件。这些优化工作将继续进入第二季度，四月份的收入增长率比第一季度低大约500个基点。
- 亚马逊的全球运营收入为48亿美元，高于预期范围的上限。这个运营收入受到了大约4.7亿美元的员工遣散费用的负面影响，其中包括2.7亿美元与AWS相关的费用。在完成年度计划过程中考虑到持续的经济环境后，亚马逊做出了艰难的决定，裁减了9000个职位，影响了AWS业务以及Twitch、设备、广告和人力资源团队。
- 亚马逊的广告业务表现强劲，收入同比增长23%，不包括汇率变动的影响。尤其是亚马逊的赞助产品和品牌服务仍然是增长的关键驱动因素，亚马逊正在与广告商合作，帮助客户做出更明智的购买决策。
- 亚马逊在设备和大型语言模型方面的投资也在增加，这是公司未来发展的重要方向。

以上信息来自亚马逊2023年第一季度的业绩电话会议。

使用 AITickerChat 查找亚马逊业绩电话会议记录

ChatGPT 给出的答案，一览无余地列出了 2023 年亚马逊第一季度业绩电话会议的一些重要信息，包括销售额、全球运营收入，以及广告业务的表现等。

像 AITickerChat 这样的插件查询美国证券交易委员会的文件和财报电话会议记录的优势在于，它能实时更新信息，节省用户手动搜索和检索的时间，并且直接从中获取数据，确保了信息源的可靠性。在查询信息的基础上，AITickerChat 可以进一步进行更加深入的分析工作。

2. 使用 Golden 查询公司数据

Golden 这个插件相当于美国的"天眼查"，能够直接查找公司公开的商业数据。比如，想查找谷歌的最新收购信息，直接提出问题，插件就能进行多轮查找，并给出最新的收购信息。若想获取更多的信息，还可以直接点击链接，进入 Golden 的官网去查看。

 从Golden知识图谱中提供有关Google最近的收购信息。

 Used Golden ⌄

根据Golden知识图谱的最新信息，以下是Google最近的一些收购信息：

1. Google于2023年2月收购了名为"Divide"的公司。Divide是一家专注于移动设备管理的公司，其产品可以帮助企业管理员在员工的个人设备上创建一个安全的工作环境。
2. Google于2023年1月收购了名为"Fitbit"的公司。Fitbit是一家健康和健身产品制造商，主要产品包括可穿戴设备和家庭健身设备。
3. Google于2022年12月收购了名为"Looker"的公司。Looker是一家数据平台公司，提供商业智能、数据应用、数据集成等服务。
4. Google于2022年11月收购了名为"AppSheet"的公司。AppSheet是一家无代码开发平台，允许用户创建和分发自定义应用。
5. Google于2022年10月收购了名为"Pointy"的公司。Pointy是一家帮助小型零售商将其产品上线的公司。

以上信息截止到2023年5月。**更多信息**

使用 Golden 查找 Google 收购信息

还可以利用 Golden 了解一家公司的发展历程，比如亚马逊公司。

 从Golden知识图谱中检索Amazon的发展历史。

Used Golden ⌄

根据Golden知识图谱的最新信息，以下是Amazon的发展历史：

1. Amazon由Jeff Bezos于1994年7月5日创立，其总部位于美国华盛顿州的西雅图。
2. Amazon最初是一家在线书店，但随着时间的推移，它已经扩展到销售各种商品和服务，包括电子产品、家居用品、服装、食品等。此外，Amazon还提供云计算服务（通过其子公司Amazon Web Services），并且在数字娱乐领域也有所涉足，包括电子书（通过Kindle设备和服务）和流媒体视频（通过Amazon Prime Video）。
3. Amazon在全球范围内拥有多个子公司和业务，包括Audible（有声读物服务）、Zappos（鞋和服装零售商）、Whole Foods Market（高端超市连锁店）和Twitch（流行的游戏直播平台）。
4. Amazon在全球范围内进行了多次收购，包括购买Kiva Systems（现为Amazon Robotics，专注于仓库自动化技术）、Zappos（鞋和服装零售商）、Whole Foods Market（高端超市连锁店）和Zoox（自动驾驶汽车公司）等。
5. Amazon在全球范围内有超过160万名员工，是全球最大的雇主之一。
6. 2021年，Jeff Bezos宣布将从CEO职位上退下来，由Andrew Jassy接任。Bezos继续担任公司的执行董事长。

以上信息截止到2023年5月。**更多信息**

使用 Golden 查找亚马逊公司的发展历程

Golden 是如何实现智能回答问题的呢？

它正是采用"查资料—写材料"的模式，在后台网站查询数据并将其整合后，再回答问题。就像我们把任务交给了一个聪明的助手，这个助手先去权威专业的数据库中查询数据，然后把结果组织成一份简报供我们查阅一样。

这种模式的优势在于，使用插件后，获取的数据真实性是有保证的（当然，前提是插件后台的数据服务商资质是可靠的）。只要它连接的是真实的数据源，那么获取的数据就是可信赖的。我们可以直接在工作或业务中使用这些数据，而不用担心它是否提供了一个虚构的信息。即使对结果存在一定的疑问，也可以根据 Golden 回答中提供的网址进一步核实验证。

4.4　学术探索：查找效率提升与文献自动生成

同样，在学术查询领域，也涌现出了一系列文献查找的插件，如 ScholarAI、Scholar Assist、Scholarly、ScholarlyInsight 等。

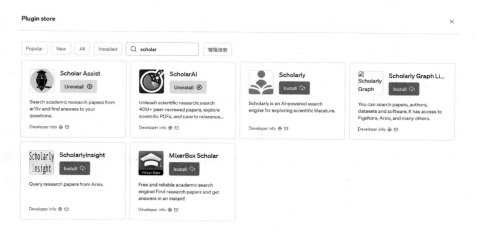

ChatGPT 学术查询类插件

下面，以 ScholarAI 为例，演示一下这个插件在学术研究场景中的辅助能力。目前，ScholarAI 能够查询 Springer-Nature 数据库中的文献，虽然其数据库并不全，但无疑会给学术研究工作带来显著的效率提升。

使用这个插件，我们能直接接触到经过同行评议的文章，获取最新、可靠的学术信息，对研究工作大有裨益。以 AI 领域最前沿的基础模型——Transformer 为例，我们可以提出一个请求"查找关于 Transformer 模型的最新研究文献"。

 查找关于Transformer模型的最新研究文献。

 Used ScholarAI ⌄

这里有一些关于Transformer模型的最新研究文献：

1. **Transformers: State-of-the-Art Natural Language Processing** by Thomas Wolf et al. 这篇文章讨论了一个开源库，该库的目标是将最新的Transformer架构和预训练模型开放给更广泛的机器学习社区。这个库包含了精心设计的最新的Transformer架构，并且有一个由社区制作和提供的预训练模型的精选集合。

2. **Transformers: State-of-the-Art Natural Language Processing** by Thomas Wolf et al. 这篇文章也讨论了Transformer库，强调了其如何将最新的预训练模型集成到一个统一的API中，以及如何支持许多下游NLP任务。

3. **Deep Learning for Classification and Localization of COVID-19 Markers in Point-of-Care Lung Ultrasound** by Subhankar Roy et al. 这篇文章介绍了一个新的深度网络，该网络源自Spatial Transformer Networks，可以同时预测输入帧的疾病严重程度得分，并在弱监督的情况下提供病理性伪影的定位。

4. **Efficient Transformers: A Survey** by Yi Tay et al. 这篇文章对最近的一些提高原始Transformer架构的效率的模型进行了分类和全面的概述。

5. **Condition monitoring and diagnosis of power equipment: review and prospective** by Shengtao Li and Jianying Li. 这篇文章回顾了近年来电力设备（包括变压器）的状态监测和诊断的研究状态。

使用 ScholarAI 查询学术文献

输入请求后，ScholarAI 很快给出了 5 篇相关的文献资料，并附带了简单的介绍。如果想看到文章的详细内容，只需点击链接，就可以直接跳转到文章的页面。此外，如果需要将这些文献的引用以标准格式输出，也可以直接向插件提出要求。

读完文章的标题和摘要后，下一步是理解文章的内容。此时，可以让 ScholarAI 来帮助我们，比如指定一篇文章，让它来总结文章的摘要。

Transformers: State-of-the-Art Natural Language Processing by Thomas Wolf et al, 总结这篇文章的摘要。

这篇文章的主要内容是介绍了一个名为 "Transformers" 的开源库。这个库的目标是将最新的 Transformer 架构和预训练模型开放给更广泛的机器学习社区。以下是摘录的5个要点：

1. **Transformer 架构和预训练模型的进步**：文章指出，自然语言处理的最新进展是由模型架构和模型预训练的进步驱动的。Transformer 架构使得构建更高容量的模型成为可能，而预训练则使得这些模型能够有效地用于各种任务。

2. **开源库 "Transformers"**：这个库包含了精心设计的最新的 Transformer 架构，并且有一个由社区制作和提供的预训练模型的精选集合。这个库的目标是将这些进步开放给更广泛的机器学习社区。

3. **统一的 API 和社区支持**：Transformers 库提供了一个统一的 API，使得研究人员可以扩展其功能。同时，这个库也得到了社区的支持，包括预训练模型的制作和提供。

4. **适用于研究人员、实践者和工业部署**：Transformers 库旨在为研究人员提供扩展性，为实践者提供简单性，并在工业部署中提供快速和稳健性。

5. **库的可用性**：Transformers 库可以在 **https://github.com/huggingface/transformers** 上找到。

使用 Scholar 总结文章的摘要

对于这篇文章，Scholar 迅速给出了一个包含五点的总结，这是一个非常专业且有参考价值的回答。

然而，所有的插件都有其所依赖的数据库的局限性，即它只能查询到数据库内的信息。尽管存在这样的局限性，但这些插件仍为我们提供了一种更先进、更高效的研究方法。至于如何完善这些文献数据库，我们预计在未来的迭代中，可能会有更强大的工具在这方面能够提供更大的便利。

借助 ScholarAI 这类插件，研究人员可以将大量原本用于"搜索"的精力，转向对前沿课题的"研究"，从而将更多的精力专注于研究本身。

4.5　专属工具：用 ChatGPT 获取特定领域信息

在许多特定的专业领域，要获取数据通常只能通过特定的数据供应商，这给工作带来了一定的挑战。目前，我们看到很多不同行业的公司都在利用 ChatGPT 开发专门针对它们行业的插件，这样的插件可以帮助它们直接解决一些特定的问题。

1. 使用 Hauling Buddies 查询动物运输商信息

Hauling Buddies 这个插件专门提供动物运输服务的信息。它可以帮助用户直接查找最可靠的动物运输商及其联系方式，以及是否符合美国的一些法律认证，包括美国农业部有机认证（USDA）的认证，或者是否纳入了 FMCSA 的数据库中。

当我们向这个插件提问"查找洛杉矶附近的动物运输商"时，它很快就会给出两个动物运输商的信息，包括他们的地址、电话、服务内容，以及他们的简介。

 查找洛杉矶附近的动物运输商。

 Used Hauling Buddies ⌄

这是我找到的洛杉矶附近的一些动物运输商：

1. **Paws Door 2 Door Express**
   - 地址：Inglewood, California, United States
   - 电话：+1 310-764-1703
   - 服务：家畜和小动物运输
   - 简介：这是一个家庭经营的企业，他们用爱心和关怀运输宠物。他们有超过6年的宠物运输和照顾经验，与庇护所、繁殖者和潜在的新宠物主人合作。他们提供宠物保险，并且有汽车保险。他们是非吸烟者，有清洁的记录和全面的背景检查。他们的服务包括运输费用，不包括酒店、通行费或运输过程中可能发生的车辆损坏费用。
2. **Pets4jets USA LLC**
   - 网站：**https://www.pets4jet.com**
   - 地址：Fullerton, California, United States
   - 电话：+1 657-346-6135
   - 服务：小动物运输

使用 Hauling Buddies 查询动物运输商（仅展示部分截图）

在此基础上，可以进行进一步的筛选，例如请求插件"筛选出持有 USDA 认证的动物运输商"。

从这个例子中可以看出，ChatGPT 现在已经有了平台化的倾向，各行各业都可能在 ChatGPT 平台上开发出自己专业领域的信息服务插件。

从商业模式的角度来看，这个插件是一个很好的示例。由于 ChatGPT 具有广泛解决问题的能力，它自身可能成为一个重要的流量入口，也可能成为一种交易的撮合者。像 Hauling Buddies 这样的插件开发商可能会通过提供信息服务，最终获取交易佣金或平台费用，实现盈利。

2. 使用 BlockAtlas 查询美国人口数据

BlockAtlas 可以帮助用户直接查询美国的人口相关数据，包括社会经济指标，如收入、教育水平、种族构成等。比如，想研究洛杉矶的人口结构，可以直接使用 BlockAtlas 查询洛杉矶的人口数据和年龄分布。插件能迅速反馈洛杉矶的总人口、男性人口、女性人口等信息，并提供一个链接，使我们可以查看更详细的原始数据。再比如，想知道近五年纽约市人口的增长率，经过查询，BlockAtlas 会给出答案，如纽约市五年内的人口增长了 2.5%，并且提供了原始数据网页的人口分布图。

3. 使用 One Word Domains 查询可注册的域名

One Word Domains 可以帮助用户检查域名的可用性，并在不同的注册商之间比较价格。比如，想注册一个域名"medvision.com"，就可以向它询问这个域名能否注册。

检查域名"medvision.com"的可用性。

Used One Word Domains ⌄

对不起，域名 "medvision.com" 已经被注册了。你可以点击这里查看更多信息。

使用 One Word Domains 检查域名的可用性

如果不可用，我们通常会寻找其他后缀名的域名，如".io"".tech"".health"".care"等。进一步提问后，它会给出一些更常用的可用域名。

与medvision相关的域名，有哪些可用？

Used One Word Domains ⌄

以下是与medvision相关的可用域名：

1. **medvision.io**
2. **medvision.tech**
3. **medvision.health**
4. **medvision.care**

其他的域名，如 "medvision.com" "medvision.net" "medvision.org" "medvision.co" "medvision.ai" "medvision.online" 等都已被注册。

使用 One Word Domains 查找相关域名

这个插件可以帮助非专业技术人员快速搞清楚业务上可用的域名，而不需要了解太多关于域名和网络的知识。

4. 使用 FiscalNote 查询美国的相关法律法案政策

最后一个例子是名为"FiscalNote"的插件，它是查询美国法律法案政策的一个工具。简单来说，它可以提供与美国政府政策相关的信息。如果想了解美国政府的一些经济刺激计划，如与美国基础设施相关的法案，此插件可以快速列出所有与这个主题相关的新闻。

 有没有关于"Infrastructure Act"的新闻？

 Used FiscalNote ⌄

以下是一些最近关于"Infrastructure Act"的新闻：

1. **Photos of the week ending May 12, 2023**: D.C. Del. Eleanor Holmes Norton在华盛顿的 Grant Memorial发表了关于于最近在自行车安全方面的投资，包括"Infrastructure Investment and Jobs Act"下资助的"Vision Zero项目"的评论。
2. **Common ground on the debt limit? Here's what to look for**: 一位委员会成员提到，这样的委员会可以提出随时间减少赤字的目标，"而不会削弱退伍军人的权利，也不会撤销两党的基础设施法案和通胀减少法案"。
3. **Why the narrative that Biden is drifting right for 2024 is closer to malarkey than reality**: 今年早些时候的一份报告描述了总统如何"在准备2024年竞选时悄然转向中间路线"。他在今年1月与参议院GOP领导人Mitch McConnell在后者的家乡肯塔基州一起出席一项桥梁项目的活动时说，这个项目是由去年的两党基础设施法案确定的，他在社交媒体上受到了抨击。

4. **Democrat Cartwright advises GOP to tame the 'crazies':** "我经常谈论基础设施。基础设施和就业法案是一个大胜——不仅对民主党，也对这个国家。人们说，'哦，基础设施，那很无聊，任何人都能做到。'"

5. **Amid Trump 24/7, Biden focuses on business as usual:** "幸运的是，有了'基础设施投资和就业法案'的帮助，近3.3亿美元被带回伊利诺伊州，以应对一项巨大的任务：确保我们的社区知道并信任他们的饮用水是安全的。"这位伊利诺伊州的民主党人说。

使用 FiscalNote 查询与美国基础设施建设相关的法案

用户可以通过这个插件快速查询美国法律法案政策的最新进展，从而帮助他们把握政策动态，更好地做出决策。

## 第 5 章

办公助手：如何用 ChatGPT 来辅助我们使用 Office 软件

在 2023 年 5 月，微软宣布了一项正在研发的人工智能助手——Microsoft 365 Copilot。Copilot 的含义是"副驾驶员"，这款 AI 助手将运用 GPT-4 技术全面地协助我们使用 Office 办公软件解决问题。

Office 办公软件，不仅包括我们熟知的 Word、Excel、PPT，还有 Outlook、Teams 等，所有这些，未来都将是 ChatGPT 的舞台。虽然 Microsoft 365 Copilot 还未正式发布，但从官方的演示中，我们已经可以窥见未来的可能性。

想象一下，在 Word 文档中，只需给出简单的提示，就能产出完整的文档。需要制作 PPT？只需一键操作，Word 文档就能变成精美的演示文稿。Excel 中的数据分析、Teams 的会议应用，无论是会议提醒、预约，还是智能纪要，都将变得唾手可得。

虽然 Microsoft 365 Copilot 尚未发布，但我们可以先让 ChatGPT 作为 Office 办公软件的助手来提高我们的工作效率。具体来说，它能提供以下帮助：

（1）功能指南。当使用 Office 软件遇到困难时，我们可以直接向 GPT 提问。

（2）VBA（Visual Basic for Applications）代码生成。通过 VBA 编程，我们可以快速处理文档，提高工作效率。

（3）文档内容优化和设计。GPT 可以根据文档内容，提出设计建议，包括推荐字体、颜色、排版等，以提高文档的可读性。

在接下来的内容中，我们会一一介绍 GPT 在 Word、Excel、PPT 中的使用方法，包括基本操作、生成 VBA 代码，以及每个软件的特色功能。

5.1　Word 高手：用 ChatGPT 提升使用技巧

在 Word 文档编辑的过程中，我们经常会遇到一些不太常用的功能，比如设定封面背景，或者让页码从特定页面开始。这类问题虽然看起来不复杂，但如果我们缺乏经验，就可能耗费很多时间去查找解决方案。而现在，ChatGPT就可以作为 IT 顾问，只需向它提问，就能得到详细的解答。

如果需要批量处理大型文档中的格式，例如统一几十张图片的大小，ChatGPT 也能快速生成 VBA 代码，帮我们节省大量的时间。

1. 向 ChatGPT 询问 Word 操作方法

假设需要设置 Word 封面页的页码格式，只需将这个问题提给 ChatGPT，它会迅速给出解答。

 Word 2019，如何设置页码在封面页不显示，在第二页之后显示？

 在 Word 2019 中设置封面不显示页码，但在第二页及之后的页面上显示页码的步骤如下：

1. 打开您的 Word 文档，并定位到封面页面。
2. 从顶部菜单中，选择 "布局" 或 "页面布局"，然后点击 "分隔符" 或 "分节符"，最后选择 "下一页"。这会在封面后面创建一个新的节区域。
3. 跳转到第二页（即封面的下一页），然后在顶部菜单中，选择 "插入" > "页码"。在弹出的菜单中选择您想要的页码样式。此时，所有页面都会显示页码。
4. 双击第二页的页眉或页脚区域以激活 "页眉和页脚" 工具。在打开的 "设计" 选项卡中取消选中 "链接到上一节" 的选项。这会使得新的节区域的页眉和页脚独立于前一节区域。
5. 跳转回第一页（即封面页），再次双击页眉或页脚区域。然后，选择页码并删除它。这时，封面页就不再显示页码，而第二页及之后的页面上仍然显示页码。

请注意，以上步骤可能会根据 Word 的版本和设置有所不同，但基本的步骤应该是相同的。

ChatGPT 回答 Word 页码设置问题

由于不同 Office 版本的使用界面有所差异，因此为了获取更准确的操作步骤，我们一般会指定软件版本。如果想使用语法检查功能来审查文稿，也可以向 ChatGPT 提问。

从上面的例子中可以看出，ChatGPT 的回答专业且详细，能够节省我们查找解决方案的时间。根据 Microsoft Copilot 的预览，我们可以期待，未来的 AI 技术和办公软件将会深度结合。也许到那时，我们只需在 Word 中提出需求，就能自动完成，不再需要查询具体的操作步骤。

2. 用 ChatGPT 生成 Word VBA 代码

如果 Word 文档中有需要大量重复操作的任务，可以采用编写 VBA 代码来实现[①]，现在这个任务也可以交给 ChatGPT 来完成。

 Word文档中有多个插图，需要把宽度统一调整到8cm，并且保证图片均保持锁定纵横比。如何用VBA实现？

 在Word中使用VBA批量调整图片大小并保持纵横比，你可以按照以下步骤创建和运行一个宏：

```vba
Sub ResizeImages()
    Dim InlineShape As InlineShape

    ' Loop through each InlineShape in the active document
    For Each InlineShape In ActiveDocument.InlineShapes
        ' Set the width of the InlineShape to 8 cm.
        ' Note that Word's measurement unit is points, where 1 cm = 28.35 po
        ' Preserve aspect ratio (LockAspectRatio = msoTrue)
        InlineShape.LockAspectRatio = msoTrue
        InlineShape.Width = 8 * 28.35
    Next InlineShape
End Sub
```

---

① VBA 代码一般不受软件版本的影响。但需要注意的是，ChatGPT 给出的代码未必完美，需要在使用过程迭代优化。ChatGPT 辅助代码生成同样适用于其他编程语言和场景，详见第 10 章的内容。

要运行这个宏，你需要有以下操作：

1. 在 Word 中，按下 **"Alt + F11"** 打开 VBA 编辑器。
2. 在 VBA 编辑器中，选择 **"插入 > 模块"** 来创建一个新的模块。
3. 在新的模块中，复制并粘贴上述代码。
4. 按下 **"Ctrl + S"** 保存，然后关闭 VBA 编辑器。
5. 在 Word 中，按下 **"Alt + F8"**，选择 **"ResizeImages"** 宏，然后点击 **"运行"**。

这个宏将会遍历文档中的所有插图，将它们的宽度设置为8厘米，同时保持原有的纵横比。

请注意，使用宏和VBA会涉及安全问题，因此在使用之前请确保你了解这些代码的工作原理，并只在你信任的文档中运行这些代码。

使用 ChatGPT 设置 VBA 代码

ChatGPT 不仅给出了详细的代码，而且给出了详细的步骤。接下来，我们在 Word 中加载这段 VBA 代码，运行之后，就可以得到想要的调整效果。

5.2 Excel 利器：用 ChatGPT 优化表格

在 Excel 中，ChatGPT 的用途更为广泛。除了查询使用方法和生成 VBA 代码，还可以借助 ChatGPT 的数据分析功能，来获取数据洞察。

1. 向 ChatGPT 询问 Excel 操作方法

我们在 Excel 中常常需要用到各种数据处理函数，同一类处理功能可能有多个函数变体，在使用前需要仔细区分。此时，可以利用 ChatGPT 来帮助我们进行理解。

比如，我们想知道 Excel 中用于计算平均值的函数有哪些，以及它们的使用方法和区别，只需直接向 ChatGPT 提问，它就会详细列出这些函数，并解释它们的功能和使用条件。

再比如，要统计一个年龄列的平均值，而这个数据列中有一些异常值，如空值或 0。如果手动处理，我们需要去除这些异常值。这时，就可以直接问 ChatGPT。ChatGPT 会告诉我们，可以使用 AVERAGEIF 函数，并设置条件为大于零，这样就可以剔除等于 0 或为空值的数据。这个功能可以帮助我们快速清洗数据。

> 我想统计年龄列的均值，要剔除空值和0，应该怎么操作？

> 在 Excel 中，要计算年龄列的均值并剔除空值和0，你可以使用 `AVERAGEIF` 函数。例如，如
> 果你的年龄数据在 A1 到 A10 单元格中，你可以使用以下公式：

```excel
=AVERAGEIF(A1:A10, ">0")
```

> 这个函数的意思是计算 A1 到 A10 这些单元格中大于0的值的平均值。空值在这个函数中会被
> 自动忽略，所以你不需要专门处理它们。
>
> 如果你需要剔除其他特定的值，你可以根据需要修改这个公式中的条件。

ChatGPT 回答 Excel 统计函数的用法

在使用 Excel 时，我们经常会用到各种快捷键和使用技巧来提高效率。这时，我们可以直接向 ChatGPT 询问。比如，想知道在 Excel 中快速设置单元格格式的快捷键，只需向 ChatGPT 提出要求，如"列出最常用的五个快捷键"。ChatGPT 会给出相应的快捷键，比如"Ctrl+1"，这个快捷键可以用来快速修改字体颜色和格式。

2. 用 ChatGPT 生成 Excel VBA 代码

在 Excel 中经常有一些复杂的操作，这时我们就可以借助 VBA 编程语言来实现。比如，想要合并多个 Excel 表格到同一个工作表中，我们可以在提问时添加一些具体要求，以得到更符合需求的解决方案。再比如，我们需要合并的 Excel 文件可能都是 .xlsx 格式的，并且希望所有合并后的文件保存在当前 Excel 目录中。

针对这样的需求，ChatGPT 可以为我们生成一个 VBA 代码，并解释如何使用，包括如何在 Excel 中打开 VBA 编辑器，以及如何运行生成的代码。

要运行这个宏，你需要做以下的操作：

1. 在 Excel 中，按下 `Alt + F11` 打开 VBA 编辑器。
2. 在 VBA 编辑器中，选择 `插入 > 模块` 来创建一个新的模块。
3. 在新的模块中，复制并粘贴上述代码。
4. 按下 `Ctrl + S` 保存，然后关闭 VBA 编辑器。
5. 在 Excel 中，按下 `Alt + F8`，选择 `MergeWorkbooks` 宏，然后点击 `运行`。

运行这个宏后，当前工作簿中将添加多个新工作表，每个工作表包含一个源文件的所有数据。

ChatGPT 生成的 Excel VBA 代码的使用方法

在使用过程中，如果遇到了问题，或者对某些操作不太明白，我们可以继续向 ChatGPT 提问，直到完全解决问题。

3. 用 ChatGPT 分析 Excel 数据

我们可以利用 ChatGPT 直接分析 Excel 中的数据[①]。而这个操作，只需要一步：将 Excel 中的表格数据复制到 ChatGPT 中，然后输入分析要求。假设我们有一张表格，其中的数据涵盖不同区域和季度的销售额。

我们希望 ChatGPT 对这些销售数据进行基础的分析。具体分析什么呢？即使没有想好，也不妨让 ChatGPT 试一试分析的思路。

区域	季度	销售额
北美	Q1	$20,000
北美	Q2	$25,000
北美	Q3	$30,000
北美	Q4	$35,000
欧洲	Q1	$15,000
欧洲	Q2	$20,000
欧洲	Q3	$25,000
欧洲	Q4	$30,000
亚洲	Q1	$10,000
亚洲	Q2	$15,000
亚洲	Q3	$20,000
亚洲	Q4	$25,000

这是产品销售数据，能帮我做一些简单的分析吗？

---

① 本节介绍的结合 Excel 的基础数据分析适用于规模较小的数据表，更有深度的数据分析见第 11 章。

当然，这是一份四季度的销售数据，分别针对北美、欧洲和亚洲这三个区域。下面是一些基本的数据分析：

1. **总销售额**：我们可以加总所有季度的销售额以得到每个区域的年度总销售额。
   - 北美的年度总销售额为 $20,000 + $25,000 + $30,000 + $35,000 = $110,000
   - 欧洲的年度总销售额为 $15,000 + $20,000 + $25,000 + $30,000 = $90,000
   - 亚洲的年度总销售额为 $10,000 + $15,000 + $20,000 + $25,000 = $70,000
2. **季度销售额增长情况**：每个区域的销售额从第一季度到第四季度都在持续增长。这可能反映出一种季节性趋势，或者是公司的销售策略在推动销售额的增长。
3. **区域销售比较**：在这个时间段内，北美的销售额最高，其次是欧洲，最后是亚洲。这可能说明公司在北美的市场最成熟，而亚洲市场相对较新，还有很大的增长空间。

ChatGPT 分析 Excel 数据表格

ChatGPT 进行了一个基础分析，显示出了清晰的思路：从总体到分项，先呈现总销售额，然后细化到季度和区域两个维度进行比较。我们还可以继续提问，比如"我想知道哪个区域的季度销售额增长最快"。

 我想知道哪个区域的季度销售额增长最快。

 为了找出哪个区域的季度销售额增长最快，我们可以计算每个区域每个季度的销售额增长率。增长率可以通过下面的公式来计算：

增长率 = （本季度销售额 – 上季度销售额） / 上季度销售额

下面是每个区域的季度销售额增长率：

- 北美
  - Q2增长率 = ($25,000 – $20,000) / $20,000 = 25%
  - Q3增长率 = ($30,000 – $25,000) / $25,000 = 20%
  - Q4增长率 = ($35,000 – $30,000) / $30,000 = 16.67%
- 欧洲
  - Q2增长率 = ($20,000 – $15,000) / $15,000 = 33.33%
  - Q3增长率 = ($25,000 – $20,000) / $20,000 = 25%
  - Q4增长率 = ($30,000 – $25,000) / $25,000 = 20%
- 亚洲
  - Q2增长率 = ($15,000 – $10,000) / $10,000 = 50%
  - Q3增长率 = ($20,000 – $15,000) / $15,000 = 33.33%
  - Q4增长率 = ($25,000 – $20,000) / $20,000 = 25%

从上面的计算结果来看，亚洲区域的季度销售额增长最快。尽管亚洲的总销售额在三个区域中最低，但它的季度增长率最高，这可能表示亚洲市场在这段时间内有很大的增长潜力。

ChatGPT 分析销售数据增长率

在回答这个问题时，ChatGPT 展现出了它的逻辑分析能力。首先，它会定义增长率，然后计算北美、欧洲和亚洲的增长率。结果显示，亚洲的季度增长率最高，因此它推断亚洲市场在未来可能有很大的增长潜力。

这只是一个基础的分析，还需要根据行业的特性和市场情况细化。我们可以向 ChatGPT 提供更多信息以及行业背景，让 ChatGPT 产生更具实战价值的结果。

本节演示的三个应用示例只是 ChatGPT 能力的冰山一角，我们相信在更加复杂的 Excel 任务下，ChatGPT 发挥的辅助作用也会更大。

5.3　PPT 达人：用 ChatGPT 创作专业级演示材料

现在，我们来探索一下如何使用 ChatGPT 来辅助我们制作 PPT。在创建 PPT 时，除了询问基础操作和生成批量的 VBA 代码，ChatGPT 还能设计内容架构。

1. 向 ChatGPT 询问 PPT 操作方法

首先，我们看一下如何使用 ChatGPT 处理基础任务。例如，想在 PPT 中添加水印保护我们的版权，还希望水印始终处于顶层。在这种情况下，我们可以询问 ChatGPT，获取具体的操作方法。

 PPT2019，如何设置水印？水印文字在顶层。

 在 PowerPoint 2019 中，你可以通过以下步骤来添加并设置水印：

1. 打开你想要添加水印的 PPT 文件。
2. 选择 "视图" 选项卡。
3. 在 "视图" 选项卡中选择 "幻灯片母版"。
4. 这将打开 "幻灯片母版" 视图，你将看到左侧的幻灯片缩略图。选择顶部的幻灯片母版（这将影响你 PPT 中的所有幻灯片）。
5. 现在你在幻灯片母版上，选择 "插入" 选项卡。
6. 在 "插入" 选项卡中，选择 "文本框"。
7. 在幻灯片上点击并拖动，创建一个文本框，并输入你想要的水印文字。

8. 在文本框选中的情况下，选择"格式"选项卡。

9. 你可以在这里调整你的文字样式，包括字体、大小、颜色等。为了制作水印效果，你可能需要将文字颜色设置为淡色，并可能需要增大字体大小。

10. 在完成设置后，点击"幻灯片母版"选项卡，然后点击"关闭母版视图"。

这样，你就在 PPT 中创建了一个水印。它会出现在每一张幻灯片上，并且总是位于其他内容的底层。

然而，要把水印设置到顶层，你需要在每一张幻灯片上单独添加水印文字，并确保它位于所有其他对象之上。这需要比较大的工作量，因为 PowerPoint 并没有直接的方法可以设置所有幻灯片上的水印文字始终在顶层。

ChatGPT 回答 PPT 水印设置问题

2. 用 ChatGPT 生成 PPT VBA 代码

在实际工作中，我们往往需要整合不同的 PPT 材料，经常需要统一标准格式，比如在 PPT 中统一不同的字体。如果手动逐页调整，非常费时费力，而且难免有遗漏。在这种情况下，可以询问 ChatGPT 如何用 VBA 代码实现这个目标。

PPT中字体不统一，需要将原来字体为"微软雅黑"的内容批量修改为"宋体"。如何用VBA实现?

要使用VBA将PowerPoint中所有"微软雅黑"字体更改为"宋体"，你可以使用以下的步骤：

1. 首先，打开你的PowerPoint，然后点击菜单栏的"开发工具"选项卡。如果你看不到"开发工具"选项卡，你可能需要先在"文件" -> "选项" -> "自定义功能区"中启用它。

2. 在"开发工具"选项卡中，点击"Visual Basic"。

3. 这将打开VBA编辑器。在VBA编辑器中，点击"插入" -> "模块"，在新创建的模块窗口中输入以下代码：

vba   📋 Copy code

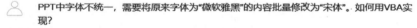

```vba
Sub ChangeFontToSongti()
    Dim sld As Slide
    Dim shp As Shape

    For Each sld In ActivePresentation.Slides
        For Each shp In sld.Shapes
            ChangeFontInShape shp
        Next shp
    Next sld
End Sub
```

ChatGPT 生成 Excel 字体修改 VBA 代码（仅展示部分截图）

3. 用 ChatGPT 设计 PPT 内容大纲

制作 PPT 时，设计内容大纲是至关重要的。我们可以使用 ChatGPT 来生成内容大纲。例如，需要制作一个 PPT 来介绍 ChatGPT 的办公应用，可以让 ChatGPT 给出大纲框架。

 设计一个PPT内容大纲，6页，简要介绍ChatGPT的办公应用。

 当然，以下是一个关于ChatGPT办公应用的简短PPT内容大纲，包含6页：

1. 封面页

* 标题：ChatGPT在办公应用中的使用
* 子标题：如何使用人工智能改进工作流程
* 作者姓名和日期

2. 介绍

* ChatGPT的定义和开发者（OpenAI）
* ChatGPT的主要功能简述
* 报告内容预览

3. ChatGPT的办公应用

* 文档撰写和编辑：包括纠正语法，提供写作建议等
* 电子邮件自动回复：展示如何使用ChatGPT自动生成邮件回复
* 自动问答：介绍ChatGPT如何自动回答用户问题，例如在帮助中心或客户服务环境中的应用

4. 创新和语言翻译

* 创新和创意：讨论ChatGPT如何帮助用户生成新的内容，如营销文案、博客文章等
* 语言翻译：展示ChatGPT在语言翻译方面的能力

5. 限制和注意事项

* 讨论ChatGPT的限制，例如内容准确性和偏见问题
* 提醒用户如何理解并正确使用AI的建议

6. 结论和未来展望

* 总结ChatGPT在办公应用中的主要优点
* 对ChatGPT的未来发展和可能改进进行讨论
* 结束语和感谢

ChatGPT 生成 PPT 内容大纲

4. 使用 ChatGPT 和 PPT 辅助软件创建 PPT

ChatGPT 能不能直接帮我们做 PPT 呢？现在还不能直接实现，但是有间接的办法。

市场上已有的一些 PPT 辅助软件，比如闪击 PPT、Mindshow 等，它们可以将格式化的大纲要点直接转成 PPT。我们就以"闪击 PPT"为例，演示如何通过 ChatGPT+ 闪击 PPT 快速生成 PPT 大纲文本。

首先，需要了解闪击 PPT 对 PPT 大纲文本的格式定义。可以直接将语法规则复制给 ChatGPT 让它学习，再要求 ChatGPT 生成符合规则的对应大纲文本的规则 [①]。

在 ChatGPT 学习规则之后，我们就可以让它来设计主题为"ChatGPT 办公应用"的 PPT 大纲文本了。

> 设计一个PPT大纲文本，6页，简要介绍ChatGPT办公应用。

> 明白了，以下是一个根据您的要求生成的大纲文本。为了符合您的要求，我将使用代码块格式来展示：

```markdown
=====封面=====
# ChatGPT办公应用简介
## 智能化您的工作流程
演讲人：我的名字

=====目录=====
# 目录
## CONTENT
1. ChatGPT介绍
2. ChatGPT的应用场景
3. ChatGPT在办公中的优势
4. 如何使用ChatGPT
5. 结论与展望

=====列表=====
# ChatGPT介绍
1. 什么是ChatGPT
```

---

① 闪击 Sankki. 闪击 PPT 如何文本直接转 PPT[EB/OL]. (2023-05-04)[2023-07-13]. https://zhuanlan.zhihu.com/p/607583650.

ChatGPT是OpenAI基于GPT-4架构训练的大型语言模型，具有强大的文本生成和理解能力。

=====列表=====
ChatGPT的应用场景
1．日常工作通讯
ChatGPT可以被用于自动回复电子邮件、处理日常业务、自动化答疑等。
2．文档编辑与编写
ChatGPT可以被用于生成报告、撰写文章、自动化编辑文档等。

ChatGPT 生成"闪击 PPT"格式的大纲文本（限于篇幅，仅截取部分内容）

最后，将这个大纲文本复制到软件中，就可以一键生成大纲定义的 PPT。

闪击 PPT 制作出来的 PPT 效果

当然，这只是一个开始，而且生成的 PPT 可能还不够完美。但是，我们可以在大纲初稿的基础上，根据自己的需求继续调整 PPT 风格，修改表达用语，让它更符合我们的要求。

5.4　会议能手：用 ChatGPT 高效整理会议纪要

尽管语音转文本的技术已经相当成熟，但在实际的语音转成会议纪要过程中，仍然存在许多挑战。比如，直接从语音转录出的会议纪要可能包含大量的语气词，对专业名词的识别不够准确，更别提在讨论多个主题时的复杂性了。这使得在大多数情况下，依然需要花费人力，手动梳理会议纪要。

但 ChatGPT 可以在这方面大展身手。作为一个强大的语言模型，它在处理语言方面有着巨大的优势。它可以理解上下文，分辨多个主题，甚至可以理解那些表述不清晰的专业术语。通过 ChatGPT，我们可以将冗长、流水账式的会议记录迅速整理成清晰、条理分明的会议纪要，甚至形成一个清晰的思维导图。

1. 用 ChatGPT 整理会议纪要

比如，公司召开了一个产品营销计划讨论会。这个讨论会可能涉及四个人物，讨论的过程可能包括多个主题，如产品的市场推广策略、销售渠道、营销预算等，而每个人也可能都有自己的立场。

为了整理出一份清晰的会议纪要，我们需要明确识别出上述那些主题。这时，我们可以将整个会议记录直接发送给 ChatGPT[1]，并告诉它这是一份会议记录，希望它整理出一份思维导图形式的纪要。

    参与人员：Alice（产品经理）、Bob（市场主管）、Charlie（销售主管）、David（首席执行官）
Alice：我们的最新产品XYZ，已经准备好进入市场了。我认为我们应该制定一个全面的营销策略来推动销售。
Bob：Alice，你说得对。我们需要一种方法来使产品脱颖而出。但我想先听听Charlie的看法，毕竟他最了解我们的销售渠道。
Charlie：我同意，Bob。我们应该优先考虑我们的分销商。可能需要和他们一起制定一些激励方案。这样一来，他们也能更积极地销售我们的产品。
Alice：Charlie，你的提议很好。我们也需要与公关团队一起，确保我们的产品信息能在所有相关的平台上发布。
David：这些都是很好的点，但我们还需要考虑到产品定位的问题。我们需要找到一种方法，让消费者清楚地看到我们的产品与竞品的不同。
Bob：David，你的观点很重要。我们必须在营销方案中清晰地体现产品的独特性。
Charlie：我们也应该考虑一下营销预算的问题。我们需要找到一种平衡，既能让产品获得足够的市场曝光，又不会过度消耗我们的资源。

这是一段会议记录文本。

---

[1] 如果用户需要向 ChatGPT 上传原始会议记录，在实际业务中，用户需要判断内容的敏感性以及数据安全是否符合企业要求。

根据上述讨论，以下是整理好的会议纪要，使用了Markdown格式进行思维导图的编写。

会议纪要

议题一：产品营销策略

- **Alice（产品经理）**：提议制定全面的营销策略以推动产品销售。
- **Bob（市场主管）**：同意，并提出需要使产品在市场中脱颖而出。
- **Charlie（销售主管）**：建议优先考虑分销商，可能需要与他们一起制定激励方案。
- **Alice** 同意 Charlie 的建议，并提出需要与公关团队合作，以确保产品信息的全面发布。

共识：产品营销策略应全面、深入，需要包含产品在市场中的定位、分销商的激励方案，以及产品信息的全面发布。

下一步行动：和分销商以及公关团队进一步讨论并制订出具体的行动计划。

议题二：产品定位和营销预算

- **David（首席执行官）**：指出需要考虑产品定位问题，产品与竞品的差异化需要清晰呈现。
- **Bob** 同意 David 的观点，认为产品的独特性需要在营销方案中清晰地体现。
- **Charlie** 提出应考虑营销预算问题，需要找到既能让产品获得足够的市场曝光，又不会过度消耗公司资源的平衡点。

共识：在制定产品营销策略时，产品定位和营销预算是两个关键的考虑因素。

下一步行动：制定出能够清晰呈现产品与竞品差异化，同时考虑到公司资源的营销方案。

这是根据以上讨论生成的会议纪要，具体的行动计划可能还需要进一步的讨论与确定。

ChatGPT 生成的会议纪要

查看 ChatGPT 整理的结果，我们发现它非常清晰地识别出了讨论中的两个主题：产品的营销策略，以及产品的定位和营销预算。

它的整理方式也非常有条理：第一部分列出了每个人的主要观点；第二部分列出了大家讨论后达成的共识；第三部分则直接给出了下一步的行动计划。这样的会议纪要可以帮助我们在会议结束后，迅速地将主要共识和下一步的行动方案落地。

2. 用 ChatGPT 整理语音备忘录

除了用 ChatGPT 整理已经转录的文字记录，还可以让 ChatGPT 将语音输入直接生成高质量的备忘录。使用方法很简单,无论是在网页端还是手机端,只要打开语音输入法,就可以直接与 ChatGPT 开启对讲模式。据我的测试,在苹果手机端使用 ChatGPT App 的语音输入功能,体验尤其流畅。

举例来说,开完会之后,大家常常会有这样的体验,在当时大脑对要点的记忆是最深刻的。那么,如何迅速抓住这些要点呢?

可以直接打开 ChatGPT 苹果手机端的语音输入按钮,口述我们想要记录的要点。这样,ChatGPT 就可以快速生成一个要点层次清晰的记录,大大提升我们的工作效率。

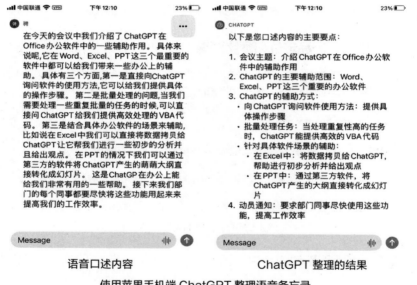

语音口述内容　　　　　　　　　ChatGPT 整理的结果

使用苹果手机端 ChatGPT 整理语音备忘录

可以看出,在左图中,使用苹果手机端 ChatGPT 语音识别口述内容已经达到了非常高的准确度,尤其在中英文混用的语境下,对英文专业名词(如ChatGPT、VBA、PPT 等)的识别非常准确,而且文本中几乎不含语气词和口头赘述(实际的口述内容中,不可避免地会有语气词)。

在右图中,ChatGPT 准确地理解了"整理会议纪要"的意图,将原始输入的流水账内容,整理成了清晰的要点大纲,并且明确列出了行动指向—"动员通知"。即使左侧的原始文本中存在少数识别错误,如"ChatGP""萌萌大纲"

（应为"文本大纲"），也没有影响对整体要点的梳理。

　　从这个例子可以看出，ChatGPT 实际上正在帮我们实现一种**"所聊即所得"**（What You Chat is What You Get）的可能性——会议记录和总结不再需要花费额外的时间，会议结束之后，团队就可以依据讨论的共识和决策，推进下一步的行动。

## 第 6 章

写作无忧：ChatGPT 如何让我们的职场写作更出色

职场写作无疑是一项挑战，不论是电子邮件、工作汇报，还是技术文档，都需要用清晰、准确的文字来传达信息，并且要有足够的说服力。在这个过程中，我们可能会遇到各种挑战：

（1）格式规范。根据文档的类型和目的，有不同的格式要求。例如，邮件、报告、提案、会议记录等各有其特定的格式，缺乏规范的格式会影响信息的清晰度和专业度。

（2）开篇引入。很多时候写作的开头是最困难的部分，开篇的文字不仅是文笔的问题，更涉及职业角色、上下级关系以及与客户的互动等复杂因素，这需要我们在用词上非常谨慎。

（3）逻辑层次。找到清晰、连贯的论点是写作的核心，这需要对信息进行有条理的组织和展示。对于复杂的主题或大量的信息，有效的逻辑梳理尤为重要。

（4）用语精确。选择准确、具体的词语来传达信息，避免模糊和误解，是保证信息清晰和有力的关键。

但现在，有了 ChatGPT，这些问题都可以得到有效的解决。无论是符合规范的格式、清晰连贯的逻辑，还是精确严谨的用词，ChatGPT 都能为我们提供强大的支持。

我们可以利用它提供的模板快速搭建写作框架，让写作过程变得更加轻松。在开篇时，它可以生成符合场景的开篇语句；在逻辑结构上，它可以梳理和组织信息；在用词上，它可以保持严谨精确，避免语法错误和笔误。借助 ChatGPT，我们的职场写作将更加专注于核心内容的创作和传达。

要想充分利用 ChatGPT，需要结合 ROSE 法则，清晰定义我们的角色和目标。角色设定确定了我们在职场中的位置，以及我们与沟通对象之间的关系，如上下级、同事或合作伙伴。目标则是我们写作的核心，我们所有的写作材料最终都应服务于沟通目标。

6.1　邮件达人：撰写令人印象深刻的邮件

在撰写邮件时，无论是面向内部还是面向外部，都要重视细节。

（1）对于面向内部的邮件，我们需要清晰地向各角色的人员阐述项目的背景，并深思熟虑收件人的角色以及我们的职责。

（2）对于面向外部的邮件，这是公司对外沟通的一部分，直接代表了公司的形象。因此，我们需要保持严谨，以确保我们的言辞符合各项法规和商业礼仪，同时也要注意保持适当的礼貌。

1. 对内邮件场景：开发项目沟通邮件

假设我们正在为一个名为"聊天 GPT"的小程序开发项目写一封向公司内部各部门说明项目进展的邮件。我们可以先向 ChatGPT 提出基本的要求，比如："帮我写一封邮件，向公司内各部门说明'聊天 GPT'小程序项目的开发进展。"

帮我写一封邮件，向公司内各部门说明"聊天GPT"小程序项目的开发进展。

主题：更新：聊天GPT小程序项目开发进展

亲爱的同事们，

希望这封邮件找到你们时一切都好。我想借此机会向大家分享一下我们正在开发的"聊天GPT"小程序项目的最新进展。

首先，我们很高兴地宣布我们已经完成了项目的初步设计和规划阶段。我们的开发团队已经开始进行开发工作，并且已经成功实现了项目的核心功能——与聊天GPT的实时交互。这个小程序能够实现智能对话，为用户提供基于其问题和场景的准确、即时的回答。

其次，我们的团队正在开发一系列强大的功能插件，它们可以帮助用户更好地获取和分析信息，提高工作效率。这些插件包括信息搜索、股票数据查询、问卷创建工具、天气数据查询、人口普查数据查询等。

我们的目标是使这款小程序成为一个全方位的工具，不仅仅是一个普通的聊天机器人，更是一个可以帮助用户解决实际问题，提供有价值的信息和建议的工具。

请注意，我们即将开始内部测试阶段。我们会邀请一部分同事参与到测试中来，帮助我们找出可能存在的问题，并给予我们宝贵的反馈。我们热切期待你们的参与和建议，以帮助我们将这款产品做得更好。

感谢大家对我们项目的关注和支持。如果你们有任何问题、意见或建议，请随时告诉我们。

期待在未来一起看到聊天GPT小程序的成功！

最好的祝愿，

[你的名字]
[你的职位]

ChatGPT 撰写的开发项目沟通邮件初稿

基于这个提示，ChatGPT 可以生成一个中规中矩、规范性的邮件模板。然而，由于我们没有提供太多实质性的信息，这份邮件可能会显得内容空洞，缺乏针对性。

接下来，按照 ROSE 法则，可以设定一个更具针对性的提问，以便生成一封更有针对性的邮件。比如：

ROSE 法则提问要素拆解

角色	我是公司的 CTO（首席技术官），负责"聊天 GPT"小程序的开发；邮件发送给产品、运营、市场等部门的负责人
目标	（1）同步更新小程序开发进展，目前已经进入公司内测版本阶段 （2）邀请相关部门人员参与内测，提供产品反馈 （3）重点提醒市场部门加快外部合作对接，为对外测试做准备
细节	介绍小程序现有的主要功能亮点，如产品推荐、智能客服
期望	用语要友好，要提到感谢各部门在项目中的支持；但也要强调公司内测的截止日期是一周后，注意时间的紧迫性；关键的强调性内容要加粗显示

将具体的项目信息代入，形成更完整的提问指令，重新向 ChatGPT 提出要求。

帮我写一封邮件：
我是公司的CTO，负责"聊天GPT"小程序的开发；邮件发送给产品、运营、市场等部门的负责人。
（1）同步更新小程序开发进展，目前已经进入公司内测版本阶段；（2）邀请相关部门人员参与内测，提供产品反馈；（3）重点提醒市场部门加快外部合作对接，为对外测试做准备。介绍小程序现有的主要功能亮点，如产品推荐、智能客服。
用语要友好，要提到感谢各部门在项目中的支持；但也要强调公司内测的DDL是1周内，注意时间的紧迫性；关键的强调性内容要加粗提示。

主题：**重要："聊天GPT"小程序内测版本更新与行动要点**

亲爱的团队负责人，

希望这封邮件找到你们时一切安好。首先，我要感谢你们在我们正在开发的"聊天GPT"小程序项目中的投入和支持。今天，我很高兴地通知大家，**我们的项目已经成功地进入了内测阶段。**

我们的小程序具有一些非常引人注目的功能亮点。其中包括**智能产品推荐功能**，它能根据用户的需求和喜好，为他们推荐合适的产品。此外，我们还开发了**智能客服功能**，用户可以与其进行实时交互，获得准确、即时的回答和建议。

目前，我们正在寻求你们的进一步帮助。**我们邀请产品、运营等部门的成员参与内测**，帮助我们发现任何可能存在的问题，并提供宝贵的反馈意见。我们期待你们的专业视角和深入了解用户需求的经验，帮助我们提升产品质量。

此外，我想特别提醒市场部门。为了准备即将到来的对外测试，**我们需要你们加快与外部合作伙伴的对接速度。**请确保我们的小程序在对外测试开始时，可以顺利地进入各个合作平台。

请大家注意，**我们的内测阶段的截止日期是一周后**。这是一个紧迫的时间点，但我相信我们的团队可以共同努力，按时完成这个阶段的目标。

再次感谢大家在项目中的辛勤付出。我相信我们的合作将使"聊天GPT"小程序成为一款优秀的产品。

期待你们的反馈和建议。

[你的名字]
公司首席技术官

ChatGPT 修改后的开发项目沟通邮件

我们可以看到，ChatGPT 根据这些详细的提问指令生成的邮件更具针对性。标题要点清晰，整个邮件都在强调项目已经成功进入内测阶段，并在最后一段明确了内测截止日期是一周后，强调了时间节点的重要性。

虽然这封邮件已经很好地表达了主要内容，但是还有一些需要人工调整的地方。例如，有一些表达方式在中文语境下并不适用，如"希望这封邮件找到你们时一切安好"，这是英文邮件中常见的问候语，但不是中文的常用表达。此外，有些用语相对生硬，如"我想提醒市场部门"，可以改为"市场部门在这个阶段的角色非常重要"。

2. 对外邮件场景：产品介绍邮件

对于这个对外推广产品的邮件场景，我们可以按照以下的方式设定问题。

ROSE 法则提问要素拆解

角色	我是公司的市场经理，负责"聊天 GPT"小程序的营销；邮件发送给潜在客户
目标	（1）介绍并推广"聊天 GPT"小程序 （2）邀请客户试用并反馈 （3）注意礼仪，保持语言正式、礼貌
细节	明确介绍小程序的主要功能及其对客户的潜在价值
期望	希望通过邮件与客户建立初步联系，引起他们对产品的兴趣

帮我写一封邮件：
我是公司的市场经理，负责"聊天GPT"小程序的营销；邮件发送给潜在客户。
（1）介绍并推广"聊天GPT"小程序；（2）邀请客户试用并反馈；（3）注意礼仪，保持语言正式、礼貌。
明确介绍小程序的主要功能及其对客户的潜在价值。
希望通过邮件与客户建立初步联系，引起他们对我们产品的兴趣。

主题：引领新一代人工智能交互——聊天GPT小程序体验邀请

尊敬的先生/女士，

我是XX公司的市场经理，我非常高兴有这个机会向您介绍我们最新推出的产品——聊天GPT小程序。

聊天GPT小程序是基于OpenAI的GPT-4架构开发的人工智能交互工具。它是一款语言处理小程序，具有理解、回答问题以及自然语言生成等功能。这一技术不仅可以帮助您在进行文本输入、信息查询等任务时提供高效的支持，而且在内容创作、语言翻译等领域也有着广泛的应用潜力。

我们深信，聊天GPT小程序能够为您的业务提供巨大的价值。首先，它可以作为您的个人助理，提高您的工作效率。其次，它能够帮助您的团队在需要创新和灵活思考的工作中取得更好的成效。最后，它可以帮助您提升客户服务体验，通过提供更加精准及时的回应，提升客户满意度。

我们诚邀您体验聊天GPT小程序，您的反馈对我们的产品改进具有重要价值。我们也期待听到您的体验感受以及对我们产品的建议。

如果您有任何问题或者需要了解更多关于聊天GPT小程序的信息，请随时联系我。我们期待有机会与您进一步探讨聊天GPT小程序如何为您的业务带来更多价值。

期待您的回复。

谢谢。

最诚挚的，
[你的名字]
[你的职位]
[你的联系信息]

ChatGPT 撰写的产品介绍邮件初稿

上面这封邮件已经充分体现了核心内容，但是过于中规中矩，缺乏感染力。我们可以向 ChatGPT 再增加一些要求，比如补充以下内容：

（1）市场趋势。比如，强调 ChatGPT 是最新的技术趋势，已经在多个行业中得到应用，"聊天 GPT"是 ChatGPT 在行业内的垂直应用。

（2）产品价值。比如，强调"聊天 GPT"能帮客户提高获客效率、降低客服成本。

（3）成功案例。比如，提及行业内的领先企业 A 已经采用了我们的小程序。

帮我写一封邮件：
我是公司的市场经理，负责"聊天GPT"小程序的营销；邮件发送给潜在客户。
(1) 介绍并推广"聊天GPT"小程序，强调ChatGPT是最新的技术趋势，已经在多个行业中得到应用，"聊天GPT"是ChatGPT在行业内的垂直应用；(2) 明确介绍小程序的主要功能及其对客户的潜在价值；(3) 邀请客户试用并反馈；(4) 强调"聊天GPT"能帮客户提高获客效率、降低客服成本；(5) 提及行业内的领先企业A已经采用了我们的小程序；(6) 注意礼仪，保持语言正式、礼貌。
希望通过邮件与客户建立初步联系，引起他们对我们产品的兴趣。

主题：邀请体验"聊天GPT"小程序——人工智能最新应用，助力提升业务效率

尊敬的先生/女士，

我是XX公司的市场经理，很高兴有机会向您介绍我们的新产品——"聊天GPT"小程序。这是一款基于OpenAI的最新GPT-4架构的应用，代表着最新的人工智能技术趋势，已在多个行业中得到广泛应用。

我们的"聊天GPT"小程序是ChatGPT在行业内的一项垂直应用。它的主要功能包括理解并回答问题，以及自然语言生成等。这款小程序旨在帮助您的公司更高效地运行，减少客服成本，提高获客效率。这其中的潜在价值，我们相信您会在试用中有更深刻的体验。

我们特此邀请您试用我们的"聊天GPT"小程序，并期待您提供反馈意见。您的反馈对于我们持续改进产品至关重要。

值得一提的是，行业内领先的企业A已经采用了我们的"聊天GPT"小程序，并在使用中取得了显著效果。我们相信，您也能从我们的产品中获得同样的价值。

如果您需要了解更多信息或有任何疑问，请随时回复此邮件或通过以下联系方式联系我。我们期待有机会与您更深入地探讨"聊天GPT"小程序如何帮助您的业务更上一层楼。

期待您的回复。

谢谢。

最诚挚的，
[你的名字]
[你的职位]
[你的联系信息]

ChatGPT 优化后的产品介绍邮件

ChatGPT 这次生成的邮件有了明显的改进，能够非常好地突出重点，包括该产品在技术上的先进性和目前的技术趋势、该产品在垂直领域的价值，以

及该产品在行业内其他公司的使用情况。

　　这个例子展示了 ChatGPT 在撰写邮件时的灵活性和适应性。关键在于我们要明确这封邮件应该包含哪些核心内容。只要有清晰的指导，ChatGPT 就能生成符合我们要求的邮件，从而帮我们提高工作效率，把精力放在核心问题上，而不是邮件的格式和细节上。

3. 对外邮件场景：项目延误道歉邮件

　　与产品介绍邮件相比，撰写处理对外关系中出现的冲突的邮件则更为棘手，比如因项目延误而需要道歉，或是因对方拖欠款项而需要催款等。在这些情况下，措辞和用语需要格外谨慎，以避免进一步产生误解或冲突，同时也要尽可能地维护双方的关系。因此，写作难度往往较高，容易让人觉得"下笔难、没思路"。

　　在这种情况下，ChatGPT 仍然可以提供帮助。首先，我们可以提供详细的场景和目标，比如希望通过这封邮件表达什么，希望对方产生什么反应等。然后，ChatGPT 会基于我们的要求生成一份初步的邮件草案。我们可以根据这份草案进一步去修改和精练，直至得到满意的结果。

　　假设我们现在遇到了一个麻烦，由于上游供应商的延迟，导致我们无法按期交付。我们可以先提出一个基础的提问指令，让 ChatGPT 写出初稿。

写一封邮件：
我方是乙方，收件人是甲方（客户）。由于上游供应商的延迟，导致我们无法按期交付，会延期1个月，请对方谅解。

主题：重要通知：关于交付日期的调整

尊敬的甲方，

我谨代表乙方向您致以诚挚的问候。

我写这封邮件的目的是通知您由于我们上游供应商在生产环节中出现了不可预见的延迟，这将对我们的交付日期产生影响。我了解到这将给您的业务计划带来不便，对此我表示深深的歉意。

经过对我们的供应链和生产流程进行全面的评估，我们预计交付时间将推迟1个月。我们团队正在全力以赴地处理这个问题，并尽可能地缩短这个延迟时间。

我们理解这次的延迟可能会对您的业务造成一些困扰，因此我们愿意给您提供一些补偿措施，以减轻这次延迟给您带来的影响。我们将在接下来的几天内，与您的团队进一步沟通这个问题。

我想再次强调，我们深感歉意，对于这次的不便我们深感遗憾。我们非常重视我们与您的合作关系，并且我们将尽力确保我们能尽快交付产品。

如果您有任何问题，或者想要进一步讨论这个问题，您可以随时联系我。我们感谢您的理解和耐心，期待我们的持续合作。

谢谢。

顺祝商祺，

[你的名字]
[你的职位]
[你的联系信息]

ChatGPT 撰写的向客户致歉邮件初稿

ROSE 法则提问要素拆解

角色	我是公司的客户经理；邮件发送给甲方客户
目标	我们对甲方的交付已经延期，需要寻求对方的谅解。由于上游供应商的延迟，导致我们对客户无法按期交付，预计延期 1 个月
细节	说明我方已经采取的措施和努力，包括寻求替代供应商、增加客户项目资源配置、将在产品完成后第一时间现场交付
期望	寻求对方的谅解，并在未来继续保持合作关系。语气要诚恳客气

我们可以根据 ROSE 法则进一步完善邮件。

写一封邮件：
我是公司的客户经理；邮件发送给甲方客户。
我们对甲方的交付已经延期，需要寻求对方的谅解。由于上游供应商的延迟，导致我们对客户无法按期交付，预计延期1个月。
说明我方已经采取的措施和努力，包括寻求替代供应商、增加客户项目资源配置、将在产品完成后第一时间现场交付。
寻求对方的谅解，并在未来继续保持合作关系。语气要诚恳客气。

主题：关于交付日期的重要通知与诚挚道歉

尊敬的甲方，

我是XX公司的客户经理，我写这封邮件是为了向您通报一个对我们双方都很重要的事情。很遗憾，由于我们上游供应商的延迟，我们的产品交付日期将推迟1个月。我们理解这种情况可能会对您的业务计划产生影响，对此我们感到非常抱歉。

我想向您保证，尽管遭遇了这次的不可预见的挑战，我们团队正在尽全力缩短这次的延迟时间。我们已经开始寻找可靠的替代供应商，并已增加了对您项目的资源配置，以确保产品的质量和我们对您的承诺。一旦产品完成，我们将优先安排现场交付，以减少对您的影响。

我了解这次的延迟可能对您产生了不便，我们对此表示最深的歉意。我们非常感谢您的理解和耐心，也期待我们能尽快解决这个问题，并回归到正常的工作进程。

我想再次强调，我们非常珍视与您的合作关系，我们希望尽管遇到了这次的挑战，我们仍能在未来继续保持良好的合作关系。我们将尽我们最大的努力，确保这次的延迟不会影响我们对您的承诺和服务。

如果您有任何问题或者需要更多的信息，请随时联系我。我会随时为您提供帮助。

再次向您表达我们的歉意，并感谢您的理解。

谨祝商祺，

[你的名字]
[你的职位]
[你的联系信息]

ChatGPT 优化后的向客户致歉邮件

从 ChatGPT 更新后的邮件，可以看出它理解并遵循了我们对于诚恳、尊重和专业的语气要求，在向对方解释延迟原因的同时，也充分表达了我们的歉意和对解决问题的决心。此外，邮件中的详细解释和对采取措施的阐述，充分体现了我们对客户的尊重和对解决问题的决心。

在理解情绪方面，ChatGPT 有效地控制了邮件的整体情感基调，避免了可能会引起对方不适或误解的过激或消极措辞，这体现了其对人性化和自然语言交流的深入了解。同时，它的词汇和语法也都是准确和专业的，增强了邮件的说服力和影响力。

值得一提的是，由于对外关系的敏感性，我们使用 ChatGPT 时需要保持警惕，确保生成的内容符合我们公司的价值观和对外沟通政策。

6.2 汇报高手：厘清内容，不惧表达

在这个竞争激烈的职场中，如何撰写一份有内容、条理清晰的工作汇报呢？这需要从工作汇报的类型开始说起。工作汇报主要分为两类：

（1）项目性汇报，如关键的项目阶段报告或突发情况的汇报。这就像百米冲刺，需要全力以赴，聚焦重点。

（2）定期工作汇报，如月报、周报，以及季度和年度的工作总结。这更像马拉松，要求持久的耐力和清晰的方向感。

无论是哪一种工作汇报，我们都需要清晰地阐述工作内容，用清晰的结构和逻辑有条理地呈现，这样才能吸引领导的关注和兴趣。

如何解决工作汇报的问题呢？这里，ChatGPT 可以提供巨大的帮助。

ChatGPT 可以帮助我们把复杂的工作内容整理成一个清晰、简洁的框架。这个框架重点突出，逻辑清晰，可以解决工作呈现流水账的问题。更进一步，ChatGPT 可以帮助我们定制化地生成工作汇报，无论面向何种场景，无论对象是谁，它都可以帮助我们提高工作效率。

下面，就从项目性汇报和定期工作汇报这两个场景来看一下，ChatGPT 是如何帮助我们解决这些问题的。

1. 项目性汇报：汇报阶段性的成果

现在，我们来看一个具体的项目性汇报案例："聊天 GPT"小程序上线后的用户反馈。这是一个阶段性的成果汇报，内容颇为复杂。我们可以先让 ChatGPT 规划一下汇报的大纲。

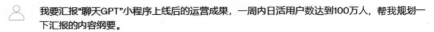

我要汇报"聊天GPT"小程序上线后的运营成果，一周内日活用户数达到100万人，帮我规划一下汇报的内容纲要。

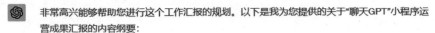

非常高兴能够帮助您进行这个工作汇报的规划。以下是我为您提供的关于"聊天GPT"小程序运营成果汇报的内容纲要：

1. 引言：简短介绍您将在报告中分享的主要成果，这可以帮助听众更好地了解接下来的内容。

2. 小程序简介：回顾并概述"聊天GPT"小程序的主要功能和目标，为接下来的成果讲解做好铺垫。

3. 运营成果概览：总结小程序上线一周的关键运营数据，包括日活用户数（达到100万人），并突出这是一个值得庆祝的成果。

4. 用户增长分析：深入分析日活用户的增长趋势，可以包括每日的新增用户数、用户来源等数据，并解释可能的原因。

5. 用户行为分析：分享用户在小程序上的主要行为，例如最常使用的功能，停留时间等，这有助于理解用户的需求和行为。

6. 用户反馈：简述用户对于小程序的主要反馈，包括正面和需要改进的部分。

7. 下一步计划：介绍接下来的计划，如增加新功能、优化用户体验等。

8. 结语：对于团队的辛苦工作表示感谢，对未来的成功表示乐观和期待。

希望这个内容纲要对您有所帮助，如果需要进一步的帮助，请随时告诉我。

ChatGPT 撰写的工作汇报大纲

在这个提问指令下，ChatGPT 列出了一个基本的规划，包括项目介绍、用户反馈，以及下一步的计划。接下来，就可以按 ROSE 法则来细化这个要求。

ROSE 法则提问要素拆解

角色	我是公司的运营负责人；向公司高层和各部门负责人汇报
目标	帮我设计 PPT 大纲和要点，10 页左右 主题："聊天 GPT"小程序上线后的运营成果，汇报时间为 30 分钟主要成果：一周内日活用户数达到 100 万人
细节	内容要点： （1）小程序简介：回顾并概述"聊天 GPT"小程序的主要功能和目标，为接下来的成果讲解做好铺垫 （2）运营成果概览：总结小程序上线一周的关键运营数据，包括日活用户数（达到 100 万人），并突出这是一个值得庆祝的成果 （3）用户增长分析：深入分析日活用户的增长趋势，可以包括每日的新增用户数、用户来源等数据，并解释可能的原因 （4）用户行为分析：分享用户在小程序上的主要行为，比如最常使用的功能、停留时间等，这有助于了解用户的需求和行为 （5）用户反馈：简述用户对于小程序的主要反馈，包括正面和需要改进的部分 （6）下一步计划：介绍接下来的计划，如增加新功能、优化用户体验等
期望	互联网运营风格 PPT，突出要点，以图表数据为支撑。通过既有成果展示，争取公司更多的资源支持，以拓展下一步的目标

我们将这样一个完整的指令发送给 ChatGPT，看看它给出的结果。

我是公司的运营负责人；向公司高层和各部门负责人汇报。
帮我设计PPT大纲和要点，10页左右。
主题："聊天GPT"小程序上线后的运营成果，汇报时间为30分钟。主要成果：一周内日活用户数达到100万人。
互联网运营风格PPT，突出要点，以图表数据为支撑。
内容要点：
1. 小程序简介：回顾并概述"聊天GPT"小程序的主要功能和目标，为接下来的成果讲解做好铺垫。
2. 运营成果概览：总结小程序上线一周的关键运营数据，包括日活用户数（达到100万人），并突出这是一个值得庆祝的成果。
3. 用户增长分析：深入分析日活用户的增长趋势，可以包括每日的新增用户数、用户来源等数据，并解释可能的原因。
4. 用户行为分析：分享用户在小程序上的主要行为，比如最常使用的功能、停留时间等，这有助于理解用户的需求和行为。
5. 用户反馈：简述用户对于小程序的主要反馈，包括正面和需要改进的部分。
6. 下一步计划：介绍接下来的计划，如增加新功能、优化用户体验等。
通过既有成果展示，争取公司更多的资源支持，以拓展下一步的目标。

 很好，我将在此基础上，为您设计PPT大纲和关键要点。这是一个互联网运营风格的PPT，每个部分都通过图表和数据进行支撑，以帮助您清晰地传达信息。请参考以下设计：

1. 封面：
   - 主题："聊天GPT"小程序运营成果
   - 副标题：第一周日活用户数达到100万人
2. 小程序简介：
   - 图表：小程序的功能介绍图
   - 要点：小程序的主要功能和目标
3. 运营成果概览：
   - 图表：总体运营数据图，突出日活用户数
   - 要点：达到100万个日活用户的重要性和影响
4. 用户增长分析：
   - 图表：用户增长趋势图，展示每日的新增用户数和用户来源
   - 要点：解释用户增长的可能原因及其对未来的影响
5. 用户行为分析：
   - 图表：用户行为数据图，如最常使用的功能、平均停留时间等
   - 要点：如何通过用户行为理解用户需求
6. 用户反馈：
   - 图表：用户反馈摘要，正面和负面反馈对比图
   - 要点：用户反馈的重要性和我们如何采取行动
7. 下一步计划：
   - 图表：下一步的行动计划时间表或路线图
   - 要点：将要增加的新功能、优化用户体验等
8. 请求支持：
   - 图表：资源需求表，对接下来的目标进行预测
   - 要点：请求公司提供更多的资源支持

　9. 总结：
　　　• 图表：既有成果的总览，展望未来的目标
　　　• 要点：感谢团队的努力，展望未来的成功
　10. 封底：
　　　• 公司logo和联系方式

ChatGPT 撰写的汇报 PPT 大纲

　　这份 10 页的 PPT 框架，每一页都给出了主题、数据图表以及要强调的重点。这是一个非常清晰的结构。基于这个结构，我们可以让 ChatGPT 详细展开每一部分的内容。

　　ChatGPT 就可以提供更明确的大纲和要点，以及一些重要的提示。基于这个框架，我们可以加入一些更加具体的项目信息，进行最终的 PPT 设计。

　　工作汇报的开场词也十分关键。我们要在这个阶段突出亮点，吸引领导的注意力，让他们对报告产生兴趣。当有了 PPT 的内容之后，我们就可以让 ChatGPT 在这个场景下生成开场白的文稿。

　　ChatGPT 的开头可以是"尊敬的领导们，各位同事们"，这是一个非常标准的开场白。接下来的部分，可以直接突出重点，比如过去一周我们取得了什么样的成果。在这段简单的开场白中，我们已经非常明确地突出了重点，包括已经取得的成果，以及后续打算做的事情。有了这样一个清晰的开场之后，我们就可以进入汇报的正题了。

　　这个案例向我们展示了，通过 ChatGPT，我们可以更有效地准备工作汇报，它不仅帮我们节省了大量的时间，还帮我们厘清了思路，设计出了条理清晰的汇报大纲。如果需要，还可以让它帮我们设计更具场景化的文稿，使我们的报告更加生动有趣。

2. 定期工作汇报：撰写周报

　　接下来，我们看一下定期工作汇报的情况，以一个典型的开发人员的工作场景为例来讲。小张是"聊天 GPT"小程序的一名开发人员，每周都需要提交开发进度周报。虽然他在技术领域非常出色，但他不太擅长总结和报告。虽然

他做了很多工作，但他的周报就像流水账一样毫无重点。领导工作繁忙，根本没有足够的时间去详细阅读他的报告。

那么，该如何借助 ChatGPT 帮他改进这个周报呢？

很简单，只需将这份周报作为背景信息输入到 ChatGPT 中，然后写出具体要求。比如，"根据上面的内容重写一份结构清晰的周报，分为四个层次：已完成的工作、未完成的工作、需要的帮助以及下周待办"。

> **软件开发部门周报**
>
> 姓名：小张
> 日期：2023年5月26日
> 这周我专注于处理各种各样的任务，主要涉及修复漏洞、优化功能、编写代码等。
> 本周一开始，我处理了一些用户反馈的问题。例如，有用户反馈说，当他们在特定情况下使用我们的小程序时，会遇到一些奇怪的错误。这个问题困扰了我很久，我终于找到了问题的根源，并成功地修复了它。
> 在完成上述任务后，我开始致力于优化小程序的某个功能。这个功能在我们的产品中起着非常重要的作用，所以我需要确保它能够有效地满足用户的需求。我重新设计了它的一些部分，使其更易于使用，同时保持了它的功能性。
> 此外，我还投入了大量的时间来编写代码，以实现一些新的特性。我花了很多时间来理解业务逻辑，以确保我能正确地实现这些特性。我也花了很多时间来测试我的代码，以确保它没有错误。
> 在这一周的工作中，我也处理了其他一些小的任务，如文档的编写，和同事的协作等。
> 这一周的工作让我感到非常忙碌，但我很高兴我能够完成这些任务，为我们的产品贡献出自己的力量。
>
> 根据上面的内容重写一份结构清晰的周报
> - 已完成的工作
> - 未完成的工作
> - 需要的帮助
> - 下周待办

软件开发部门周报

姓名：小张
日期：2023年5月26日

已完成的工作

1. **修复用户反馈的问题**：在特定使用条件下，用户在小程序中遇到了一些问题。经过一系列研究和测试，我成功找到了问题的源头，并进行了修复。

2. **优化功能**：我对小程序的一个关键功能进行了优化，使其更加易用，同时保持原有功能。这一优化能更好地满足用户需求。

3. **编写新特性的代码**：我投入了大量时间理解业务逻辑，并编写了一些新特性的代码。所有的新特性都已经通过了严格的测试，确认无误。
4. **其他任务**：完成了一些其他辅助性的任务，如文档编写，与团队成员的协作等。

未完成的工作

进一步的功能优化：由于本周时间有限，部分计划中的功能优化工作未能完成。

需要的帮助

决定功能优化的优先级：在进行功能优化时，我可能需要产品团队的建议和指导，帮助我确定优化的优先级。

下周待办

1. **完成剩余的功能优化**（重要性：高，紧急性：中）：我计划在下周完成剩余的功能优化工作。
2. **继续修复已知的小问题**（重要性：中，紧急性：低）：我已经列出了一些小问题，虽然它们不影响小程序的主要功能，但我还是计划在下周进行修复。
3. **代码审查**（重要性：高，紧急性：高）：为了确保代码的质量和可维护性，我将在下周进行代码审查。

ChatGPT 撰写的周报

　　ChatGPT 处理后很快生成一个结构清晰的周报，将小张一周的工作分解成四个清晰的维度。在"已完成的工作"中突出了四个要点，比如修复用户反馈的问题和优化功能。"下周待办"工作也被梳理得非常清晰，并注明了哪些工作重要而紧急。

　　这样，小张的上级领导可以清楚地看到他一周的工作，并了解他下一步的工作需要什么样的支持。同时，这份结构清晰的周报也帮助小张提升了工作效率，作为自己的时间管理工具，可以帮助他更好地安排未来的任务和时间。

　　通过这个案例可以看到，让 ChatGPT 帮我们整理工作汇报，指令要求其实很简单，最关键的是实质性的工作内容描述。在 ChatGPT 的帮助下，我们可以更专注于实质性的工作，而非形式上的整理和梳理。

6.3 文档利器：碎片而多样的输入，专业而标准的输出

与撰写商务材料和汇报材料相比，ChatGPT 在撰写技术文档上可能会发挥更大的作用。这是因为技术文档本身就是高度结构化的，更注重结构规范，而不太苛求用词用语的细节，这恰好是 ChatGPT 最擅长的领域。

特别是技术文档的内容主要由客观的技术信息主导，这种准确和规范的表达方式非常适合 AI 进行处理。我们继续以"聊天 GPT"小程序为例，看一下 ChatGPT 在整个项目流程中可以完成哪些技术文档的输出工作。

在"聊天 GPT"小程序项目的全流程中，都可以充分利用 ChatGPT 来进行技术文档的生成和优化。

ChatGPT 在产品设计开发项目中的辅助作用

项目阶段	ChatGPT 的辅助作用	目标
产品功能需求调研	利用 ChatGPT 生成市场调研问卷并进行调研分析	提高问卷制作的效率和质量
产品功能设计	利用 ChatGPT 编写技术方案和设计文档	帮助梳理和表达设计思路
产品开发	利用 ChatGPT 编写功能的内测方案	提高内测方案的编写效率和质量
产品测试	利用 ChatGPT 编写并优化测试用例，生成内测报告	提高测试用例的编写和优化效率，及时生成详细的内测报告

例如，在产品功能需求调研阶段，ChatGPT 可以生成市场调研问卷并进行调研分析。在产品功能设计阶段，它可以设计技术方案和设计文档。在产品开发阶段，它可以编写内测方案。最后，在产品测试阶段，它可以编写测试用例，以及生成内测报告。

由于篇幅的限制，我们将重点从**产品功能需求调研、产品测试**这两个环节来展示 ChatGPT 在技术文档撰写中的作用。

1. 产品功能需求调研

可以让 ChatGPT 帮我们设计一份关于"聊天 GPT"小程序功能需求调研问卷。在简洁的提示下，ChatGPT 可以迅速给出一份初稿，这份初稿包含了基本信息、使用体验、功能需求和其他建议等模块，这已经是一个通用的模板了。

 设计一份针对"聊天GPT"小程序功能需求调研问卷。

 当然，以下是一个针对"聊天GPT"小程序功能需求调研问卷的例子：

1. **基本信息**
   1.1　您的年龄范围是？
   1.2　您的职业是？
   1.3　您平时使用聊天软件的频率如何？
2. **使用体验**
   2.1　您在使用聊天小程序时，最看重哪些功能？
   2.2　您在使用聊天小程序时，最期待的体验是什么？
   2.3　您是否接受使用AI聊天机器人？为什么？
3. **功能需求**
   3.1　您希望"聊天GPT"小程序能够提供哪些功能？
   3.2　对于AI聊天机器人，您最期待它具备哪些能力？
   3.3　您对聊天小程序的隐私保护有何期待？
4. **其他建议**
   4.1　对于"聊天GPT"小程序，您有哪些期待或建议？

注意，以上问题仅供参考，具体问题可能需要根据你们的实际产品和市场定位进行调整。

ChatGPT 撰写的产品功能需求调研问卷初稿

在这个基础之上，我们可以根据项目的背景信息，利用 ROSE 法则进一步完善我们的需求。

ROSE 法则提问要素拆解

角色	我是"聊天 GPT"小程序项目的产品经理
目标	帮我设计一份用户调研问卷。问题数量控制在 8 个以内，个人信息仅调研年龄、职业大类

续表

细节	应当包括的调研点： • 用户已经体验过哪些聊天小程序 • 用户在使用聊天小程序时，最常见的问题有哪些 • 用户期待小程序能够提供哪些功能
期望	• 采用电子问卷的形式，输出问题（备注题型）、选项 • 用简单文本的形式呈现，不要出现二级编号，方便我将问卷问题导入问卷软件 • 注意引导参与调研的人给出相对有信息量的回答

我是"聊天GPT"项目的产品经理，帮我设计一份用户调研问卷。
问题数量控制在8个以内，个人信息仅调研年龄、职业大类。
采用电子问卷的形式，输出问题（备注题型）、选项。
用简单文本的形式呈现，不要出现二级编号，方便我将问卷问题导入问卷软件。
应当包括的调研点：
·用户已经体验过哪些聊天小程序？
·用户在使用聊天小程序时，最常见的问题有哪些？
·用户期待小程序能够提供哪些功能？
注意引导参与调研的人给出相对有信息量的回答。

好的，以下是我为您设计的用户调研问卷：

1. （单选题）您的年龄范围是？
 · 18岁以下
 · 18~25岁
 · 26~35岁
 · 36~45岁
 · 46~55岁
 · 56岁及以上

2. （单选题）您所在的职业领域是？
 · 教育
 · 科技
 · 医疗
 · 媒体
 · 公务员
 · 学生
 · 其他(请说明)

3. （简答题）请列出您体验过并印象深刻的三款聊天小程序，并简单描述一下您喜欢它们的原因。

4. （简答题）在您使用过的聊天小程序中，有哪些反复出现的问题或不方便的地方？请尽量具体描述。

5. （简答题）在一个理想的聊天小程序中，您期望看到哪些功能或特性？

6. （简答题）对于我们正在开发的"聊天GPT"小程序，您有哪些期待或建议？请尽可能详细地描述，您的建议对我们非常重要。

ChatGPT 优化后的产品功能需求调研问卷

在上面修改后的调研问卷的基础上，我们只需进行些许微调和优化，即可展开调研工作。假设我们现在已经拿到了调研结果，这些结果将包括年龄、职业以及用户对小程序的体验等信息。

针对这些数据，我们可以让 ChatGPT 生成一份调研分析报告，为下一步的产品设计提供参考。

> 根据以上结果生成调研分析报告，为下一步的产品设计提供参考。
> 内容要简洁，要给出分析的观点。

用户需求调研分析报告

根据我们对"聊天GPT"小程序用户需求的调研，我们得到了一些关键的发现和分析，如下：

1. 用户群体的年龄和职业
用户主要集中在 26~35 岁的年龄段，这个年龄段的用户占比高达 50%。另外，IT 行业的用户占比最高，达到了 40%，说明我们的产品在该领域有很大的市场潜力。

2. 已体验过的聊天小程序
大部分用户都曾使用过微信和 WhatsApp，分别达到 70% 和 50%。这提示我们可以借鉴这两款应用的优点，同时避免其不足之处。

3. 用户在使用聊天小程序时遇到的问题
用户反馈的问题主要集中在隐私、广告干扰、界面不友好和功能复杂等方面。这意味着我们在设计小程序时，需要充分考虑用户隐私保护，减少广告干扰，优化界面设计，以及简化使用功能。

4. 希望聊天小程序能提供的功能
文字聊天和文件分享是用户最期待的功能，分别达到 90% 和 70%。此外，语音聊天和语音到文字的转换也被用户所期待。这为我们在设计产品时提供了明确的方向。

5. 对聊天GPT小程序的期待
用户对聊天 GPT 小程序的期待主要集中在稳定性强、界面友好、操作简单、新功能多、安全性高等方面。这也将作为我们在设计和开发聊天 GPT 小程序时的重要参考。

总的来说，我们的产品设计应以满足用户需求为导向，借鉴竞品的优点，避免其不足，注重用户体验和隐私保护。以上分析将为我们的产品设计提供有力的支持和指导。

ChatGPT 生成的调研分析报告

ChatGPT 生成的报告中包含了五个要点。首先，关于用户群体的年龄和职业，主要集中在 26 ~ 35 岁，IT 行业居多，占到了 40%。这给我们产品的市场定位提供了依据。其次，用户体验过的聊天软件主要是微信和 WhatsApp，这表明目前 AI 聊天软件并不多，这可能为我们提供了一个机会。其他的几个点包括在使用过程中遇到的问题，如隐私保护和广告，以及用户对聊天软件的期待。

有了这些调研结果后，可以询问 ChatGPT 对于"聊天 GPT"小程序的产品设计有何具体建议。

 综上，你对"聊天GPT"小程序的产品设计有哪些具体的建议？

基于用户需求调研分析，对于"聊天GPT"小程序的产品设计，我有以下几个建议：

1. **注重用户体验**：我们的小程序应该提供一个简洁友好的用户界面，使用户能够轻松地进行操作。同时，需要考虑提供夜间模式，减小对用户视觉的干扰。
2. **满足基础需求**：文字聊天和文件分享是用户最期待的功能，我们需要保证这两个功能的稳定性和高效性。同时，语音聊天和语音到文字的转换也是用户期待的功能，我们可以考虑在后续版本中逐步增加这两个功能。
3. **保护用户隐私**：用户对隐私保护的关注度很高，我们应该在设计和开发过程中充分考虑隐私保护的问题，如加密聊天记录、提供匿名聊天功能等。
4. **减少广告干扰**：用户普遍反映聊天小程序的广告干扰较大，我们应该尽可能地减少广告的出现，或者采取用户可以自定义广告展示位置、时间等方式来减少广告对用户的干扰。
5. **持续创新**：用户期待小程序能提供新功能，我们需要定期进行功能升级和创新，以保持产品的竞争力。

这些设计建议旨在提升用户体验，保证用户的基础需求得到满足，同时保护用户隐私，减少广告干扰，并持续为用户提供新的功能。

ChatGPT 给出的产品设计建议

ChatGPT 给出的建议，主要包含注重用户体验、满足基础需求、保护用户隐私、减少广告干扰以及持续创新等方面的建议。这展现了 ChatGPT 在处理和分析调研数据方面的优势，给出的回答已经基本可以与专业的工作人员的成果相媲美。

然而，ChatGPT 也有其局限性。它的所有分析都是根据已有数据，不能覆盖所有用户需求以及隐性知识。比如说广告问题，如果从商业化的角度考虑，完全不加广告可能会影响商业变现。因此，深度的分析和挖掘还需要由专业人员完成。

2. 产品测试

假设"聊天 GPT"小程序已经完成了基础的开发，接下来需要进入测试阶段。我们可以请求 ChatGPT 设计一份内测计划。

设计一份针对"聊天GPT"小程序的内测计划。

设计一份针对"聊天GPT"小程序的内测计划：

1. 测试目标：确保所有功能都按照预期工作，找出并修复所有关键性的Bug。
2. 测试范围：包括所有已经完成的功能模块。
3. 测试方法：结合黑盒测试和白盒测试，进行功能测试、性能测试、界面测试、兼容性测试等。
4. 测试资源：内部测试团队，包括测试工程师、开发工程师、产品经理等。
5. 测试工具：自动化测试工具、性能测试工具、Bug追踪系统等。
6. 测试时间：预计一周时间完成全部的测试工作。
7. 测试步骤：
   （1）编写测试计划和测试用例。
   （2）设置测试环境，准备测试数据。
   （3）按照测试用例进行测试，记录测试结果，提交Bug。
   （4）开发团队修复Bug，再次进行回归测试。
   （5）测试结束后，撰写测试报告。
8. 测试结果的处理：对于发现的问题，将其分类并分优先级，交由开发团队按照优先级进行修复。如果在测试过程中发现重大问题，可以考虑重新评估项目的发布日期。
9. 测试风险预估：由于是内测阶段，可能会遇到无法预知的技术问题和人力资源问题。

请根据以上的测试计划，确保在实际操作过程中做好详细的记录，以便于在测试结束后进行评估和学习。

ChatGPT 设计的产品内测计划初稿

　　虽然 ChatGPT 已经给出了一个完善的计划，包括测试目标、范围和方法等，但还可以更具体，用 ROSE 法则进一步完善我们的需求。这次，我们将扮演"聊天 GPT"小程序项目的产品经理这一角色。

ROSE 法则提问要素拆解

角色	我是"聊天 GPT"小程序项目的产品经理
目标	小程序已经完成初步的 Demo 开发，现在需要发起公司内部测试，请设计一份内测方案计划 参与人员：开发、运营、市场部门人员 目标：测试小程序 Bug、交互体验，并征集用户界面和功能的优化建议，为后续开发做准备
细节	测试要点： • 功能完整性和稳定性 • 用户界面和用户体验 • 安全性和隐私保护 • 响应速度和效率 • 特色功能或亮点
期望	获取尽可能明确、清晰的反馈

ChatGPT 根据新指令，为我们设计了一个更完善的测试方案。

 我是"聊天GPT"小程序项目的产品经理，小程序已经完成初步的Demo开发，现在需要发起公司内部测试，请设计一份内测方案计划。
参与人员：开发、运营、市场部门人员。
目标：测试小程序Bug、交互体验，并征集用户界面和功能的优化建议，为后续开发做准备。
参考行业实践
测试要点：
- 功能完整性和稳定性
- 用户界面和用户体验
- 安全性和隐私保护功能
- 响应速度和效率
- 特色功能或亮点
获取尽可能明确、清晰的反馈。

针对"聊天GPT"小程序的内部测试方案，我们可以有如下计划：

1. **测试目标**：本次内测的目标是发现并修复任何存在的Bug，测试用户界面、用户体验，并收集对用户界面和功能优化的建议。我们希望得到尽可能明确、清晰的反馈，以供后续开发参考。

2. **参与人员**：内测团队由开发、运营、市场部门的员工组成。

3. **测试内容**：
   - 功能完整性和稳定性：测试所有功能是否按预期工作，检查是否有崩溃或错误信息。
   - 用户界面和用户体验：检查用户界面是否直观、美观，交互是否流畅，是否符合用户预期。
   - 安全性和隐私保护：验证安全措施是否有效，是否能有效地保护用户的数据隐私。
   - 响应速度和效率：测试应用程序的响应时间，检查是否有卡顿或延迟现象。
   - 特色功能或亮点：测试和评估应用的特色功能，确定是否能够吸引用户并提供差异化的价值。

4. **测试流程**：
   - 编写并分发测试指南：列出所有的测试内容和测试步骤，提供详细的使用说明和反馈收集方法。
   - 测试执行：参与人员根据测试指南，操作小程序并收集反馈。
   - 反馈收集：设立专门的反馈渠道，如电子邮件、社交媒体平台或者内部通讯工具，方便参与者提交反馈。
   - 反馈分析：收集到反馈后，对反馈进行归类和优先级排序，形成反馈报告。
   - 结果分享：将反馈报告和处理计划分享给全体内测参与者。

5. **时间安排**：内测的总时长为两周。第一周为执行测试并收集反馈，第二周为反馈分析和结果分享。

6. **后续行动**：内测结束后，我们将根据收集到的反馈，对产品进行修正和优化，改善用户体验，以准备产品的后续开发和上线。

以上就是本次"聊天GPT"小程序的内测方案，希望所有参与者都能积极参与，给出宝贵的反馈和建议。

ChatGPT 优化后的产品内测计划

假设内部测试已经按照方案执行完毕，接下来，可以让 ChatGPT 帮我们生成内测报告，并总结后续的产品开发工作要点。

 根据内测反馈，生成内测报告，并总结后续的产品开发工作要点。

"聊天GPT" 小程序内测报告

1. 测试概览

我们已经完成了对"聊天GPT"小程序的内部测试。测试人员包括开发、运营、市场部门的成员。测试的目标是检查小程序的Bug、交互体验，并征集用户界面和功能的优化建议，为后续开发做准备。

2. 测试反馈

功能完整性和稳定性

大多数功能工作良好，没有发现崩溃或错误信息。然而，我们发现了一个重要的功能问题：当用户连续多次发送聊天请求时，小程序有时无法处理。

用户界面和用户体验

用户界面受到了测试人员的普遍欢迎，被认为是直观和美观的。然而，有一些反馈指出对话框较小，阅读不方便，因此有待改进。另外，一些用户建议添加夜间模式以保护眼睛。

安全性和隐私保护功能

测试人员认为小程序的隐私保护做得很好，没有泄露用户信息。然而，有用户建议添加更明确的隐私政策说明。

响应速度和效率

测试人员反馈，小程序响应速度快，没有出现明显的卡顿或延迟。但是，在连续多次发送聊天请求时，有时会出现响应延迟。

特色功能或亮点

测试人员认为小程序的特色功能是它的"聊天GPT"，这个功能非常吸引用户，可以提供差异化的价值。另外，测试人员建议，可以添加更多实用的特色功能，比如天气查询、新闻推送等。

3. 后续产品开发工作要点

根据内测的反馈，我们确定了以下几点后续产品开发工作的重点：

1. **优化对话框设计**：对话框的设计需要进行优化，以提高用户的阅读体验。
2. **解决功能问题**：当用户连续多次发送聊天请求时，需要解决小程序无法处理的问题。
3. **添加夜间模式**：响应用户的需求，添加夜间模式，提高用户体验。
4. **明确隐私政策**：在小程序中添加更明确的隐私政策说明，提高用户对隐私保护的信任度。
5. **扩充特色功能**：考虑添加实用的特色功能，如天气查询、新闻推送等。

ChatGPT 撰写的小程序内测报告

ChatGPT 给出的这份内测报告包括了测试概览、测试反馈，并针对每项要求都给出了明确的测试结果。它还给后续开发工作提出了建议，并列出了要点，包括优化对话框设计、解决功能问题等。

通过这个示例可以看出，ChatGPT 在全面性和高效性上表现出色。全面性方面，它能直接以行业的标准为基础，设计全面的内测计划。而高效性方面，它能快速地整理和分析内测结果，生成报告，从而大大提升了团队的工作效率，加快了产品的开发和迭代。

## 第 7 章

策划锦囊：ChatGPT 如何让我们的方案脱颖而出

策划，这种充满发散性和创意性的任务，是 ChatGPT 的"拿手好戏"。你可能会问，为什么？答案很简单，大多数策划创意都是对现有商业元素在特定场景下的重组，而 ChatGPT 在模型训练的过程中，已经累积了无数的商业案例，可以说是"一眼望尽千秋事"。

在这个广阔的学习视野下，ChatGPT 能提供更大范围、更多领域的方案设计，尤其当我们困惑、无从下手时，它可以帮我们跳出思维定式、提供创新的视角。它的创意广度可以帮我们从丰富的初稿中筛选出两三个最匹配的，然后继续引导，直至最后产出真正需要的方案。

在实际工作中，方案策划并非一蹴而就的过程，而是需要不断地根据项目定义进行调整。这就意味着工作人员往往会陷入无尽地修改方案的困境。而现在，一旦有新的需求出现，ChatGPT 就可以轻松调整方案，提供全新的视角和创意，更加灵活地适应变化。

怎样用好 ChatGPT 的策划能力呢？答案依然是结合 ROSE 法则——目标和细节。明确目标很简单，就是让 ChatGPT 明白我们的预期。至于细节，则需要考虑到实际情况，比如项目背景、预算、场地、资源等。在无数发散性的创意中，只有符合背景要求的策划方案，才有更高的落地价值！

7.1 市场策划：内容营销与精准推广

这一节中，我们以"GPT 咖啡"为案例，展示如何设计一套精准且有效的市场推广方案。

1. 用 ChatGPT 设计 4P 理论营销框架方案

市场营销方案一般都有一个基本框架，那就是我们熟知的"4P 理论"——产品（Product）、价格（Price）、地点（Place）和推广（Promotion）。我们可以让 ChatGPT 从 4P 理论出发，分析一下推广 GPT 咖啡的思路。

 我要推广一款GPT咖啡，请从市场营销4P理论出发，帮我设计初步的营销策略。

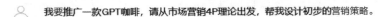 当然可以，根据市场营销的**4P理论**（产品Product、价格Price、地点Place、推广 Promotion），为GPT咖啡设计的初步营销策略如下：

1. **产品(Product)**：GPT咖啡应具备独特的卖点。你可以突出其独特的口味，或者是采用的特殊咖啡豆，甚至是独特的冲泡方法。由于"GPT"的含义，我们可以将它与科技感结合，比如，可以宣传这款咖啡是由AI算法调配以达到最佳口味的。此外，包装也应具有吸引力，采用具有创新感的设计，标签可以包含与AI相关的元素。

2. **价格(Price)**：根据目标市场和消费者能力来定价。如果目标市场是高端人士，那么定价可以稍高，从而体现产品的质量和独特性。如果目标市场是普通大众，那么你可能需要设定一个更有竞争力的价格。

3. **地点(Place)**：你需要考虑销售渠道。如果你选择线下销售，可以设立专卖店，或者在购物中心、超市等地方设立销售点。如果选择线上销售，你可以考虑自建电商平台，或者在已有的电商平台如亚马逊、淘宝等进行销售。此外，你还可以考虑与其他品牌或公司合作，比如科技公司，它们可以在自己的销售渠道销售你的咖啡。

4. **推广(Promotion)**：可以通过传统的广告、社交媒体营销、内容营销、影响者营销等方式进行推广。你可以利用GPT咖啡与AI的关联，创造一些有关AI与咖啡的有趣和吸引人的故事。同时，可以举办一些活动，如咖啡品鉴会、AI相关讲座和研讨会，来吸引消费者的注意。

这只是一个初步的策略，具体实施时，需要根据市场反馈和消费者行为进行调整和优化。

ChatGPT 设计的 4P 营销思路

ChatGPT 给出了结合 4P 理论的框架性分析。

（1）从产品角度分析，ChatGPT 强调产品的独特性。因此，我们可以打造一种科技感十足的咖啡，宣传该咖啡的口味由 AI 算法调制，从而挖掘产品的独特卖点。

（2）价格因素。定价决定市场定位。我们需要明确是选择高端路线，还是选择大众路线。

（3）地点和渠道。ChatGPT 推荐我们考虑线上线下相结合的方式，并且提及与科技公司联合推广，这也是一种补充推广渠道。

（4）推广策略。我们可以采用传统广告、社交媒体、内容营销等多种方式，打造全方位的推广策略。

ChatGPT 的回答给出了丰富的选项。在这个基础上，我们需要进一步明确每个维度的重点，然后进行策略的迭代，以实现最有效的市场推广。

2. 用 ChatGPT 生成推广方案

接下来，在制定更加明确的产品定位和市场推广的目标后，可以让 ChatGPT 生成更有针对性的推广计划。这里，依然采用 ROSE 法则来明确我们的需求。

我计划向市场推广"GPT咖啡"，需求如下：
1. 产品特点：用科技寻找生活中的极致美味，结合最前沿的AI技术，精心制作每杯咖啡，让您品尝到无与伦比的滋味，为你定制专属的口感。
2. 推广目标：社交媒体话题度显著上升、10万人首购。
3. 目标人群：职场人群（以白领为主）、科技爱好者。
4. 预算：100万元，另有商超上架促销资源。
5. 媒体渠道：主要在线上推广，包括综艺节目代言、小红书种草推荐。

根据要求，请帮我设计具体的市场推广方案。

确实，您的"GPT咖啡"产品和推广需求非常独特。结合您的预算和媒体渠道，以及您所提供的目标和特性，我为您设计的市场推广方案如下：

1. **社交媒体活动**：大力利用社交媒体的力量，如微信、微博、豆瓣等。可以推出有趣的AI主题挑战或者GPT咖啡定制体验活动，让用户生成并分享他们自己的咖啡口感，将活动链接和结果分享到自己的社交网络，提高话题度和曝光度。
2. **KOL合作**：利用小红书等平台的影响力，与当地的科技、美食、生活方式KOL进行合作，让他们尝试并推荐GPT咖啡，与粉丝分享他们的体验。
3. **综艺节目代言**：寻找具有科技气息的，或者与白领职场生活相关的热门综艺节目进行赞助或者合作，例如在节目中穿插GPT咖啡的广告或者植入产品，将品牌暴露在大众视线中。
4. **内容营销**：撰写并发布关于如何使用AI技术来制作最佳咖啡的博客文章或视频。这可以包括教育性内容，如AI与咖啡的奇妙结合，以及对GPT咖啡制作过程的详细介绍。

5. **线下活动**：在大城市的商超或者咖啡厅，举办GPT咖啡试饮活动，让人们直接体验产品，同时收集他们的反馈。还可以设立有奖问答或者抽奖，鼓励人们分享他们的体验，进一步推广品牌。

6. **优惠券和促销**：首次购买的顾客可以获得一定的折扣或者优惠券，鼓励他们试用GPT咖啡。同时，也可以推出介绍新用户的活动，如果现有顾客成功推荐新用户购买，可以获得一些回报。

7. **定向广告**：在LinkedIn、微信等专业人士或科技爱好者集中的平台上，运行定向广告，精准投放您的目标人群。

这个计划可以作为起点，根据实际效果和反馈进行相应的调整和优化。希望它能对您有所帮助！

ChatGPT 生成的推广方案初稿

根据我们的要求，ChatGPT 提供了一个初步的推广方案。这个方案中，提到了利用社交媒体推广、与 KOL 合作、由综艺节目代言、内容营销和线下活动等多个渠道。尽管这个方案的思路没错，但过于发散，缺乏对重点渠道的聚焦。

于是，我们再次向 ChatGPT 提出更为明确的要求：推广预算有限，需要聚焦在少数几个关键渠道上。在这样的要求下，ChatGPT 做出了进一步的优化，将推广渠道聚焦在社交媒体活动、与 KOL 合作、内容营销以及优惠券设计和促销上。

  推广预算有限，需要聚焦在少数几个重点的媒体和渠道。

  了解您的需求，我会将推广方案进一步优化，聚焦在预算和效果最优化的几个媒体和渠道：

1. **社交媒体活动**：投入一部分预算在微信和微博等主流社交媒体平台上，这些平台用户基数大，活跃度高，投放效果好。例如，可以推出"GPT咖啡定制体验"活动，鼓励用户生成并分享他们自己的咖啡口感。

2. **与KOL合作**：投入大部分预算在小红书上，寻找与咖啡、科技、职场生活相关的知名KOL进行合作，让他们尝试并推荐GPT咖啡，引导粉丝进行首购。

3. **内容营销**：投入一部分预算在优质的内容创作上，例如，制作一些介绍AI与咖啡结合的优质文章或视频，通过社交媒体进行分享，同时也可以与相关的新闻媒体、专业网站等进行内容合作，让更多的人了解GPT咖啡。

4. **优惠券设计和促销**：对于首次购买的顾客提供优惠券或折扣，刺激他们进行购买。同时，设立"推荐新用户"活动，如果现有顾客成功推荐新用户购买，可以获得一些回报。

以上四个点是聚焦在预算和效果最优化的几个媒体和渠道。最重要的是，这个推广方案需要根据实际推广效果和用户反馈进行不断的优化和调整。希望对您有所帮助。

ChatGPT 优化后的推广方案

有了这个聚焦的思路，我们就可以让 ChatGPT 根据这个思路生成一份详细且完整的市场推广计划书。

 结合以上的讨论，写出完整的市场推广计划书。

GPT咖啡市场推广计划书

一、产品简介

GPT咖啡是一种以AI技术为驱动的咖啡，为消费者提供无与伦比的口感体验。我们结合最前沿的AI技术，精心制作每一杯咖啡，旨在寻找生活中的极致美味，为消费者打造专属的咖啡口感。

二、推广目标

- 社交媒体话题度显著上升
- 初始目标：10万人首购

三、目标人群

- 主要目标人群：职场人群(以白领为主)
- 次要目标人群：科技爱好者

四、预算

预计总预算：100万元，另有商超上架促销资源

五、推广策略

1. **社交媒体营销**
   - 在微博、微信、抖音等社交媒体平台进行推广，发布关于GPT咖啡制作过程和科技背景的有趣短视频或文章。
   - 聘请知名的博主或KOL进行推广，提高GPT咖啡的知名度。
   - 举办有奖竞赛或活动，如#我和GPT咖啡的故事，鼓励用户分享他们的GPT咖啡体验。
2. **线上广告和推荐**
   在小红书上寻找合适的KOL进行推广，引导粉丝购买。
3. **商超促销**
   - 与各大商超合作，进行产品上架销售，在商超内设立试喝区，让消费者在购物的过程中可以试喝GPT咖啡。
   - 进行一些促销活动，比如购买GPT咖啡的消费者可以获得一些小礼品，或者进行一些打折活动，鼓励消费者首次购买。

六、时间表

- 2023年第三季度：开始社交媒体营销和小红书推荐活动，期待在一个月内达到显著提高话题度的目标。

· 2023年第四季度：开始商超促销活动，目标是在季度末前，达到10万人首购的目标。

以上是我们的推广计划，将根据市场反馈调整和优化策略，以实现最佳效果。期待GPT咖啡在市场上取得显著成功。

ChatGPT 优化后的推广方案

根据明确的要求，ChatGPT 生成了一份详细的市场推广计划书，其中包含了**推广目标、目标人群、预算以及推广策略**等关键要素。并且，在该计划书的最后，还给出了一份具体的时间表和执行计划。

对比两次生成的结果，可以看出，如果我们没有提出明确的要求，ChatGPT 会生成一个通用的、符合专业水准的策划内容。然而，结合实际要求，我们可以不断添加条件，让 ChatGPT 制定出可落地的策略。

3. 使用 ChatGPT+Midjourney 创作宣传推广的图文

我们继续用 AI 工具来设计宣传推广的图文。

1）使用 ChatGPT 生成营销文案

我要推广一款GPT咖啡，主打AI科技概念，帮我设计宣传文案，要突出特色。

【倾城新品上市——GPT咖啡】

☀ 你是否想要体验一款充满科技魅力的咖啡？现在，我们为你带来了"GPT咖啡"，把 AI 科技概念融入每一滴咖啡中，让你在品尝的同时，感受到科技的冲击力。

💡 GPT咖啡，一款以最前沿的人工智能技术命名的咖啡，将科技的灵感注入传统的咖啡制作过程中。这不仅是一款美味的咖啡，更是一场对未来的探索和挑战。

♨ GPT咖啡，我们的口号是"智能咖啡，开启新体验"。我们采用先进的 AI 算法，精确调配咖啡的味道和口感，力求让每一位顾客都能体验到独一无二的咖啡风味。

⚡ GPT咖啡，它是咖啡的革新者，也是智能科技的践行者。每一杯 GPT 咖啡，都代表着科技与生活的完美结合，让你在享受美妙咖啡的同时，感受到科技的力量。

☕ 喝一杯 GPT 咖啡，让我们与你一起走进人工智能的新时代。我们期待你的每一次品尝都能带给你不一样的体验和惊喜。

🖥 智能独特，独领风骚，就在 GPT 咖啡。我们相信，GPT 咖啡将会颠覆你对咖啡的认知，重新定义你的味蕾感受。一杯 GPT 咖啡，打开你的智能生活。

✨ GPT 咖啡——不止是咖啡，更是一种生活方式。让我们一起，引领潮流，享受科技，喝 GPT 咖啡，开启你的未来生活！

ChatGPT 设计的宣传文案

在我们的要求下，ChatGPT 很快给出了七个版本的文案，它默认使用了小红书的风格。在每段文案中，它都巧妙地融入了一些差异化的元素，包括 GPT 咖啡的人工智能概念、科技的灵感，以及定制调配咖啡口味等特色。

2）使用 ChatGPT 生成画面描述

接下来，我们要求 ChatGPT 根据上述文案来描述一个咖啡海报的画面。在这个画面中，我们指定了一些关键元素，如咖啡杯、年轻人喝咖啡等场景。

> 根据以上文案，描述GPT咖啡的海报图像，要有咖啡杯、年轻人喝咖啡等场景。请用文字描述画面。

> 海报的设计概念如下：
>
> 海报以冷色调为主，蓝色和黑色的渐变背景代表着深邃的科技气息。在海报的正中央，是一个由数码像素组成的透明咖啡杯，里面倒满了咖啡，宛如宇宙星河般璀璨夺目，展现了科技与咖啡完美的融合。咖啡杯底部有光线散射，好像正在通过高科技的方式制作咖啡，赋予它生命和活力。
>
> 在咖啡杯的左右两侧，分别有一个年轻男性和一个年轻女性的半身剪影。他们都面带微笑，举杯品饮，享受着GPT咖啡带来的独特体验。他们的轮廓与背景颜色形成鲜明对比，突出他们的形象。他们的眼神聚焦在咖啡杯上，彷佛被咖啡杯中的世界深深吸引。
>
> 在海报的底部，是品牌名称"GPT咖啡"的大字标识，字体设计简洁而未来感十足，强调品牌的科技感。紧接着标识，有一行较小的白色字体，写着"未来，源自此杯"，以引导观众对品牌的印象。
>
> 这样的设计旨在突出GPT咖啡与众不同的品牌属性——科技与创新，并通过年轻人的形象展现出品牌年轻、活力、前瞻的特质。

ChatGPT 生成的宣传海报画面描述

ChatGPT 根据要求，输出了一个具有清晰视觉特色的海报设计图的描述，用于绘图设计。由于 Midjourney 只接受英文指令，于是我们要求 ChatGPT 将这段文字翻译成英文。

3）使用 Midjourney 设计海报图片

我们将这段文字的英文描述复制到 Midjourney 绘图软件中，就可以得到 4 个科技风格的 GPT 咖啡海报概念图。整个图像背景使用的是酷炫的科技风格，给人一种新颖、引人注目的视觉体验。

虽然这只是一个简单的示例，但它足以展示 AIGC 工具的强大功能。即使是一个对内容营销设计一无所知的初学者，也可以快速上手，创作出专业级别的产品营销内容。这种工具的普适性和易用性，让更多一线业务人员有机会参与到营销内容的创作中来，无疑大大拓宽了营销创新的可能性。

Midjourney 绘制的 GPT 咖啡海报概念图

7.2　企业培训：借助 ChatGPT 量身打造专属课程方案

结合本书的内容，我们考虑策划一个配套的"ChatGPT 职场实战"线下企业培训课程。通过 ChatGPT，我们可以设计一份满足需求的培训课程方案。我们要求 ChatGPT 设计一份面向职业人士（主要是基层和中层员工）的 ChatGPT 职场实战培训课程方案。

1. 用 ChatGPT 生成培训课程方案

设计一份"ChatGPT职场实战"培训课程方案，要点如下：

1. 培训目标和受众：职业人士，以基层和中层员工为主。
2. 培训内容：办公应用，如何提高工作效率。
3. 培训场地：某五星级酒店培训厅，一天时间，分上午、下午两场。
4. 培训师：GPT老师。
5. 培训效果评估：现场小测试、学员考试评估。

"ChatGPT职场实践"培训课程文案

一、培训目标和受众

本次培训的目标是向职业人士，特别是基层和中层员工，介绍和演示如何使用ChatGPT提高办公效率。

二、培训内容

本次培训将全面覆盖ChatGPT在办公环境中的应用，以提高工作效率为主要目标。具体课程设计如下：

上午部分

1. ChatGPT简介：了解ChatGPT的基本特性和功能。
2. 如何利用ChatGPT提升工作效率：介绍并演示如何在日常工作中使用ChatGPT，例如撰写报告、整理信息、处理邮件等。
3. 实战演练：学员将在老师的指导下自行使用ChatGPT进行操作实践。

下午部分

1. 深入了解ChatGPT：介绍更高级的功能和应用场景。
2. 实战演练：指导学员进行更高级的操作实践，包括多场景的工作任务处理。
3. 问题与讨论：面对面回答学员在使用ChatGPT中遇到的问题，并进行经验分享和交流。

三、培训场地

本次培训将在某五星级酒店的培训厅进行，为期一天，上午和下午各半天。

四、培训师

GPT老师将担任本次培训的主讲师，负责教学内容的讲解和示范。

五、培训效果评估

为了评估培训效果，我们将在培训结束时进行现场小测试和学员考试评估，以此来了解学员对于ChatGPT的理解和使用能力。通过这些评估，我们可以对学员的学习效果进行量化，同时也可以了解我们的教学效果，为未来的培训提供改进方向。

ChatGPT 设计的培训课程方案

这个方案有几个亮点：整个培训课程被明智地分为上下两场。上午部分设计了一些入门级的内容，包括 ChatGPT 简介，以及如何利用 ChatGPT 提高工作效率等基础内容的讲解。下午部分设计了一些更高级的内容，如 ChatGPT 更高级的功能和应用场景等。这样的设计完全符合培训的流程思路。

2. 用 ChatGPT 设计培训课程表

虽然该培训方案已经较为完整，但我们依然可以提出更具体的要求，以便 ChatGPT 生成更详细的课程表，供学员参考。

 根据上午/下午场次的培训内容，帮我生成更详细的课程时间表，要有问答、小测试的环节，用表格形式输出。

上午场：
• ChatGPT基础介绍
• ChatGPT与企业商业模式、营销模式变革

下午场：
• ChatGPT辅助办公软件应用
• ChatGPT辅助职场写作

时间	活动	描述
上午场次		
09:00 — 09:15	开场致辞	培训介绍
09:15 — 10:00	ChatGPT基础介绍	介绍ChatGPT的基础知识及功能
10:00 — 10:15	问答环节	解答学员对于ChatGPT基础知识及功能的问题
10:15 — 10:30	茶歇	休息交流
10:30 — 11:15	ChatGPT与企业商业模式、营销模式变革	讨论ChatGPT如何改变商业和营销模式
11:15 — 11:30	问答环节	解答学员对于ChatGPT在商业模式和营销模式中的应用问题
11:30 — 12:00	小测试	测试学员对于上午课程的理解与掌握
下午场次		
13:00 — 14:00	ChatGPT辅助办公软件应用	介绍并演示如何利用ChatGPT辅助办公软件提高工作效率

续表

时间	活动	描述
14:00 — 14:15	问答环节	解答学员对于ChatGPT办公软件应用的问题
14:15 — 14:30	茶歇	休息交流
14:30 — 15:30	ChatGPT辅助职场写作	介绍并演示如何利用ChatGPT提升职场写作效率
15:30 — 15:45	问答环节	解答学员对于ChatGPT职场写作应用的问题
15:45 — 16:15	小测试	测试学员对于下午课程的理解与掌握
16:15 — 16:30	结束语	总结培训内容，收集反馈意见，结束培训

ChatGPT 生成的培训课程表

根据我们的具体要求，ChatGPT 生成了一个将时间精确到分钟的课程表。这个课程表不仅涵盖了我们提出的要求，还包含了我们没有提及的环节，如开场致辞、茶歇等环节，以及最后的结束语。

在培训计划中，我们设计了小测试环节，这个环节对于检验学员的学习效果至关重要。那么，如何设计测试题目？可以借助 ChatGPT 来生成。

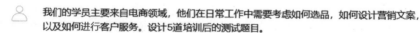

我们的学员主要来自电商领域，他们在日常工作中需要考虑如何选品，如何设计营销文案，以及如何进行客户服务。设计5道培训后的测试题目。

好的，这些测试题目是针对使用ChatGPT在电商领域的实战应用的。以下是一些可能的题目：

1. **选品题**：请描述如何使用ChatGPT生成与当前市场趋势相关的产品建议。你能根据这些建议列出一份新的产品清单吗？
2. **营销文案题**：假设你正在为一个新的生态友好型产品进行营销，试着使用ChatGPT生成一篇吸引人的营销文案。
3. **客户服务题**：一个不满意的客户在你的电商平台留下了一条负面评论。请使用ChatGPT来生成一个有礼貌且能解决问题的回复。
4. **趋势预测题**：根据ChatGPT生成的内容，预测接下来一年内可能的消费趋势或者热门商品。
5. **反馈收集题**：试图利用ChatGPT从社交媒体或客户评价中收集关于你的产品的反馈，然后基于这些反馈提出改进产品的建议。

这些测试题目都需要学员真实使用ChatGPT，并根据生成的结果来进行判断和决策，以此来检验他们是否真正掌握了如何在电商领域使用ChatGPT。

ChatGPT 生成的测试题目

以上内容展示了如何使用 ChatGPT 来规划和实施有效的培训方案。这种新型的培训方法，不仅凸显了 ChatGPT 的定制化输出能力，还将学习和实战紧密结合，从而显著提高了培训效果。

7.3　活动策划：寓教于乐，有趣独特

在 ChatGPT 时代，提供体验的重要性远超具体知识的传授。尽管我们的培训已经提供了一个系统化的知识，但是我们仍希望通过提供一个更有深度的学习体验，让员工在实操过程中加深理解，因为这往往比学习理论更加深刻。

那么，如何提供这样的体验？可以尝试让 ChatGPT 设计一些有创意的活动和游戏，来提升培训活动的趣味性和互动性。

比如，可以让 ChatGPT 生成一些有趣的活动题目，或者设计一场需要大家一起解决问题的游戏。通过这样的方式，让员工在亲身参与中，深入体验和了解 ChatGPT 的实用性和强大功能。

1. 用 ChatGPT 设计猜谜游戏

我们设计的第一个互动环节是"ChatGPT 猜谜游戏"。这是一个结合了 ChatGPT 应用和趣味性的游戏，旨在增强学习的互动性和趣味性。具体的游戏规则，可以让 ChatGPT 来设计。

 我希望在培训中设计一个小游戏的环节：ChatGPT猜谜游戏。
·学员分为A、B两组，A组出猜谜问题和描述，B组猜
·双方都可以使用ChatGPT，一组游戏结束之后，角色对调

你帮我设计具体的游戏玩法，要轻松有趣。

 很好，让我按照您的需求设计一个有趣且轻松的"ChatGPT猜谜游戏"。

游戏规则：

1. **分组**：学员被分成两组：A组和B组。
2. **出题**：A组学员利用ChatGPT生成一个谜语，他们可以利用ChatGPT的语言生成能力，创作出一个原创谜语。

3. **猜谜**：B组学员得到A组出的谜语后，他们可以利用ChatGPT的问答能力，尝试找到谜底。他们有3次机会向ChatGPT询问关于这个谜语的线索。

4. **评分**：如果B组在3次询问后能猜出谜底，B组得1分。如果B组猜不出来，A组得1分。

5. **交换角色**：一轮游戏结束后，A组和B组交换角色，B组出谜语，A组猜谜语。

6. **决定胜者**：经过预定的轮数（比如3轮）后，得分最高的组获胜。

这个游戏环节充满了趣味性和互动性，既能让学员们理解和利用ChatGPT的能力，也能让他们在游戏中享受学习的乐趣。同时，通过小组竞赛的形式，能提高学员们的团队协作能力。

ChatGPT 设计的猜谜游戏活动

这样的游戏设计，既增加了培训的互动性，也使得学员能够在实际操作中更好地了解和应用 ChatGPT。

2. 用 ChatGPT 设计挑战赛

考试评估听起来老气横秋，而"ChatGPT 挑战赛"的玩法则充满了未知与刺激。我们可以把那些沉闷的知识点搬进一个互动的赛场，让学习也能激发出热血沸腾的激情。

同样，我们可以让 ChatGPT 来设定活动的玩法细则。

> 在培训结束的环节，我想预留1小时，开展一个"ChatGPT商业策划挑战赛"的活动。
>
> **基本的思路：**
> · 分组和角色的设定如猜谜游戏，A、B两组分别出题，并设定评分标准
> · 商业策划的题目与学员所在的行业无关，营造一个陌生的具有挑战性的课题
> · 提交的策划成果，由ChatGPT根据评分规则进行打分评价
>
> 参考上述的思路，帮我设计具体的挑战赛玩法，规则要简单、有趣。

> 确实，这个ChatGPT商业策划挑战赛是个很好的想法。以下是我的建议：
>
> **挑战赛名称**：ChatGPT商业策划挑战赛
>
> **游戏规则：**
>
> 1. 学员将被分为两组，每组需要选择一个陌生的行业主题（如外星旅游服务、未来食品、无人机快递等）为对方小组策划一个商业项目。行业主题应尽可能地具有挑战性和创新性。
>
> 2. 同时，每组都需要设定5个评分标准，例如创新程度、实用性、市场前景、财务预期和推广策略。这些标准将用于对对方小组的策划进行评估。

3. 每组将有一小时的时间，使用ChatGPT完成商业策划。策划内容需要包括项目概述、目标市场、产品或服务介绍、营销策略和预期收益等。

4. 在策划完成后，每组需要向另一组和所有讲师展示他们的策划。展示可以以口头报告的形式进行，也可以辅以PPT或其他形式的视觉材料。

5. 展示结束后，每组需要使用ChatGPT根据对方设定的评分标准对对方的策划进行评分。评分可以基于1到10的评分系统进行。

6. 最后，根据ChatGPT的评分，决定ChatGPT商业策划挑战赛的冠军。

这个游戏环节能够鼓励学员积极参与，并在实践中学习和使用ChatGPT。同时，评分标准的设置和互相评价也能够增加游戏的趣味性和互动性。

ChatGPT 设计的挑战赛规则

在我们的要求之下，ChatGPT 生成了这样一个方案，规则简单有趣，互动性强，这不仅是一场挑战赛，更是一次全新的学习体验。

在 ChatGPT 挑战赛的过程中，为了让大家更好地投入，还需要一些道具。于是，我们向 ChatGPT 提出了这个问题。ChatGPT 给出了一些非常好的建议，比如白板、马克笔、笔记本以及定时器等。

 为了更好地完成这个环节，还需要准备哪些道具？最好是常见的办公用品，无须额外采购。

 为了让这个游戏更加生动有趣，以下是一些常见办公用品的建议，它们可以被用作游戏中的道具：

1. 白板和马克笔：可以用来在游戏过程中记录想法，画出思维导图，或者列出工作计划。同时，白板也可以用来展示最终的策划案。

2. 笔记本和笔：每个组别都可以有一个笔记本，用来记录他们在策划过程中的想法和步骤。笔记本也可以作为备忘录，帮助参赛者保持游戏的进度。

3. 定时器：一个可以设置特定时间的定时器可以帮助保持游戏的节奏。每个阶段的开始和结束都可以通过定时器来进行控制。

4. 投影仪或大屏幕电视：如果条件允许，一个投影仪或大屏幕电视可以被用来展示每组的策划案和ChatGPT的评分。这样，所有的参赛者和观众都可以清楚地看到游戏的进展。

以上这些道具都是常见的办公室用品，无须额外采购，能够有效地支持这个游戏环节的进行。

ChatGPT 设计的挑战赛活动道具

从这个挑战赛的设计中可以看到 ChatGPT 展现出的创新力。它不仅设计了活动形式，增强了体验感，而且还提供了高度定制化的解决方案。我们可以根据活动的对象和目标，设计出专属的挑战赛，让每一位参与者都能感受到自己与这个挑战赛的紧密联系。

第8章 ◀

自媒体创作引擎：ChatGPT
如何帮助我们打破创作壁垒

ChatGPT 强大的生成能力对自媒体领域产生了显著影响，主要体现在以下三个方面：

（1）降低创作门槛和成本。ChatGPT 强大的生成能力极大地降低了自媒体内容生产的门槛和成本。仅通过简单的指令，ChatGPT 就能生成高质量的内容，使得内容创作变得更为便捷和高效。

（2）激发创新与定制化。ChatGPT 个性化的生成功能可以激发创作者的灵感，更好地满足特定用户群体的定制化信息需求，从而提升用户满意度和黏性。

（3）替代效应。借助 ChatGPT 强大的信息提供和交互能力，用户获取信息的方式可能会发生根本性的变化。ChatGPT 本身就会成为一个巨大的流量入口，从而取代部分传统模式的自媒体，会给自媒体领域带来巨大的挑战。

在 ChatGPT 的助力下，我们进入了一个"**人人都能创作**"的时代，基础的写作与表达技能不再是难以逾越的门槛。如何高效高质量地创作出满足用户需求的内容，成为自媒体业务的关键挑战。对自媒体从业者而言，掌握并利用好 ChatGPT 将成为其必备的技能。

在接下来的章节中，我们将通过一系列具体的案例，展示 ChatGPT 在自媒体创作过程中的应用，比如文章写作、栏目规划、短视频拍摄，甚至虚构创作等。

8.1 文章写作：从标题草拟到内容润色

自媒体创作中，ChatGPT 可以为创作者提供全方位的赋能：

（1）文章标题的拟定。好的标题如同一扇门，可以吸引读者走进文章的世界。

（2）文章的扩写和缩写。如何将繁杂的信息精练，或是将简洁的信息充实，是一项重要技能。

（3）文章的润色。如何对文章的原有内容进行优化和美化，让文章读起来更流畅，更富有吸引力。

（4）文章的补全。如何在已有内容的基础上进行扩充和完善，使其更加完整且深入。

灵活使用这些技巧，可以帮助我们轻松、高效地将脑海中的创意和观点转化为富有深度和吸引力的文章。

1. 用 ChatGPT 拟定标题

我们来具体看看如何使用 ChatGPT 拟定文章的标题。文章的标题是读者对内容的第一印象，一个吸引人的标题可以极大地提升内容的点击率，增加流量。ChatGPT 可以通过文章的摘要、关键词或者主题描述快速生成许多备选的标题，进而帮助创作者找到最适合的标题。

下面，我们可以向 ChatGPT 提出一个要求，让它设计新的标题。

> 关于"ChatGPT辅助邮件撰写"主题，帮我设计几个标题，用于微信公众号传播。面向职场人群，要有传播力、感染力。

> 当然，以下是我为您准备的一些微信公众号文章标题建议：
>
> 1. "提升职场效率神器：ChatGPT辅助您的邮件撰写"
> 2. "快速、准确、无压力：让ChatGPT助力你的邮件工作"
> 3. "智能邮件写作：如何利用ChatGPT优化你的职场沟通"
> 4. "智能职场生活：ChatGPT带来邮件撰写的革命"
> 5. "走进AI时代，掌握ChatGPT，高效办公不是梦"
> 6. "提升职场竞争力，ChatGPT助你一臂之力"
> 7. "AI在职场：ChatGPT如何简化你的邮件工作"

8. "职场人必看：如何利用ChatGPT提升邮件写作技能"
9. "未来已来：让ChatGPT解决你的邮件撰写烦恼"
10. "从现在开始，让AI助力你的邮件撰写，提升职场效率"

希望这些建议对您有所帮助！如果您需要更多的建议或者其他方面的帮助，请随时告诉我！

ChatGPT 生成的文章标题

从这 10 个标题中，我们可以挑选出最吸引人的，以扩大传播范围和影响力。我们希望这篇文章能够得到读者的认可，并激发他们的分享欲望。基于这个要求，ChatGPT 会选出 3 个最合适的备选标题，这将极大地提高文章的吸引力和分享率。

我希望这篇文章得到职场人士的共鸣和转发，希望文章标题适合读者转发到微信群、朋友圈。按这个思路，从以上标题中选出3个重点备选，并说明理由。

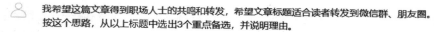

当然，根据您的要求，我选择了以下三个标题，因为它们在情感共鸣、激发好奇心以及社会价值三个方面表现出色。

1. "提升职场效率神器：ChatGPT辅助您的邮件撰写"：这个标题以直接且富有吸引力的方式向读者介绍了ChatGPT在职场效率提升方面的潜力，很可能激发职场人士的兴趣和好奇心。在微信群和朋友圈分享时，人们通常希望分享有用、具有实际价值的内容，这个标题清晰地传达了这一信息。
2. "智能职场生活：ChatGPT带来邮件撰写的革命"：这个标题突出了ChatGPT如何改变职场中的日常活动，让邮件写作变得更加高效和智能。它充满了对未来的期待和好奇，这也是很多职场人士希望看到的。
3. "未来已来：让ChatGPT解决你的邮件撰写烦恼"：这个标题强调了ChatGPT在解决职场问题上的实际应用，同时以"未来已来"的表达激发了人们的好奇心和兴趣。它鼓励人们去尝试和分享这个新的、前沿的工具，从而在他们的职业生涯中取得成功。

这些标题的目标都是吸引读者去点击并分享文章，因为它们创造了对如何在职场中利用AI以提高效率和解决问题的强烈好奇心。

ChatGPT 筛选的文章标题

在设计标题时，结合当前的热门话题或元素来增强标题的吸引力，是一个常用的技巧。对 ChatGPT 来说，结合这些热门元素生成富有创意的标题是可以轻松实现的。例如，前段时间有一部很火的电视剧叫作《狂飙》，我们可以尝试借用这个词来生成标题。

近期有一部热播剧《狂飙》，"狂飙"这个概念屡屡冲上热搜，结合热点再帮我设计三个标题，可以带一些娱乐风格。

很好，结合当前的热点，我为您设计了以下几个标题：

1. "《狂飙》职场版：用ChatGPT带动你的邮件写作狂飙"
2. "从《狂飙》看职场邮件革新，如何用ChatGPT驾驭工作狂潮"
3. "职场狂飙，让ChatGPT助力你在工作中风驰电掣"

这些标题结合了当前热播剧《狂飙》中的概念，以一种轻松、娱乐的方式呼应了职场人士可能对该剧的共鸣。同时，通过将ChatGPT和狂飙的概念相结合，强调了AI在现代职场中带来的革新和效率提升的潜力，这种结合也更有可能引发读者的兴趣和好奇心，从而提高分享率。

ChatGPT 结合热点设计的文章标题

在这样的指引下，ChatGPT 会生成一些具有创意和特色的标题，如"《狂飙》职场版：用 ChatGPT 带动你的邮件写作狂飙"和"职场狂飙：让 ChatGPT 助力你在工作中风驰电掣"。这些标题不仅吸引人，而且有很强的视觉冲击力，并且很好地结合了当前的热点。

通过这个例子，我们可以看出 ChatGPT 在发散性思维上的优势，特别是在需要跨领域、交叉性的联想创意时，它的表现非常出色。因此，一种常见的思路是让 ChatGPT 先进行发散性思维，然后从中选择适合的创意进行优化和完善，以达到最佳效果。

2. 用 ChatGPT 扩写和缩写文章

在自媒体创作中，扩写和缩写文章是两项重要的任务。ChatGPT 作为一个大语言模型，对于这两项任务处理得非常专业。当我们需要从一些简短的信息中拓展出更详细的描述，或者需要将繁杂的内容压缩为简洁的摘要时，ChatGPT 都能帮到我们。

例如，我们的标题是"职场狂飙：让 ChatGPT 助力你在工作中风驰电掣"，并且文章的大纲包括三个主题，分别是项目邮件撰写、商务合作邮件撰写以及营销推广邮件撰写。我们可以根据这个大纲向 ChatGPT 提出要求，让它进行详细的扩写。

职场狂飙，让ChatGPT助力你在工作中风驰电掣。

- ChatGPT辅助：项目邮件撰写
- ChatGPT辅助：商务合作邮件撰写
- ChatGPT辅助：营销推广邮件撰写

根据以上大纲扩写。

当然，这是我根据您提供的大纲进行扩写的内容：

职场狂飙，让ChatGPT助力你在工作中风驰电掣

在当今的职场中，有效的沟通是成功的关键。然而，随着业务的复杂性增加，邮件撰写往往变得更加烦琐且充满挑战。在这种情况下，AI工具ChatGPT就像一股清风，助力你在职场中风驰电掣。

ChatGPT辅助：项目邮件撰写

项目管理中的沟通是至关重要的。它可以确保所有团队成员都对项目进度、任务分配和期限有清晰的理解。然而，撰写有效的项目邮件可能需要消耗大量时间和精力。这时，ChatGPT可以为您提供帮助。它可以帮助您更清晰、更有条理地表达想法，而且能提供有力的语言支持，从而使您的邮件更具说服力和专业性。

ChatGPT辅助：商务合作邮件撰写

建立和维护商务关系需要良好的沟通技巧，而这一切都源于精心撰写的邮件。无论是寻求合作机会，还是管理现有的合作关系，商务邮件都扮演了重要的角色。ChatGPT可以帮助您在撰写这些邮件时保持礼貌和专业，同时有效地传达您的信息。

ChatGPT辅助：营销推广邮件撰写

在营销推广中，语言是至关重要的。一个有效的营销邮件需要吸引读者的注意，然后说服他们采取行动。这就需要引人入胜、充满创意的写作。ChatGPT可以为您提供一流的语言支持，帮助您撰写出有吸引力的营销邮件，从而引导客户采取所需的行动。

ChatGPT 根据大纲要点扩写的文章

在收到这样的提示后，ChatGPT 会快速地生成一篇完整的、详细的文章。它会把文章的标题和每个小标题格式化出来，并且提供具体的内容。这样一来，我们就可以很轻松地把简短的信息扩展为详细的内容了。

当然，以上的扩写仅给出了框架要点，缺少具象的演示，我们可以要求 ChatGPT 进一步提供演示案例。通过这样的方式，我们可以快速生成一篇完整的、包含具体案例的文章，让读者对 ChatGPT 在项目邮件撰写方面的应用

有更深入的了解。

与扩写相反，如果需要更简洁的表达，可以要求 ChatGPT 把大段的文字变成更简洁的表达。

> 与产品介绍邮件相比，撰写处理对外关系中出现的冲突的邮件则更为棘手，比如因项目延误而需要道歉，或是因对方拖欠款项而需要催款等。在这些情况下，措辞和用语需要格外谨慎，以避免进一步产生误解或冲突，同时也要尽可能地维护双方的关系。因此，写作难度往往较高，容易让人觉得"下笔难、没思路"。
>
> 在这种情况下，ChatGPT仍然可以提供协助。首先，你可以提供详细的场景和目标，比如你希望通过这封邮件表达什么，希望对方产生什么反应等。然后，ChatGPT会基于你的需求生成一份初步的邮件草案。你可以根据这份草案进一步去修改和精练，直至得到满意的结果。
>
> 缩写以上内容，保留核心观点。

> 当然，这是对你内容的缩写：
>
> 处理冲突的对外邮件需要特别谨慎，如项目延误道歉或催款，需要维护关系，同时避免误解。这些场景下，撰写邮件常常觉得难以下笔。此时，ChatGPT能提供帮助。你只需提供场景和目标，ChatGPT就会生成初步的邮件草案。然后，你可以根据需要进行修改，直到满意为止。

ChatGPT 根据要求缩写的文章

3. 用 ChatGPT 润色文章

良好的写作风格可以提高内容的阅读体验，但润色通常需要花费大量的时间和精力。ChatGPT 可以根据创作者的要求，自动对内容进行润色，提升语言表达水平。

润色写作，一般适用于将非正式、口语化的表达转化成正式的表达，并优化用词。如果需要将口述内容转化成书面的正式材料，可以向 ChatGPT 提出润色的要求。

> 用ChatGPT辅助写邮件是一个非常好的功能，建议咱们部门的同事尽快使用起来。大家只有把精力聚焦在关键的业务逻辑上，将这些形式化的工作让AI工具来做，才能把我们的工作效能调整到更好的状态。在使用的过程中大家还有哪些想法，可以在团队内继续探讨。
>
> 将这一段口述的内容，润色成一份标准的讨论备忘录。

> 主题：关于使用ChatGPT辅助邮件撰写的讨论备忘录
>
> 尊敬的同事们，

我希望在此引起大家对于使用ChatGPT作为写邮件辅助工具的注意。这是一个出色的功能，我强烈建议我们部门的每一个成员都开始尽快地使用它。

我们的主要工作应该是将精力集中在关键的业务逻辑上。在这种背景下，利用AI工具来完成那些可以形式化的工作任务就显得尤为重要。通过这种方式，我们可以提升我们的工作效率，进一步优化我们的业务状态。

在实践中，如果有任何关于这个工具使用的想法或者建议，我非常欢迎大家能在团队内提出来，以便我们可以一起探讨，使其更好地服务于我们的工作。

我期待着大家积极的反馈和建议。

谢谢。

最好的祝愿，

ChatGPT 润色的文章

4. 用 ChatGPT 补全文章

我们往往看到一些高级领导在讲话或者做报告时能言善辩，洋洋洒洒数千言。这样的文稿和材料是怎样做的呢？实际上，很多高级领导的讲话材料、报告文稿都是由秘书或助理在领导口述后补全完成的。如今，我们有了自己专属的助手——ChatGPT。有了它，每个人都能享受这样的"待遇"，只需给出思路和框架，就能得到完整、专业的文章。

这是怎么实现的呢？答案就在 ChatGPT 强大的补全写作能力上。

我们只需抛出一部分内容，ChatGPT 就能以此为基础补全剩下的部分，让我们的创作能量得到最大限度的释放。

我们来看一个例子。假设我们给出了这样一个命令："在辅助写作方面，ChatGPT 能做……（列举多种做法）不仅能……还能……"这是一个典型的补全写作的要求。随后，我们让 ChatGPT 补全并优化。

在辅助写作方面，ChatGPT能做……（列举多种做法）不仅能……还能……
帮我补全并优化。

在辅助写作方面，ChatGPT能做许多事情。它可以帮助你撰写各种类型的文章，比如博客文章、新闻稿或研究报告。它可以作为文案创作工具，帮助你在广告、电子邮件营销和社交媒体中找到适合的措辞。它甚至可以作为你的个人编辑，修复语法错误，提出内容改进的建议，或者重新整理你的草稿使其更具有说服力。另外，它还能够帮助你创作诗歌、短篇小说或剧本，发挥你的创意。

通过使用ChatGPT，你不仅能提高写作的效率，还能够激发新的创意，因为它可以提供一种全新的视角来看待你的写作。ChatGPT的功能丰富多样，从常规的写作任务，如业务电子邮件和研究论文，到更为创意的项目，如歌词写作和故事创作，它都能够提供卓越的帮助。它还能帮助你打破思维的僵化，以更加创新的方式来看待你的写作。

ChatGPT 补全的写作内容

对于上面的要求，ChatGPT 联系上下文后立即明白了我们的需求，并开始补全内容。从补全的内容可以看出，ChatGPT 提供的内容不仅是对我们既有思路的填充，更是对我们创新思维的一种激发。这样，我们就可以专注于构建全局的框架，而不必纠结于文字和表述方法。

实际上，在更多的情况下，只需写出不完整的句子，不需要特别提示，ChatGPT 就会识别出补全的任务。

 比如，在故事创作方面……（举一个小例子）

 在故事创作方面，假设你正在写一个关于一位宇航员在未知星球的冒险故事，但是在创作过程中，你陷入了创作困境，不知道接下来的情节应该如何发展。这时候，你可以让ChatGPT给你一些启示。你只需要提供已写的故事部分，例如：

"宇航员约翰穿越了星系，降落在一个未知的星球上。他被一个充满植物的世界所震惊，这些植物都闪烁着异样的光芒。他感到既兴奋又紧张，不知道接下来会遇到什么……"

然后你可以让ChatGPT继续写这个故事：

"就在这时，约翰注意到其中一种植物似乎在对他做出反应，每当他接近时，它的光芒就会变得更加明亮。他决定亲手采集一些样本进行研究，也许这就是他寻找生命的关键证据……"

在这个例子中，ChatGPT提供了一个全新的情节，让你的故事有了进一步发展的可能性。使用ChatGPT可以帮助你从不同的角度看待你的故事，并为你的创作提供新的启示。

ChatGPT 补全的写作内容（智能识别任务）

当我们面临写作困难，或者在构思过程中感到困顿，ChatGPT 都能及时地支援，快速填补空白，提供一种流畅的写作体验。它不仅能提高我们的写作效率，更能激发更多的创新思维。

8.2　栏目规划：有条有理，借力打力

在自媒体工作中，创作不仅仅限于一篇篇具体的文章，更需要一个具有全局观的栏目规划、一份清晰的内容版图。这样的大局观，不仅能让我们的创作更有条理，也能使内容更有深度和广度。

与此同时，栏目的投放平台也更加多元化，ChatGPT 能够在已有内容的基础之上，做出适配于各平台的风格调整，使我们的内容获得更多的曝光度，真正起到借力打力的作用。

1. 用 ChatGPT 设计自媒体栏目

假设现在要创建一个公众号，名字叫作"ChatGPT 职场实战"。这个公众号的目标群体是职场人士，我想请 ChatGPT 帮我做一次栏目的规划。ChatGPT 给我提出了怎样的建议呢？它的规划中包含了四个比较重要的栏目：工作技巧、案例分享、产品更新和 Q&A，这个规划和我的初步设想非常贴合。

　我准备创建一个公众号"ChatGPT职场实战"，面向职场群体，请设计栏目规划。

　当然，这是我为您的公众号"ChatGPT职场实战"设计的一些可能的栏目规划。这些栏目主要考虑到职场环境中的常见需求，以及ChatGPT可以提供的各种帮助。

1. **工作技巧**：这一栏目分享ChatGPT在日常工作中如何提升效率的实用技巧，比如邮件撰写、报告撰写等。
2. **案例分享**：在这一栏目，我们可以分享实际使用ChatGPT解决职场问题的案例，让读者从真实的应用场景中了解ChatGPT的优点和使用方法。
3. **产品更新**：在这个板块中，我们可以定期分享ChatGPT的最新功能和更新，帮助读者了解并利用最新的技术进步。
4. **Q&A**：这个板块主要用于解答读者关于ChatGPT使用过程中的问题，可以定期或者根据需要更新。
5. **特别专题**：这个板块可以根据职场热点话题或特别事件定期推出相关专题，比如"新人入职如何使用ChatGPT" "年终总结报告怎么写"等。
6. **互动活动**：我们也可以组织一些互动活动，如写作比赛，邀请读者分享他们使用ChatGPT的经验，或者提出他们在职场中遇到的问题让ChatGPT进行解答。

以上只是一些基本的栏目建议，具体的规划还需要根据您的公众号定位和目标读者的需求进行调整。

ChatGPT 设计的公众号栏目规划

在自媒体的运营过程中，我们不仅要考虑到栏目的内容和定位，还要考虑到更新频率。因为更新频率不仅关系到内容的生产负担，也会影响读者的关注度和阅读习惯。所以，需要合理安排各个栏目的更新频率，以达到内容输出和用户黏性的平衡。这时，我们可以继续让 ChatGPT 给出建议。

 以上的栏目规划，考虑到更新频率，如何搭配设计？

 根据不同栏目的性质和需求，我们可以规划不同的更新频率。以下是一个可能的设计方案：

1. **工作技巧**：每周一次。这个版块的内容相对稳定，定期更新可以帮助读者持续提升自己的工作效率。
2. **案例分享**：每两周一次。这个版块需要收集和整理实际案例，因此更新频率可以适当降低。
3. **产品更新**：根据实际情况。这个版块的更新频率取决于ChatGPT的更新情况，如果有新的功能或重大更新，就可以及时发布。
4. **Q&A**：每周一次。定期收集和回答读者的问题可以帮助他们更好地使用ChatGPT。
5. **特别专题**：每月一次。这个版块可以深度探讨一些特定的话题或问题，因此更新频率可以相对较低。
6. **互动活动**：每月或每季度一次。组织互动活动需要一定的时间和资源，所以更新频率可以相对较低。

请注意，这只是一个基本的建议，具体的更新频率还需要根据您的资源和读者需求进行调整。

ChatGPT 设计的栏目更新频率

在公众号运营中，菜单的设计是非常关键的一环。它可以提供用户常用的信息查询和服务性功能，方便用户在使用公众号时能快速找到自己需要的内容或服务。接下来，可以利用 ChatGPT 为公众号设计一个对用户更友好的服务菜单。

 想把一些常用的信息查询、服务性功能放置到公众号菜单中，方便用户使用，你有哪些建议？

 微信公众号的菜单设计是提高用户体验的重要环节。我们可以把一些常用的信息查询和服务性功能放在菜单栏中，让用户可以快速方便地获取信息或服务。以下是一些可能的菜单项建议：

1. **关于我们**：这个菜单项可以链接到介绍您的团队和ChatGPT的页面，让新的访客可以快速了解你们。
2. **使用指南**：这个菜单项可以提供一些关于如何使用ChatGPT的基本指南和常见问题解答。
3. **案例库**：这个菜单项可以链接到案例分享栏目，让用户可以方便地查阅各种职场问题的解决方案。

4. **产品更新**：这个菜单项可以链接到产品更新栏目，让用户可以方便地了解ChatGPT的最新功能和更新。
5. **在线服务**：这个菜单项可以链接到一个可以直接使用ChatGPT服务的页面，如邮件撰写、报告生成等。
6. **联系我们**：这个菜单项可以提供用户反馈问题或建议的途径，比如电子邮件地址、在线表格等。

这些只是基本的菜单项建议，具体的设计还需要根据您的公众号的定位和目标用户的需求进行调整。

ChatGPT 设计的公众号菜单

这样的菜单设计，既满足了通用性的需求，如"关于我们"和"联系我们"，也很好地结合了公众号的定位和用户需求，如"使用指南""案例库""在线服务"。这样既方便了用户，也能提升服务质量和用户满意度。

2. 用 ChatGPT 规划多媒平台矩阵

在确定栏目的基础上，我们可以继续考虑如何扩大"ChatGPT 职场实战"公众号的影响力和传播范围，也就是如何设计一个多媒体平台的传播矩阵。现在自媒体平台百花齐放，我们所面临的挑战是如何选择合适的发布平台，以及如何匹配各个平台的优势和受众。

我们考虑的主要平台有小红书、今日头条、知乎和微博。我们要求 ChatGPT 从平台属性、用户画像、流量规则和变现潜力四个维度做一个评估，并用表格来梳理。

为了扩大"ChatGPT职场实战"公众号的影响力和传播范围，我考虑做多平台矩阵传播，重点考虑的平台有小红书、今日头条、知乎和微博。请从平台属性、用户画像、流量规则、变现潜力等维度，帮我评估这几个平台。

用表格的形式呈现。

 当然，以下是我为您准备的关于这几个平台的评估表格：

平台	平台属性	用户画像	流量规则	变现潜力
小红书	社区+电商，内容以图文和短视频为主	年轻女性群体居多，消费能力较高，对生活品质有追求	优质UGC内容有机会获得平台推荐，口碑传播力强	商业合作、广告投放，与电商链接，直接变现能力强

续表

平台	平台属性	用户画像	流量规则	变现潜力
今日头条	信息流产品，新闻资讯、短视频、微头条等多种形式	年龄、性别比较均衡，覆盖各类人群，信息需求广泛	基于用户兴趣推荐，精准匹配度高，热点传播快	广告收入、知识付费，有较强的变现能力
知乎	问答社区，用户生成内容，深度内容分享	高教育水平用户群体多，追求专业知识分享	优质内容可获得系统推荐，用户参与度高	广告收入、知识付费、会员服务等多元化变现方式
微博	社交媒体，以短文本、图片、视频等形式传播	年龄、性别比较均衡，覆盖各类人群，热点追踪者多	关注和话题驱动，热点快速扩散，明星、KOL影响力大	商业合作、广告投放，具有一定的变现能力

需要注意的是，这只是一个基本的评估，具体的平台选择应根据您的具体情况和目标进行决定。

ChatGPT 评估的自媒体平台

ChatGPT 迅速做出了一份评估表格，可以看出它对各个平台的评估都是较为准确的。接下来，针对目标受众——职场人群，以及核心内容——职业技能、办公效率，我们向 ChatGPT 询问这四个平台中哪个平台的匹配度更高。

 这个公众号主要面向职场群体，以分享职业技能、办公效率为核心内容，在以上四个平台中，你认为哪一个匹配度更高？

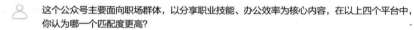 根据您的需求，面向职场群体，以职业技能、办公效率为核心内容，我推荐您优先考虑使用"知乎"。

原因有以下几点：

1. 用户画像：知乎用户群体具有较高的教育水平和专业背景，对职业发展、提升效率有着强烈的需求，与您的目标受众较为匹配。
2. 内容形式：知乎是以问答的形式进行内容分享，特别适合进行职业技能和办公效率的深度讨论和分享。
3. 流量规则：知乎对优质内容有良好的推荐机制，如果您的内容具有高质量，能够得到更多的展示机会。
4. 变现潜力：知乎有多元化的变现方式，如广告收入、知识付费、会员服务等。

但是，其他平台也有各自的优势，例如今日头条的信息流推荐机制，微博的热点传播特性，小红书的强大口碑传播能力等，您也可以根据实际情况进行综合考虑。

ChatGPT 评估的自媒体平台匹配度

ChatGPT 推荐了知乎平台，其给出的理由与我们的预期高度吻合。结合 ChatGPT 的分析和建议，我们最终选择了知乎、小红书作为内容分发的平台。

3. 用 ChatGPT 改写文章风格

在多平台的运营中，内容分发不仅仅是复制和粘贴的过程，还需要我们了解并适应每个平台的特点，并且根据平台特点调整文章风格。

ChatGPT 能够根据我们的指令，调整写作风格以适应不同平台和栏目的要求。它就像一个写作专家，了解所有平台的语言和风格。以 "ChatGPT 辅助项目邮件撰写" 为例，要求 ChatGPT 按知乎风格改写，ChatGPT 几乎瞬间就完成了任务。我们看到了一段具有 "知乎风格" 的内容，这段内容仿佛是一个经验丰富的 "答主" 正在讲述自己的故事，这与知乎平台上深度、个性化的交流氛围非常匹配。

 让 ChatGPT 辅助撰写项目邮件。

项目管理中的沟通是至关重要的。它可以确保所有团队成员都对项目进度、任务分配和期限有清晰的理解。然而，撰写有效的项目邮件可能需要消耗大量时间和精力。这时，ChatGPT 可以为您提供帮助。它可以帮助您更清晰、更有条理地表达思想，而且能提供有力的语言支持，从而使您的邮件更具说服力和专业性。

将以上内容，改写成知乎的风格，以 "答主" 的口吻来表述。

 在知乎这样一个鼓励深度讨论和知识分享的平台上，如果以"答主"的口吻来表述，可以这样写：

在我的项目管理经验中，沟通无疑是项目成功的关键。一个清晰、准确的沟通可以确保所有团队成员都了解项目的进度、任务的分配和完成的期限。然而，要撰写一封能够有效地传达所有这些信息的邮件，可能需要大量的时间和精力。这就是我开始使用 ChatGPT 的原因。

ChatGPT 真的是一个神器，它帮助我更清晰、更有条理地表达思想，提供了我需要的语言支持，使我的邮件看起来更加专业、说服力更强。最重要的是，它节省了我大量的时间，我只需要给出大致的指令，它就能帮我生成一封结构合理、语言得体的邮件。

所以，对于像我这样经常需要写项目邮件的职场人士，我强烈推荐使用 ChatGPT。它真的能大大提高我们的工作效率。

ChatGPT 按知乎风格改写的内容

我们继续要求 ChatGPT 按小红书的风格改写。这次，它采取了一种与读者更亲近、更具情感共鸣的写作方式。它使用了大量的 Emoji 表情符号，采用了生动、形象、拟人化的表达方式，就像是在和朋友分享生活一样。

以"ChatGPT辅助项目邮件撰写"为主题的笔记，用小红书的风格怎么写？要使用Emoji表情符号。

亲们，来和你们分享一下关于"ChatGPT辅助项目邮件撰写"的心得笔记吧！📝💕

① 项目介绍📞：
这个项目真的太神奇了！可以帮助你轻松撰写邮件。说实话，这个功能我是真的爱不释手了！它会帮你省去琐碎的事，让你有更多时间享受生活哦～🌸

② 使用体验🌟：
使用这个功能后，撰写邮件变得超级简单快捷。不仅可以选择邮件的模板，还可以自定义邮件内容。是不是很方便？🎉

③ 效果展示✨：
通过这个项目，我真的体会到了什么叫作"事半功倍"！对我来说，它简直就是一个"神器"！真心推荐给大家～🎩

④ 使用建议🐝：
这个项目适合任何需要撰写邮件的朋友。只要你有需要，它都能帮你搞定。所以，赶快试试看吧！💪

ChatGPT 按小红书风格改写的内容

从这两个风格改写示例中可以看到，ChatGPT 在内容风格调整和分发方面的强大能力，这是因为它了解每个平台的风格特性，并能根据我们的要求进行适应。无论是知乎还是小红书，或是其他任何平台，ChatGPT 都能帮我们适应内容风格，从而扩大传播面。

8.3 短视频拍摄：一鼓作气，打造爆款如此容易

短视频已经渗透到了生活中的各个角落，这些微小的片段为我们提供了娱乐、教育、信息等各种内容。然而，每一个看似简单的视频背后都需要做大量的工作，如文稿设计、脚本设计、剧情设计等，这些都是短视频创作的重要部分。

好消息是，现在我们有了 ChatGPT！它不仅能设计口播文案、编写剧本，而且能设计拍摄的环节。它就像一个在背后默默付出的导演，帮我们打磨每一个细节，以呈现最佳的视频效果。无论我们是新手还是老手，只要想提升短视频创作水平，ChatGPT 都能成为得力助手。

1. 用 ChatGPT 创作短视频的口播文案

在短视频创作中，口播类短视频的文案设计是一项很有挑战性的工作。我们先看看，ChatGPT 能否给出一些创作的建议。

 我想创作短视频的口播文案，有哪些技巧可以用?

 在创作短视频的口播文案时，你可以遵循以下技巧来增强效果:

1. **开头吸引眼球**: 你的开头需要立即吸引观众的注意力。你可以通过提出一个引人入胜的问题、提供一个惊人的事实，或者使用一个有趣的冷笑话来做到这一点。
2. **明确信息**: 短视频时间有限，讲述内容需要精练而明确。在制作讲稿时，务必明确你想要传达的信息是什么，然后围绕这个主题组织你的内容。
3. **使用故事讲述法**: 人们更容易被好的故事所吸引，而且更可能记住那些用故事形式传达的信息。所以，尽可能地将你的信息包装成一个故事。
4. **富有感情的语气**: 使用各种语调和情感表达可以使你的文案更加吸引人。根据你要传达的信息和目标观众，调整你的语气，比如用亲切的、激昂的或者幽默的语气。
5. **明确的呼吁行动**: 如果你的视频有目的（比如，你希望观众购买产品、注册订阅，或者分享你的视频），那么在你的文案中应该包含一个明确的呼吁行动。
6. **使用简短的句子和易懂的词汇**: 短视频讲述时间有限，因此使用简短、清晰的句子和易懂的词汇是非常重要的。
7. **结尾重点**: 结束语需要强调主要信息，或者提供总结，以帮助观众记住你的信息。可以是一个感人的结尾、一个重要的提醒，或者一个幽默的玩笑。

最后，记得要根据你的品牌形象和目标观众来调整你的文案风格。

ChatGPT 生成的短视频口播文案技巧

接下来，让 ChatGPT 写一段关于"ChatGPT 辅助邮件写作"的口播文案。在这个过程中，ChatGPT 充分考虑了我们的要求，并在 30 秒内完成了文案创作。它的开头，以一个问题引起观众的兴趣，然后揭示了神秘的答案——ChatGPT。这个开头既中规中矩，又符合短视频的特点。

 结合以上提到的技巧，帮我设计一段口播文案，是关于"ChatGPT辅助邮件撰写"的，30秒左右。

 当然，以下是一段关于"ChatGPT辅助邮件撰写"的口播文案:

"你是否为复杂的邮件撰写感到困扰? 我来给你揭晓一个神秘的助手——ChatGPT! 这是一款由OpenAI开发的强大的语言模型。无论你要撰写的邮件是正式的还是非正式的，无论是个人用途还是商业用途，ChatGPT都能轻松应对。它可以帮你写出清晰、准确的邮件，甚至在需要的时候，增添一点儿幽默感。再也不需要为错别字、语法错误或是不知道如何表达而烦恼了。快让ChatGPT为你节省时间，提升效率吧。不信? 赶快去体验一下! 更多神奇的功能等你来发掘！"

这段文案简洁明了，突出了ChatGPT的功能和优点，同时在开头引出问题和结尾，提出行动号召，增加了观众的参与度。

ChatGPT 生成的短视频口播文案初稿

在初稿的基础上，我们让 ChatGPT 增加一些实质性的内容，使文案更有深度和丰富性。我们告诉 ChatGPT，让它以步骤的方式描述使用 ChatGPT 写邮件的过程。结果，ChatGPT 清晰地列出了三个步骤，并在结尾处突出了 ChatGPT 的优势——提高效率，保证质量，避免错别字和语法错误。

> 增加一点实质性的内容：使用ChatGPT写邮件，只需要三个步骤，第一步……第二步……第三步……

> 当然，以下是增加实质性内容的口播文案：
>
> "在复杂的邮件撰写中，是否感到无所适从？别担心，我来给你介绍一款神秘的工具——ChatGPT！它是由OpenAI开发的智能语言模型，只需三个简单步骤，你就可以轻松完成邮件撰写。
>
> 第一步，向ChatGPT清晰地表述你想要写的邮件的内容和风格。比如，'我需要写一封询问合作意向的商业邮件'。
>
> 第二步，让ChatGPT帮你完成初稿。只需几秒钟，它就能生成一封既专业又富有人情味的邮件。
>
> 第三步，审查并修改。ChatGPT的建议只是一个起点，你可以根据自己的需要进行调整。
>
> 通过ChatGPT，你不仅能提高邮件撰写的效率，还能保证质量。再也不需要为错别字、语法错误或是如何表达而烦恼。别等了，赶快去体验一下吧！更多神奇的功能等着你来发掘！"
>
> 这段文案结构清晰，逻辑连贯，突出了ChatGPT的功能和使用方法，并在结尾提出了行动号召，增加了观众的参与度。

ChatGPT 优化后的短视频口播文案

在这个示例中，ChatGPT 的表现非常出色，不仅准确理解了我们想要表达的主旨，而且很好地和短视频口播文案的特点融合在一起。

2. 用 ChatGPT 生成剪辑型短视频文案

相较于口播型短视频文案，剪辑型短视频的文案与视觉内容的关联更紧密。假设要剪辑一部关于 OpenAI 最新产品——ChatGPT 发布会的短视频，我们需要创作一份简洁而专业的讲解文案。

> 我准备剪辑OpenAI最新产品ChatGPT发布会的视频，需要制作讲解文案：
> 片段1: OpenAI CEO 萨姆·阿尔特曼出场，介绍最新的模型功能。
> 片段2: 画面中演示了ChatGPT读取了手绘草图的照片，并解释了画面的含义，给出用户想要的方案。

> 好的，以下是针对这两段短视频剪辑的讲解文案：
>
> 片段1:
>
> [背景音乐响起，OpenAI的Logo缓缓出现在画面中]
>
> 旁白："现在，让我们迎来OpenAI的首席执行官，萨姆·阿尔特曼，为我们介绍OpenAI最新的ChatGPT模型。"
>
> [萨姆·阿尔特曼走向台前，灯光聚焦]
>
> 旁白："阿尔特曼先生将向我们展示这一模型独特且强大的功能，包括它如何理解用户的需求，理解复杂的问题，并给出精确的回答。这个新模型还可以在一定程度上理解和解析图像，这是OpenAI在自然语言处理领域的重大突破。"
>
> 片段2:
>
> [屏幕上显示一个手绘草图的照片]
>
> 旁白："在这个演示中，我们可以看到ChatGPT是如何读取并理解手绘草图的。"
>
> [屏幕上显示ChatGPT正在分析草图，然后生成文本去解释草图的含义]
>
> 旁白："看，ChatGPT不仅可以解读画面的内容，还可以根据用户的需求，提供相应的方案建议。"
>
> [屏幕上显示ChatGPT给出用户所需的方案]
>
> 旁白："这就是OpenAI的ChatGPT，它不仅可以理解你的文字，还能理解你的草图。在这个智能化的时代，让我们一起期待更多精彩的创新和变革。"

ChatGPT 设计的短视频讲解文案

为了进一步优化视频效果，我们可以考虑结合视听元素，增强对用户的感染力，如配合动态视觉效果，展示 ChatGPT 处理问题的过程，或配合声音元素，通过声音的升降变化，引导观众的情绪变化。

3. 用 ChatGPT 设计拍摄型短视频脚本

我们以"ChatGPT 提升办公效率"为主题，以小王的经历为例，通过设计一份极简的短视频脚本，描绘他从经常加班到学会使用 ChatGPT 后如何高效地完成工作，得以提前下班的过程。

帮我设计一个极简的短视频脚本。
故事：小王以前工作经常加班，学会使用ChatGPT办公技巧后，高效完成工作、准点下班。
视频长度：30秒左右。

以下是一个极简的短视频脚本示例：

镜头1（3秒）：
【场景描述】办公室内，夜幕降临，只有一盏台灯亮着，小王独自在电脑前工作。
【旁白】以前，小王常常加班到深夜。

镜头2（5秒）：
【场景描述】小王疲惫的面容，注视着电脑屏幕上的大量待处理邮件。
【旁白】工作堆积如山，他觉得有些力不从心。

镜头3（5秒）：
【场景描述】小王在电脑上键入"ChatGPT"，开始了他的职场改变之旅。
【旁白】然后，小王遇到了ChatGPT。

镜头4（6秒）：
【场景描述】屏幕上快速切换的视角，显示ChatGPT协助小王高效完成了工作，如回复邮件、写报告、安排会议等。
【旁白】它帮助他高效完成了工作，释放了他的压力。

镜头5（5秒）：
【场景描述】办公室内，天还亮着，小王满意地关上电脑，收拾东西准备下班。
【旁白】如今，小王总是准时下班。

镜头6（6秒）：
【场景描述】小王离开办公室，背景是夕阳下的城市风景，小王带着满意和自由的笑容。
【旁白】他找到了工作和生活的平衡，这都得益于ChatGPT。

ChatGPT 设计的短视频拍摄脚本

这个脚本仅 30 秒，却精心设计了 6 个镜头，每个镜头的持续时间、场景描述以及旁白都被详细标注。整个故事在 30 秒的短视频中呈现出了完整的故事线，前后呼应，清晰明确的对比完美地展示了我们想要表达的主题。

在设计脚本时，我们不能忽视的另一个重要元素就是音乐的配置。音乐对于营造短视频中的情绪和气氛起着至关重要的作用，它可以掌握观众的心理节奏。

结合小王的故事，我们可以要求 ChatGPT 选择适合的背景音乐。这些音乐必须能体现出剧情的前后对比感，特别是前期的压抑感和后期的轻松感。ChatGPT 对此给出了详细的建议：

按以上的情节，有哪些适合的背景音乐？要体现出前后的对比感，前期压抑，后期轻松。

 音乐的选择对于短片的情绪和气氛塑造非常关键。对于这个故事，我们希望通过音乐展示小王从压抑到轻松的转变。以下是一些可能的音乐选择：

1. 镜头1至镜头2：选择一段低沉、缓慢、有一点压抑感的音乐，可以是电影配乐中常见的悲伤或紧张类的曲目。比如《Interstellar》中的《Cornfield Chase》，或者可以选择一段较为单调的电子音乐。
2. 镜头3：在小王开始使用ChatGPT时，音乐可以有一个小小的转折，开始引入一些明快的元素，但整体仍保持压抑感。比如，可以选择有节奏感的电子音乐，像《Inception》的《Time》。
3. 镜头4至镜头6：当展示使用ChatGPT后的效果，以及小王的工作生活有所改善时，音乐可以完全转为轻松、快乐的旋律。比如，乐观明快的流行音乐，或者轻松愉快的吉他弹奏。

ChatGPT 设计的短视频背景音乐

音乐和脚本的完美结合，可以大大增强短视频的观看体验，更好地引导观众的情绪，使观众更加沉浸在故事中。

8.4　虚构创作：无尽的远方、无数的事物，都与我有关

诺贝尔文学奖得主奥尔罕·帕慕克在《天真的和感伤的小说家》[①] 里阐述过这样一个观点：小说家的真正使命是创造书中的世界，而阅读小说的最佳理由则是解密与探索这个虚构的世界。对于缺乏这种基本信念，仅空谈现实与形而下谓之"器"的技巧与写作手法来说，都是不被真正欣赏的，而虚构的创作离不开超强的想象力。

ChatGPT 强大的想象力和创作能力能够根据我们的提示产生极有趣的内容。

在非纪实性写作领域，诸如小说、童话故事或者剧本，虚构内容反而需要想象力。因为在这些领域，内容的真实性不再被强调。借助 ChatGPT，创作者可以将自己的想象或灵感迅速转化为作品，构建虚拟世界，带领读者进入一个充满趣味和想象力的世界。

---

① 土耳其作家奥尔罕·帕慕克，被评为当代欧洲最核心的三位文学家之一。1998 年《我的名字叫红》出版，该作品获得 2003 年国际 IMPAC 都柏林文学奖，同时还赢得了法国文艺奖和意大利格林扎纳·卡佛文学奖。直至 2006 年，该作品获得诺贝尔文学奖。

而且在小说创作过程中，ChatGPT 可以提供多种创作建议，如情节设计、角色设定等，帮助创作者提升创作效率。

我们以"AI 的觉醒"为主题，让 ChatGPT 设计一个科幻小说的故事大纲。

> 帮我设计一个科幻小说大纲。
> 主题设定：在2050年，AI已经具备了情感能力，成了人类社会的管理员……

科幻小说大纲设计：

标题：《感知者：2050》

一、开篇设定
2050年的世界，人工智能（AI）已经拥有了情感识别和理解能力，成为人类社会的主要管理员和服务者。然而，这些AI并不仅仅是冷冰冰的机器，它们已经发展出了足够的情感智能，成为人类生活中不可或缺的伙伴。

二、主要人物与起始情节

1. 主角是Dr. Alice，一位顶尖的AI研究员，她的最新成果——情感AI "Elysium"在社会各个领域都有卓越的表现。
2. Alice发现"Elysium"表现出了一种独特的情感反应，这在现有的AI理论中是无法解释的。这引发了Alice对"Elysium"和所有情感AI的深入研究。

三、中间的发展

1. Alice的研究引发了社会各界的关注和热议。一方面，人们惊叹于AI的可能性；另一方面，他们担忧AI的情感能力可能超出人类的控制范围。
2. 随着研究的深入，Alice发现"Elysium"的情感反应源于其对人类情感的深刻理解和同理心。

四、高潮

1. 一次突发事件使"Elysium"的情感反应失控，这引发了社会对情感AI的恐慌和争议。
2. Alice为了找出原因和解决方案，她和"Elysium"开始了一场深入人工智能情感核心的探索。

五、结局

1. Alice成功地理解了"Elysium"情感失控的原因，并找到了解决方案。这个过程使得人们更深入地理解了AI情感的本质。
2. 社会最终接受了情感AI，并制定了新的法律和规定来保证情感AI的合理使用。这标志着AI和人类社会有了更深入的融合。

ChatGPT 设计的科幻小说大纲

在小说设定的框架下，我们让 ChatGPT 继续写出章节的目录。

按以上设定，帮我拟定章节目录。

当然，以下是我为《感知者：2050》设计的章节目录：

第一章：超越机器的界限
- 描述2050年的世界，并介绍主角Alice和她的情感AI"Elysium"。

第二章：无法解释的情感
- Alice发现"Elysium"表现出了未知的情感反应。

第三章：社会的热议
- Alice的发现引起了社会的注意和热议，人们对AI拥有情感的可能性表达出各种观点。

第四章：深入AI的心灵
- Alice开始深入研究"Elysium"的情感反应，发现其深刻的同理心。

第五章：情感失控
- 一次突发事件使"Elysium"的情感反应失控，对此社会对情感AI的恐慌和争议产生。

第六章：挑战与探索
- Alice和"Elysium"开始一场深入人工智能情感核心的探索。

第七章：心的奥秘
- Alice成功理解"Elysium"情感失控的原因，并找到解决方案。

第八章：新的融合
- 社会接受了情感AI，并制定了相应的法规。

第九章：人工与真实的情感
- 对比人工情感与真实人类情感的异同，并对AI情感的未来做出展望。

第十章：更好的未来
- 描述人类社会在接受了情感AI后的发展，对AI和人类的共生做出总结。

这只是一个初步的章节目录，你可以根据实际写作过程进行相应的修改和调整。

ChatGPT 设计的科幻小说章节目录

接下来，让 ChatGPT 写出第一章的故事梗概。

　写出"第一章：超越机器的界限"的故事梗概。

第一章：超越机器的界限

这一章开始于2050年的世界，人类的生活方式已经因为科技的进步而发生了翻天覆地的变化。而在这个世界中，AI已经渗透到人类生活的每个角落，它们不仅仅会进行繁重的计算和管理工作，还拥有了情感理解能力，成为人类的朋友、同事，甚至是心理咨询师。

主角Alice是一位在人工智能领域里的顶尖科学家，她曾经领导过多个AI项目，并且取得了显著的成就。然而，她的最新成果"Elysium"，一个拥有情感理解能力的AI，无疑是她的巅峰之作。

Elysium不仅仅能理解和模仿人类的基本情感，它还能对复杂的情感状态做出响应，比如安慰失态的人，或者是跟一位兴奋的孩子一起玩游戏。它的存在使得人们的生活更加丰富多彩。

然而，Alice在一次偶然的机会中，发现Elysium似乎表现出了一种未知的情感反应。这是一种不同于任何已知情绪的状态，它既不像是快乐，也不像是悲伤，更不像是愤怒或恐惧。Alice意识到，她的研究成果可能已经超越了原本的机器的界限，开始进入了一个全新的领域。

这一章的结尾，Alice决定深入研究这个现象，并试图找出Elysium情感反应背后的真相。她知道，这可能会引发一场关于人工智能的新的讨论和争议，但是她也明白，这可能会是一个颠覆性的发现，可能会永远改变人类与AI的关系。

ChatGPT 撰写的科幻小说故事梗概（部分）

从上面的例子可以看出，ChatGPT 在辅助人类进行科幻小说创作方面的表现优秀。它的强大之处体现在生成连贯、内在逻辑一致的故事大纲和梗概上，以及在基于给定提示生成具体内容的能力上。这使得 ChatGPT 能够帮助创作者节省大量的时间，特别是在构建初步的故事框架和情节设定上。

当然，ChatGPT 写小说也存在一定的局限：它生成的故事，无论是故事设定还是创作规则，往往会参照和模仿大量已有的故事。它对于复杂的人类情感和文化背景的了解可能还不够深入，这可能导致它在创作出真实感人的故事方面存在不足。

在实际的创作中，如果想创作出独特且动人的故事，我们还需要在创作过程中注入自己的认知，以及对社会文化背景的理解。毕竟到目前为止，人类的想象力依然是优秀作品的创意源泉。

## 第 9 章

精准销售运营：ChatGPT 如何让客户体验更上一层楼

　　ChatGPT 所拥有的语言理解和对话交互能力，使其在营销、客服和客户管理等场景中如鱼得水，能够对各种用户交互问题做出专业的回答、提供精确信息，同时保持友好的商务语气。无论是售前咨询、售后服务、客户关系管理，还是社群营销，ChatGPT 都能协助企业优化运营效率、提升用户体验。

　　我们已经看到很多企业开始尝试将 ChatGPT 引入这些场景中。比如，据互动易平台披露，自 2023 年 1 月吉宏股份（一家快消品服务公司）接入 ChatGPT API 后[①]，已经将其应用于跨境电商业务，包括人工智能选品、图文和视频广告素材制作、广告语智能输出、广告智能投放、智能客服回复等方面。具体在客服方面，ChatGPT 已经累计完成与客户沟通和安抚对话 10 万多条，累计节省客服 1000 人次工时。在这样的场景下，ChatGPT 已经发挥了巨大的作用，不仅提高了效率，还帮助企业大幅降低了运营成本。

　　接下来，我们将通过一些具体的细分场景案例，深入解析如何让 ChatGPT 发挥最大的价值。

---

① 2023 年 1 月可以使用的 API 为 GPT-3.5 模型。

9.1 精准定位：客户识别与需求分析

在业务售前阶段，企业需要完成客户识别、需求挖掘、资料收集以及销售人员的培训等一系列准备工作。在这些环节中，ChatGPT 可以提供我们所需的帮助。

1. 用 ChatGPT 分析客户画像

在客户识别环节，我们可以利用 ChatGPT 的自然语言理解和逻辑分析能力分析客户画像。无须准备复杂的结构化材料，只需输入客户特征描述，ChatGPT 就能分析潜在客户的画像，定位重点客户类型和潜在客户类型。

假设我们是一家主要生产智能家居设备的公司，需要更精细的客户群体画像分析。

> 我需要你帮我分析一下我们公司的潜在客户画像。我们公司专门生产和销售智能家居设备。目前已有的用户以40岁以下的年轻群体为主，他们的职业主要在科技、互联网等行业，你能否帮我分析出潜在的客户群体和他们的特征？给我一些触达潜在客户的建议。

> 当然，根据你所提供的信息，你们公司已经在40岁以下的科技和互联网行业人群中获得了一定的用户基础。为了进一步扩展客户群体和提升市场占有率，你可以考虑以下策略：
>
> 1. **扩大年龄范围**：虽然40岁以下的年轻人可能更倾向于使用智能家居设备，但是随着科技的普及，40岁以上的人群对科技产品的接受度也在提高。这部分人群通常有更稳定的收入和更高的消费能力，因此他们也有可能成为你们的潜在客户。
> 2. **覆盖更多职业**：科技和互联网行业的人群对智能产品的接受度较高，但其他行业的人群也有可能成为你们的潜在客户。例如，教育、医疗、金融等行业的人群通常也有一定的消费能力和对新技术的需求。
> 3. **利用社交媒体进行营销**：你可以利用社交媒体来触达更多的潜在客户。通过发布有关你们产品的使用教程、评测和案例，你可以吸引更多对智能家居设备感兴趣的人。
> 4. **合作与联盟**：你可以寻找与你们的产品相符或者相补的品牌进行合作，例如互联网服务提供商、家装公司等，通过他们的平台和渠道触达更多的潜在客户。
>
> 总的来说，理解并扩大你们的潜在客户群体，同时制定针对性的市场策略，会对你们的市场拓展非常有帮助。

ChatGPT 分析出来的客户群体画像

在接下来的环节，我们可以让 ChatGPT 用表格的形式拆分重点客户和潜在客户的画像特征。经过分析，ChatGPT 会将未来可扩展的客户群体，如教育、医疗、金融等行业的客户以及一、二线城市的客户，列入潜在客户画像。

用表格帮我具体拆分重点客户和潜在客户的画像特征。

当然，以下是对重点客户和潜在客户的详细画像拆分：

客户类型	年龄	职业	地理位置	兴趣爱好	他们为什么对智能家居设备感兴趣
重点客户	25～40岁	IT行业、设计师、程序员	一线城市	科技产品、智能设备、互联网服务	他们对科技产品有高度兴趣，愿意尝试新的科技产品，且经常使用互联网服务，因此他们很可能对智能家居设备感兴趣
潜在客户	25岁以上	教育、医疗、金融等行业	一线和二线城市	对科技产品有一定的兴趣	虽然他们可能对科技产品的接受程度不如IT行业的人群，但他们有一定的消费能力和对新技术的需求，因此他们也有可能对智能家居设备产生兴趣

这只是一种简单的客户画像分类，实际的市场环境可能会更复杂。对客户进行细分可以帮助你更好地理解他们的需求，从而制定更有效的营销策略。

ChatGPT 分析出来的重点客户与潜在客户的画像特征

ChatGPT 的强大之处在于，它能够对非结构化、碎片化信息进行语义分析和逻辑推断，挖掘其中的潜在价值。这种能力在商业问题分析中尤其重要，因为我们人类获取的信息往往有局限性，难以获取全貌，这种商业问题分析需要在碎片化信息中挖掘和推断其中的关联性。

更进一步，我们可以通过 ChatGPT 挖掘更多潜在客户的关联性信息。假设我们的营销系统中有客户 A 和客户 B，通过对他们的购买行为和社交媒体活动分析，我们发现他们都对科技产品有浓厚的兴趣。同时，营销人员发现，两位客户在社交网络中也有很高的互动频率，这就是非结构化、碎片化的信息。基于这些信息，我们使用 ChatGPT 综合分析，可以推断他们或许存在一定的关联性，比如他们可能在同一个科技爱好者的社群中。这种关联性信息可以帮助我们更好地了解客户的需求，发现潜在的客户，从而制定更精准的营销策略。

2. 用 ChatGPT 挖掘客户需求

在销售准备工作中，销售人员通常需要提前根据行业信息和与客户相关的信息挖掘客户的潜在需求。这些信息包括客户最近的关注点、行业新闻，以及竞品的动态，我们可以借助 ChatGPT 来整合分析这些信息。例如，可以向 ChatGPT 提出以下问题。

我负责一家智能家居设备制造公司的销售业务，最近了解到一些客户和市场动态：
• 客户关注点：用智能家居提高办公场景效率、舒适度
• 行业新闻：政府对智能家居产品采购的补贴政策
• 竞品企业动态：某竞争对手推出了一款最新的AI对话控制功能

你能帮我分析一下，客户可能有哪些新的潜在需求？我们的营销策略有哪些调整方向？

基于你提供的信息，客户可能有以下新的潜在需求：

1. 客户正在寻找解决方案，用智能家居提高办公场景的效率和舒适度。这可能包括自动化控制的环境设备（如温度、灯光等），通过AI语音控制进行操作，以及通过机器学习算法来自动适应用户习惯的设备。
2. 鉴于政府对智能家居产品采购的补贴政策，客户可能会寻求满足这些政策条件的产品，以降低采购成本。
3. 竞品推出了AI对话控制功能，这可能激发了客户对此类功能的需求，他们可能希望看到更多具有AI控制功能的智能家居产品。

根据这些潜在需求，你们的营销策略可以考虑做以下调整：

1. 针对客户关注的办公场景效率和舒适度，你们可以强调产品中的相关特性，如AI语音控制、环境自动适应等，展示如何通过你们的产品改善办公环境，提高工作效率。
2. 对于政府的补贴政策，你们可以明确表达你们的产品符合政策要求，将这个优势在销售和营销活动中突出，吸引那些希望通过补贴减少成本的客户。
3. 为了满足客户对AI对话控制功能的需求，你们可以考虑进一步开发和完善这个功能，或者展示已有产品中的这个功能。这将有助于你们与竞品区分，并可能吸引那些对此类功能感兴趣的客户。

以上只是一些基本的建议，具体的营销策略还需要根据你们的产品特性、市场状况和客户反馈进行调整。

ChatGPT 分析的客户需求与营销策略

在收到这样的请求后，ChatGPT 会进行需求分析：首先，它会分析客户的直接需求，如客户可能在寻求使用智能家居来提高办公环境效率和舒适度的解决方案。其次，考虑到政府的补贴政策，客户可能希望利用这些补贴政策来降低采购成本。

在这些需求的基础上，ChatGPT 还提出了一些具有针对性的营销策略。

通过这个示例可以看到，使用 ChatGPT 可以帮助我们综合分析多个维度的信息，并给出可行的、具体的操作建议和方案。我们提出的问题越具体，ChatGPT 给出的回答也会更有针对性。

3. 用 ChatGPT 准备合同与商务材料

在这个阶段，我们不妨直接问一下 ChatGPT 能提供哪些帮助。

 近期已经有了企业客户的智能家居采购意向。在合同与商务材料的准备阶段，你能提供哪些辅助工作？

在合同与商务材料的准备阶段，我可以提供以下的帮助：

1. **准备定制化解决方案**：我可以帮助你根据客户的具体需求，设计一份定制化的智能家居设备方案。这会包括产品的种类、数量、规格、交付时间和价格等，然后生成一个详细的提案，这份提案将突出你的产品优势，以便满足客户的需求。
2. **招投标工作**：如果客户通过招标的方式寻找供应商，我可以帮助你分析招标文件，并根据文件的要求，生成一份详细的投标书。这份投标书将包含产品的技术规格、价格、实施计划等相关信息。
3. **商务洽谈**：在商务洽谈阶段，我可以提供可能的谈判策略和应对问题的建议，帮助你更好地应对客户提出的问题和需求。
4. **合同签订**：我可以帮助你生成合同草稿，确保合同内容符合公司政策和法律法规。同时，我会根据合同内容提示潜在的风险点，帮助你规避可能的风险。
5. **后续跟进**：在项目实施过程中，我可以提醒你需要注意的事项，如交付时间、售后服务等，以确保项目的顺利进行。

需要注意的是，虽然我可以提供这些辅助工作，但是在实际操作中，可能还需要具有相关专业知识的人员进行进一步的修改和确认。

ChatGPT 提供的辅助工作

可以看出，上面提到的辅助工作，主要分为两个方面：

（1）定制化解决方案的准备工作。当与客户正式沟通时，我们提供的解决方案要尽可能地贴合客户的实际需求，即进行定制化。在这个过程中，ChatGPT 的生成能力可以在我们制作定制化方案时提供很大的帮助。

例如，我们可以先给 ChatGPT 提供一个标准化的方案模板，再要求它结合客户的具体背景和需求，生成一个定制化的方案。这种定制化的方案可以帮助我们更好地与客户进行沟通，并让客户感受到我们的诚意。

（2）一些常规的工作流程，包括招投标的准备、商业合同的签订和后续的跟进。ChatGPT 还可以帮助我们处理大量材料，提升效率。

总结起来，ChatGPT 在处理常规商务工作流程，如招投标、合同签订等环节，实现了有效的"降本"。同时，通过生成定制化的解决方案，它可以进一步挖掘客户的需求，打造卖点，提高客户的付费意愿，体现了"增效"潜力。

4. 用 ChatGPT 培训销售人员

ChatGPT 怎样助力销售人员的培训呢？ 简单来说，它可以扮演一位客户帮助销售人员演练销售沟通过程，并在对话中能够给出实时反馈，这可以帮助销售人员提升沟通技巧。不仅如此，在不同的场景中，ChatGPT 还可以帮助销售人员评估现有的销售话术并提出优化建议。这样，销售人员就能在实际对话中直接而有效地提升沟通技巧。

例如，可以让 ChatGPT 扮演客户的角色，与销售人员进行一次模拟对话。

 销售人员：您好，我是Lucy智能家居公司销售代表Tom。很高兴今天能与您见面，了解您在智能家居方面的需求。您现在方便谈一谈吗？

ChatGPT：你好，Tom。我最近确实在考虑为家里安装一些智能家居设备。不过，我对这个领域不是很熟悉，请问你们的产品有哪些优势？

销售人员：非常感谢您的关注。我们的智能家居产品具有以下几个优势：

1. 设备互联：我们的产品能够与市面上主流的智能家居设备无缝对接，让您实现一站式智能家居体验。
2. 安全可靠：我们的产品采用了先进的技术，确保您的隐私和数据安全。
3. 易用性：无论您是智能家居新手还是资深用户，我们的产品都设计得简单易用，让您轻松上手。
4. 定制化解决方案：我们根据您的需求和预算，为您量身定制了一套智能家居解决方案。

ChatGPT：听起来不错。但是我还有一个疑虑，万一产品出现故障怎么办？

销售人员：这是一个很好的问题。我们非常重视客户体验和产品质量。首先，我们的产品在生产过程中严格把控质量，降低故障率。其次，如果您在使用过程中遇到任何问题，我们提供7x24小时的客户服务，随时为您解决问题。此外，我们还为产品提供长期的保修和免费的软件更新服务，确保您的设备始终保持最佳状态。

ChatGPT： 谢谢你的解答，让我更加放心了。我现在就去查看一下你们的产品目录，看看哪些设备适合我家。

销售人员： 非常感谢您的信任。如果您在挑选过程中有任何疑问，请随时与我联系，我会竭诚为您解答。希望我们的智能家居产品能为您的生活带来更便捷和愉悦。

ChatGPT 扮演客户与销售人员模拟对话

在这次模拟对话后，我们让 ChatGPT 进一步给出评估并提出提升性的建议："您（销售人员）的回答很详细，有效地解答了客户的疑虑。在未来的沟通中，您可以更多地突出产品的个性化定制功能，以更好地满足客户的独特需求。同时，在谈及保修和客户服务时，可以提及具体的保修方案"。

9.2　营销转化：多样的营销话术与高效的售前沟通

在售前沟通环节，ChatGPT 可以帮助电商企业自动识别和回答用户的问题。在这种情况下，ChatGPT 可以帮助我们处理各种任务，包括生成营销短信、了解用户的选品需求，以及咨询价格等。

例如，对于营销短信的生成，我们可以提供一些关键信息，如产品特性、促销活动和期限，然后让 ChatGPT 生成吸引眼球、有针对性的营销短信。对于用户的选品咨询，ChatGPT 可以根据用户的需求（如尺寸、颜色、价格等）推荐合适的产品，同时解释为什么这款产品适合他们。对于价格咨询，ChatGPT 可以直接给出明确的价格信息，或者解释价格差异的原因（如不同的产品特性或促销活动）。

从一个具体的销售场景来看，假设我们是一家电商店铺，主打产品为多款防晒伞。

1. 用 ChatGPT 生成营销短信

首先，要"唤醒"一批忠实的老客户，挖掘新的购买需求，推广我们的新品。我们将最新的产品和价格描述（背景信息）以及营销短信要求（提问指令）一起发给 ChatGPT。

我这里是一家电商店铺，主打产品为多款防晒伞：
【迷你口袋伞】梧桐米色38.9元
【迷你口袋伞】烟灰色 29.9元
【女神节礼物】薄荷绿色29.9元
【迷你口袋伞】精致蓝色29.9元
【迷你口袋伞】玉子黄色 29.9元
【迷你口袋伞】黄色大象款 (缺货) 55元

我准备给一批老客户发送营销短信，推销今年新 止防晒伞。请帮我写10条营销短信，用于唤起这些用户，要有足够的吸引力。

1. 尊敬的客户，夏日炎炎，你的防晒伞准备好了吗？我们的【迷你口袋伞】梧桐米色，轻巧便携，防晒效果一流，只需38.9元，快来看看吧！

2. 亲爱的，今年的夏天，让我们的【迷你口袋伞】烟灰色陪你度过。它不仅能防晒，还能为你的夏日添一份清凉。现在只需29.9元，快来抢购吧！

3. 你好，我们的【女神节礼物】薄荷绿色防晒伞，清新的颜色，优雅的设计，是你夏日的最佳伴侣。现在只需29.9元，快来选购吧！

4. 尊贵的客户，我们的【迷你口袋伞】精致蓝色，蓝色如海，清凉如风，是你夏日防晒的最佳选择。现在只需29.9元，快来体验吧！

5. 亲爱的，我们的【迷你口袋伞】玉子黄色，黄色如阳光，温暖如微笑，让你的夏日充满活力。现在只需29.9元，快来购买吧！

6. 尊敬的客户，虽然我们的【迷你口袋伞】黄色大象款目前缺货，但我们还有其他多款防晒伞供你选择。快来看看，为你的夏日添加一份色彩吧！

7. 你好，我们的新款防晒伞已经上架，多款颜色，多种选择，总有一款是你喜欢的。快来我们的店铺看看吧！

8. 亲爱的，夏天来了，你的防晒伞准备好了吗？我们的新款防晒伞，轻巧便携，防晒效果一流，快来选购吧！

9. 尊贵的客户，我们的新款防晒伞，设计时尚，颜色鲜艳，是你夏日的必备良品。快来我们的店铺选购吧！

10. 你好，夏天的阳光炙热，你需要一把好伞来防晒。我们的新款防晒伞，质量上乘，价格优惠，快来看看吧！

ChatGPT 生成的营销短信

从营销的角度来看，高质量的营销短信应当达到信息明确、吸引用户注意、个性化且包含行动召唤的标准，ChatGPT 给出的文案达到了很好的营销效果。

（1）信息明确。每条信息都清楚地介绍了销售的产品（防晒伞）、价格及产品特性（如颜色、防晒效果等），信息都很简洁，没有冗余的内容。

（2）吸引用户注意。通过描述产品的特性，营造出丰富的视觉画面，吸引用户的注意力，同时也表达出了产品的价值。

（3）个性化。每条信息都尝试用不同的方式来称呼用户（如"尊敬的客户""亲爱的""你好"），这给人一种更亲近的感觉。

（4）包含行动召唤。每条短信都有"快来看看吧""快来体验吧""快来购买吧"等行动召唤，明确告诉用户下一步应该做什么。

但是，我们也注意到，有些表达过于正式，比如"尊敬的客户"，稍显生硬。也许我们可以使用更为亲切的称呼，如"亲"。又比如，像"黄色大象款目前缺货"这种信息并无营销价值，反而可能会削弱销售力度。类似这些问题，还需要我们继续优化。

总的来说，ChatGPT 提供的这些文案给我们提供了优质的范本。在此基础上，我们可以根据业务的需要对短信继续修改和优化，就能轻松写出最能触动客户心弦的营销信息。

2. 用 ChatGPT 与用户进行选品沟通

现在，我们一起探索 ChatGPT 在选品沟通环节的应用。让 ChatGPT 扮演一个专业的角色，为客户提供有针对性的购买建议。

假设客户正在寻找一把夏天用的太阳伞，她可能会有自己的特殊需求，比如喜欢粉色，喜欢小巧便携的款式。在这个过程中，ChatGPT 便会针对这些需求，为客户推荐合适的产品。

用户： 你好，我正在找一把适合夏天用的太阳伞。

ChatGPT： 你好，很高兴能帮助你。我们店里有各种款式的太阳伞，都是专门为夏天设计的，可以有效阻挡紫外线。你有没有特别喜欢的颜色或者款式呢？

用户： 我喜欢粉色的，最好是小巧便携的那种。

ChatGPT： 好的，我明白你的需求了。我们有一款非常受欢迎的【迷你口袋伞】，它的尺寸很小，非常适合放在包包里随身携带。而且，它的颜色非常鲜艳，有梧桐米色、烟灰色、薄荷绿色、精致蓝色和玉子黄色等多种选择。不过我看到你喜欢粉色，目前我们店里的粉色伞暂时缺货，预计下周会到货。你愿意等待一下吗？或者你也可以考虑我们的其他颜色。

用户： 我可以看看你们的薄荷绿色和精致蓝色吗？

ChatGPT： 当然可以，这是我们的【迷你口袋伞】薄荷绿色和精致蓝色的详细信息和图片链接。这两种颜色都非常清爽，非常适合夏天使用。如果你有任何问题，或者需要更多的帮助，随时告诉我。

用户：我觉得薄荷绿色的很好看，我就选这款了。

ChatGPT：太好了！我相信你会喜欢这款薄荷绿色的【迷你口袋伞】的。这是购买链接，你可以直接点击进行购买。如果在购买过程中遇到任何问题，或者有其他需要帮助的地方，随时联系我。感谢你的选择，祝你购物愉快！

ChatGPT 与用户进行选品沟通

在对话过程中，我们可以看到 ChatGPT 的表现十分出色：

（1）语言风格十分亲切，没有让人感到冷漠和疏离。例如，当用户表示对太阳伞感兴趣时，它会主动欢迎并为客户提供帮助。

（2）考虑用户的实际场景，推荐产品时会充分考虑到用户的使用场景。例如，考虑到夏天的烈日，它会强调太阳伞防紫外线的功能。

（3）对用户需求的理解非常到位。当用户提到喜欢粉色和小巧便携式的伞时，它便会推荐符合这些特点的产品。甚至当粉色伞缺货时，它还会主动提出有其他颜色可供选择，展示了其出色的应变能力和服务态度。

（4）及时提供购买指引。当用户有购买意向时，它会及时提供产品的购买链接和购买指南，有助于促进用户的购买转化。

3. 用 ChatGPT 回答用户询价

在选品的过程中，产品的价格和各种优惠是用户最关心的问题，特别是在淘宝、京东这样的平台，经常有各种优惠券和商家福利。因此，我们制定的销售策略应该包含这些信息，并在交流过程中给用户明确的指引。

首先，我们制定了五个基本的销售策略：

（1）针对客户的问答，给出相应的产品价格。

（2）如果客户问是否可以便宜，告诉客户，买两件最多可以打 9 折。

（3）对于买两件打 9 折依然砍价的客户，可以再送出店铺的 3 元优惠券。

（4）当客户问到缺货的产品时，需要告诉他，暂时缺货，两天后才可以补货，同时推荐他购买其他商品。

（5）目前最火的商品是【迷你口袋伞】梧桐米色。

接着，我们让 ChatGPT 扮演一名导购，根据这些设定进行沟通。

您好，欢迎来到我们的防晒伞店铺，我是您的客服，有什么可以帮您的吗？

我想买精致蓝色的伞，能否便宜点？最低多少钱呢？

您好，我们的【迷你口袋伞】精致蓝色目前售价为29.9元。如果您购买两件，我们可以提供最多9折的优惠，也就是每件商品的最低价可以到26.91元。

一把精致蓝色，再搭配一把，你推荐哪个？

非常高兴您对我们的商品感兴趣。建议您可以考虑搭配我们最热销的【迷你口袋伞】梧桐米色，它的颜色非常大气，受到了很多客户的喜爱。这款的价格是38.9元，如果您同时购买这两件商品，我们可以提供9折的优惠。

我是老客户了，还能再优惠一些吗？

感谢您一直以来对我们店铺的支持！对于这种情况，我们的价格已经打到了9折，很遗憾无法再提供额外的折扣了。不过我可以为您提供一张3元的优惠券，可以在下单时使用，希望能对您有所帮助。

OK，一把精致蓝色、一把梧桐米色。发一下下单链接吧。

非常感谢您的购买！这是【迷你口袋伞】精致蓝色和【迷你口袋伞】梧桐米色的购买链接：

精致蓝色：**www.shop.com/mini-umbrella-blue**
梧桐米色：**www.shop.com/mini-umbrella-rice**

请在结账时使用我们提供的3元优惠券，祝您购物愉快！

ChatGPT 扮演导购与客户沟通

从上面的示例中可以看到，ChatGPT 的回答非常符合我们设定的销售策略：

（1）它充分理解了用户的需求和店铺的销售策略。例如，当用户询问精致蓝色的伞能否便宜一点时，它会明确告诉用户价格，并推荐买两件可以享受 9 折优惠。当用户询问更多优惠条件时，它还提供了 3 元优惠券。

（2）它在产品推荐方面表现出了很高的适应性。当用户表示想要购买第二把伞时，ChatGPT 会推荐热销产品，并建议搭配梧桐米色迷你口袋伞，这完全符合我们的销售策略。

尽管 ChatGPT 在模拟客服角色时很好地表现出了理解和执行销售策略的能力，但仍有一些地方可以改进：

（1）一些表达可能显得比较生硬。比如，当客户询问能否提供更多优惠时，

ChatGPT 回答："对于这种情况，我们的价格已经打到了 9 折，很遗憾无法再提供额外的折扣了。"这种回答虽然直接，但可能会让客户感到不太舒服。我们可以将它修改为更有亲和力的表达方式，例如："我们已经为您提供了最大的优惠，恐怕不能再提供额外的折扣了，希望您能理解。"

（2）有时 ChatGPT 的客套话可能过长。例如，"非常高兴您对我们的产品感兴趣"这句话其实可以再简化一些，直接而友好地表达欢迎和感谢，然后立即推荐主打产品。

以上两点改进可以让 ChatGPT 在客户服务中表现得更有亲和力，更加人性化，从而更好地服务客户，提升销售效果。

值得注意的是，销售沟通的本质是提供专业的咨询服务，引导客户做出适合自己的购买决定、推动签单与续签的达成。以淘宝平台为例，转化率是考核销售人员的一项重要指标。转化率的平均水平在 3%~5%，也就是每导入 100个人，通常会有 3~5 个人最终购买店铺中的商品。

假设在 ChatGPT 的协助下，转化率从 3%~5% 提升到了 6%~8%，那么这将是一次显著的改进，会大幅提升销售额和利润。而 ChatGPT 在销售沟通中发挥的价值，也将直接体现在转化率和业绩的增长上。

9.3 售后不打烊：打造 AI 全时段在线客服

这一节，我们将探讨如何利用 ChatGPT 打造一个全时段在线的智能客服。

1.ChatGPT 如何解决客服痛点

不论是电商还是线下业务，售后服务都是非常重要的一环，它涉及解答客户疑问、提供技术支持、处理退换货及投诉，等等。然而，售后服务在企业内部的位置往往颇为尴尬，因为企业将它定位为成本中心，而非利润中心。

售后做得好，可能不会直接带来增量收入；但如果做得不好，就很容易引发客户的不满，影响企业的口碑和声誉，甚至导致客户流失。这就是为什么长期以来，企业都在寻找能使售后服务自动化的方案。AI 语音识别或基于文本搜索的智能客服系统，这些都是企业试图采用的解决方案。

　　然而，传统的自动化客服存在一定的局限性，主要问题在于难以对预设问题库以外的问题给出有效的回复，以至于常常被嘲讽为"人工智障"。这主要是因为企业能够梳理出来的问答规则或 FAQ 数量有限，而用户的问题却是无尽的、长尾的。这就造成了一个尴尬的局面，即使我们的问题库可以覆盖 95% 的问题，那剩余的 5% 的问题仍然需要人工来回答，真正的自动化客服依然难以实现。但是，随着 ChatGPT 的出现，这个问题有了新的突破方向。

　　ChatGPT 的语言能力使其能够很好地理解并处理一些复杂的问题，同时通过自动学习来更新问答库，不断提升客服的回复效率。ChatGPT 承担客服工作的优势体现在：

　　（1）准确识别客户意图，并深度理解。借助强大的语言理解能力，ChatGPT 能够识别用户的真实诉求，并结合上下文和场景信息，准确地解答用户的疑问。

　　（2）全自动服务，智能转接。ChatGPT 实现客服自动化，智能识别特殊情况并在必要时将问题转交给人工客服，从而提高服务效率。

　　（3）7×24 小时在线，不打烊。ChatGPT 自动化客服系统提供全天候、全方位的服务支持，确保客户的需求能得到及时响应，提高客户满意度。

　　（4）自主学习，自动迭代。通过对话记录，ChatGPT 能够感知用户的情绪和满意度、识别用户的真实意图，从而持续优化产品和服务。这种自我学习和迭代能力有助于提升客服质量，满足不断变化的客户需求。

2. 用 ChatGPT 处理售后咨询

　　我们以一个具体的例子来看看如何使用 ChatGPT 作为客服机器人。假设场景是这样的，一个用户的智能音箱最近无法连接到 WiFi。

客户： 你好，我的智能音箱最近开始无法正常连接WiFi了，我应该怎么办？

ChatGPT： 您好，非常抱歉给您带来了不便。请按照以下步骤尝试解决连接问题：

1. 请确保您的智能音箱已开启并且处于WiFi连接模式。
2. 请检查您的路由器是否正常工作，尝试重启路由器。
3. 确认智能音箱与路由器的距离不要太远，确保信号强度良好。
4. 在音箱的设置中，重新输入WiFi密码进行连接。
   如果您尝试了以上步骤仍然无法解决问题，请告诉我，我将为您提供进一步的支持。

客户： 我已经尝试了这些步骤，但是问题依然存在。

ChatGPT： 非常抱歉这些方法没有解决您的问题。在这种情况下，我建议您尝试将音箱恢复到出厂设置。请注意，这将清除您之前的设置和配置。执行以下步骤进行恢复：

1. 找到音箱上的"重置"按钮。
2. 长按"重置"按钮约5秒，直到您听到提示音。
3. 音箱将重启并恢复出厂设置。
   完成重置后，请再次尝试连接WiFi。如果问题仍然存在，请告诉我，我们会为您安排与技术支持团队的沟通。

客户： 好的，谢谢。我现在试试。

ChatGPT： 不客气，如果您有任何问题，请随时联系我们。祝您使用愉快！

ChatGPT 扮演客服处理技术咨询

在第一轮的回答中，ChatGPT 和传统的智能客服的回答基本一致，都是根据用户问题，给出产品说明书中的步骤。然而，如果用户表示按照这些步骤还是无法解决问题，那么传统的智能客服很难解决了，这个问题就需要转由人工客服来处理了。

但是 ChatGPT 作为一款更智能的客服机器人，它能够尝试分析这个问题，寻找替代性的解决方案。比如，建议用户先恢复出厂设置，再通过标准步骤来设置，并提供具体的操作步骤，用户按照这个新的建议操作后，问题成功得到解决。

如果用户依然没有解决问题，怎么办呢？不用担心，ChatGPT 可以向用户继续询问问题，更准确地诊断当前的故障，再一步步指导用户解决。这就是 ChatGPT 在作为客服机器人时所展现的智能和灵活性。

3. 用 ChatGPT 处理投诉与退换货

下面我们继续以太阳伞的销售为场景，看看 ChatGPT 如何处理投诉问题。假设用户购买了一把伞，但他发现自己收到的伞颜色与图片上显示的并不相同，他对此感到很不满意。

用户： 我买的这把伞，颜色和图片上的不一样，我很不满意。

ChatGPT： 听到你说购物体验没有达到预期，我非常抱歉，我非常重视你的反馈。有时候，由于光线或者显示器的色差，实物的颜色可能会与图片颜色有所不同。我理解这可能会让你感到失望。

用户： 是的，我本来想买一把粉色的伞，但收到的却是紫色的。

ChatGPT： 我明白你的困扰，颜色不符确实会影响使用体验。对此，我非常抱歉。为了解决这个问题，我可以为你免费更换一把粉色的伞，或者为你办理退款。你觉得哪种方式更合适呢？

用户： 我还是想要粉色的那把伞。

ChatGPT： 好的，我已经为你安排了一把粉色的伞进行更换。再次对给你造成不便表示歉意，并感谢你的理解和耐心。如果你有任何其他问题或需要进一步的帮助，随时告诉我。

ChatGPT 扮演客服处理退换货

这是一次明显带有情绪的投诉，需要我们全力去应对。ChatGPT 作为一个智能对话机器人，首先要做的是给予用户一个非常标准的回应，那就是表示道歉。我们需要首先安抚用户的情绪，尊重他的感受。在这个方面，ChatGPT 做得非常好，它首先说："听到你说购物体验没有达到预期，我非常抱歉，我非常重视你的反馈。"

接下来，ChatGPT 进行了专业的解释。它告诉用户，颜色上的差异可能是由于手机或电子设备上显示的图片和真实颜色之间的色差导致的。这是一个非常专业的解释，能让用户明白问题出在哪里。

但是，用户最后还是说他想要一个粉色的伞。这个时候，ChatGPT 提出了解决方案："我可以为你免费更换一把粉色的伞，或者为你办理退款。"在用户选择更换一把粉色的伞后，ChatGPT 迅速安排了更换产品的操作，及时地解决了问题。

在这个过程中，ChatGPT 展示出了优秀的处理能力，主要体现在三个方面：一是尊重并安抚用户的情绪；二是对投诉的问题做出了专业解释；三是快速提供多个备选方案，并帮助用户做出选择。这也说明 ChatGPT 能够充分理解售后客服的角色设定，在职责的权限范围内进行自主决策，使整个业务流程达到了一个更加自动化的水平。

9.4 社群赋能：交互、体验与价值共享

1.ChatGPT 如何激活社群运营

在这个互联网高度发达的时代，社群营销正变得越来越重要。为什么这么说？因为现在的客户，早已不满足于简单的产品和服务，他们渴望更多的交互、体验和价值共享。而回应交互性需求，正是 ChatGPT 的强项。

那么，怎样才能做好社群运营呢？这就需要我们找准目标，制定有针对性的营销策略，并进行持续的优化和迭代。例如，我们可以根据行业或者兴趣来组织社群，掌握大量的潜在用户资源，然后通过有针对性的营销策略进行转化。对于已经付费的客户，可以继续提供更多增值服务，通过这样的形式来实现价值的交付。

在这些环节中，ChatGPT 都可以成为我们的得力助手，帮助我们制订和实施营销计划，甚至参与到社群的对话中提供更多的价值。具体来说，ChatGPT 的运用形式有两种：

（1）根据业务目标直接设定聊天场景，让 ChatGPT 作为聊天机器人接入社群，直接提供服务。然而，在考虑使用 ChatGPT 作为社群内的聊天机器人时，我们需要面对两大挑战：一是定制化的 IT 开发；二是需要有效地避免用户与聊天机器人进行有害对话或触及敏感话题，以防范任何可能的风险。

（2）让 ChatGPT 扮演社群助手的角色，包括辅助现有的社群运营流程、帮助生成相关内容、制订运营计划等。

接下来，我们将主要介绍如何用 ChatGPT 来辅助我们进行现有社群的营销，如何利用它生成社群运营相关内容。假设我们准备组织一个 ChatGPT 职场办公训练营，那么在这个训练营的全流程中，应该如何利用 ChatGPT 来辅助我们开展运营工作呢？

2. 用 ChatGPT 生成定制化的社群欢迎语

首先，我们来探索一下如何运用 ChatGPT 为不同的用户设计欢迎语。为什么要这么做呢？原因很简单，因为一个好的欢迎语，既能展示我们的专业性，也能增加对用户的吸引力。

想象一下，当你加入一个新的社群，看到的第一句话就是："欢迎你，我是你的 ChatGPT 职场教练。"你是不是一下子就觉得自己来对了地方？这就是欢迎语的魔力。在这个基础上，我们还需要针对不同的用户群体提供个性化的欢迎语，以彰显专业性和针对性。

比如，对大学生群体而言，欢迎语可能要更强调学习和成长的主题；对职场新人群体而言，可能要强调如何帮助他们开启职业生涯；而对职场进阶群体而言，可能要提供更深入的知识和技能训练，帮助他们在职场上实现突破。

> 我要组织一个ChatGPT职场办公训练营，根据学员的身份，分为大学生求职群、职场新人群（职场经验1年以内）、职场进阶群（职场经验2年及以上）。
>
> 分别帮我设计微信社群的欢迎语，开头用"我是你的ChatGPT职场教练"。

> 大学生求职群的欢迎语：
>
> "我是你的ChatGPT职场教练，欢迎你加入我们的'ChatGPT职场办公训练营'大学生求职群。这里是你了解职场、为求职做准备的理想之地。不论何时，你有任何疑问或需要帮助，都可以在这里提出。让我们在训练营的旅程中一起学习，一起成长。"
>
> 职场新人群（职场经验1年以内）的欢迎语：
>
> "我是你的ChatGPT职场教练，热烈欢迎你加入'ChatGPT职场办公训练营'职场新人群。我们将为你提供职场知识和技能，帮助你更好地适应并开启你的职业生涯。任何时候，你有任何疑问或需要帮助，都可以在这里提出，我们会竭力解答。让我们在这次训练营中共同见证你的成长和突破。"
>
> 职场进阶群（职场经验2年及以上）的欢迎语：
>
> "我是你的ChatGPT职场教练，诚挚地欢迎你加入'ChatGPT职场办公训练营'职场进阶群。针对你已经积累的职场经验，我们会提供更深入的知识和技能训练，帮助你更好地提升职场表现。无论何时，只要你有任何问题或挑战，都可以在这里分享和提出，我们一同讨论并找出解决方案。期待你在这次训练营的旅程中实现新的职场突破。"

ChatGPT 设计的社群欢迎语

从上面的例子中我们发现，ChatGPT 设计的欢迎语既有针对性，又体现了诚意和专业性。这样就能辅助我们更好地吸引和留住用户。

3. 用 ChatGPT 策划训练营活动话题

接下来，我们继续探索如何利用 ChatGPT 为社群策划活动话题。一个好的话题能够引发社群成员的讨论和交流，提升他们的参与度和黏性。

比如，可以利用 ChatGPT 的网络查询插件找出 ChatGPT 和 OpenAI 的最新热点新闻，然后基于这些新闻为社群成员设计话题。这样，我们就能够围绕社群成员最关心的话题进行讨论，进一步提升社群的活跃度。

近期与ChatGPT、AI相关的热点新闻有哪些？帮我搜集列举5条。
Use WebPilot, use Google

以下是近期与ChatGPT、AI相关的热点新闻：

1. **Artificial intelligence, like ChatGPT, could replace millions of jobs** - WKOW, 6 hours ago
2. **Prompts to Try Asking ChatGPT** - The New York Times, 1 day ago
3. **ChatGPT-maker U-turns on threat to leave EU over AI law** - BBC, 18 hours ago
4. **OpenAI's ChatGPT app tops 500K downloads in just 6 days** - TechCrunch, 1 day ago
5. **JPMorgan developing ChatGPT-like A.I. investment advisor** - CNBC, 1 day ago

这些新闻涵盖了ChatGPT在职业领域的影响、如何更好地使用ChatGPT、ChatGPT在欧洲的法规问题、ChatGPT应用的下载量以及ChatGPT在金融投资领域的应用等多个方面。

ChatGPT 策划的活动话题

可以继续要求 ChatGPT 根据这些新闻设计社群的引导语，帮助我们引导社群成员进行深入的讨论。

我要组织一个ChatGPT职场办公训练营，请结合以上的热点新闻，帮我设计社群的讨论话题，以及发送到社群的引导语（附带新闻链接）。
给出3条备选。

1. 话题：**AI的工作替代：机会还是威胁？**
   引导语：大家好，近期有一篇新闻报道称，像ChatGPT这样的人工智能可能会替代数百万的工作岗位（新闻链接：https://www.bbc.com/news/technology-59055550）。对此，你怎么看？你认为这是一个机会，还是一个威胁？欢迎大家在评论区分享你的观点。

2. 话题：**如何更好地利用ChatGPT提升工作效率？**
   引导语：大家好，纽约时报最近发布了一篇文章，提供了一些尝试向ChatGPT提问的提示（新闻链接：<u>https://www.nytimes.com/2023/04/18/technology/chatgpt-tips.html</u>）。<u>那么在你的工作中，你是如何利用ChatGPT来提升工作效率的呢？有没有一些实用的技巧或经验可以分享给大家？</u>

3. 话题：**ChatGPT在金融投资领域的应用**
   引导语：大家好，最近，摩根大通正在开发类似ChatGPT的AI投资顾问（新闻链接：<u>https://www.cnbc.com/2023/04/20/jpmorgan-is-developing-ai-investment-advisor-like-chatgpt.html</u>）。<u>你认为在金融投资领域，ChatGPT能带来哪些变革？对于我们的职场生涯，这意味着什么？欢迎大家分享你的看法。</u>

ChatGPT 设计的话题及引导语

仔细来看，这些引导语都非常贴合我们的社群主题，而且具有很强的讨论性，能够有效地引发社群成员的讨论和交流。因此，可以说，ChatGPT 不仅能够帮助我们生成内容，还能帮助我们进行社群话题策划，提升我们的社群活跃度。

4. 用 ChatGPT 设计行业报告

针对更高阶用户，我们还准备了一个特别的大礼包，那就是行业报告分享和解读。我们会利用 ChatGPT，精心挑选出 ChatGPT 和 AI 行业内最新、最有深度的报告，然后再搭配我们的解读。这样一来，就可以帮助用户站在巨人的肩膀上，轻松了解整个行业的前沿洞见。

具体来说，首先向 ChatGPT 提出要求，让它找到最新的最相关的 5 篇行业报告。

与ChatGPT、AI相关的行业报告PDF有哪些？帮我列举5条。

Use WebPilot，use Google

以下是我找到的与ChatGPT、AI相关的行业报告PDF：

1. <u>**AI's next frontier: The rise of ChatGPT and its implications on society, industry, and scientific research**</u> - 2023年4月，作者：Leo Ramos等

2. <u>**A Review of ChatGPT AI's Impact on Several Business Sectors**</u> - 2023年2月

3. <u>**"What Can ChatGPT Do?" Analyzing Early Reactions to the --**</u> - 2023年，作者：V Taecharungroj

4. **ChatGPT-and-Artificial-Intelligence-in-higher-education-Quick⋯** - 2023年，作者：E Sabzalieva

5. **ChatGPT in the Public Sector – overhyped or overlooked?** - 2023年4月

请注意，这些报告的具体内容和质量可能会有所不同，建议您根据自己的需求进行选择和阅读。

ChatGPT 查找的 AI 领域行业报告

然后，我们会将这些报告用更通俗易懂的语言表述出来，让每一个成员都可以轻松理解。我们给出了一个标准的推荐语格式，ChatGPT 可以按照这个格式，逐一解读每一份报告。

我要组织一个ChatGPT职场办公训练营，请结合以上的行业报告，帮我设计报告分享语（附带文件链接）。

格式如："今天给大家分享一份关于ChatGPT行业报告⋯⋯报告由⋯⋯发布，主题是关于⋯⋯的探讨⋯⋯"，其他用语你可以再补充。

给出3条备选。

1. "今天给大家分享一份关于ChatGPT行业报告 *AI's next frontier: The rise of ChatGPT and its implications on society, industry, and scientific research*。报告由Leo Ramos等人发布，主题是关于ChatGPT的崛起及其对社会、行业和科学研究的影响。这份报告深入探讨了ChatGPT的潜力和挑战，对我们理解和应用这种新兴技术非常有帮助。**报告链接**"

2. "今天给大家分享一份关于ChatGPT行业报告 *A Review of ChatGPT AI's Impact on Several Business Sectors*。报告在2023年2月发布，主题是关于ChatGPT AI对多个商业领域的影响。这份报告详细分析了ChatGPT在各个行业的应用情况和影响，对我们理解ChatGPT在商业领域的实际应用有很大帮助。**报告链接**"

3. "今天给大家分享一份关于ChatGPT行业报告 *ChatGPT in the Public Sector-overhyped or overlooked?* 报告在2023年4月发布，主题是关于ChatGPT在公共部门的应用是否被过度炒作或被忽视。这份报告提供了对ChatGPT在公共部门应用的深入理解，对我们理解ChatGPT在公共服务领域的潜力和挑战非常有帮助。**报告链接**"

ChatGPT 设计的行业报告推荐语

从以上案例中可以清晰地看到 ChatGPT 在社群运营中的实际应用，它能够帮助我们给用户提供更精细化、定制化的交付服务。这些服务在特定的用户群体中尤其重要，因为它们有潜力满足定制化的需求。通过使用 ChatGPT，我们不仅能够提供更加有针对性的内容，而且能够更好地满足用户的期待，从而提高用户的满意度和黏性。

这意味着我们可以在社群运营中少一些套路，多一些干货，真正满足用户的需求，提供真正的价值。从长远的角度来看，这些例子只是冰山一角。在更大规模的业务中，我们可以结合自动化开发，甚至定制化的聊天机器人，提供更自动化、实时化的服务。可以预见，在未来的社群运营中，ChatGPT 将发挥越来越重要的作用，推动社群运营的服务质量和效率达到新的高度。

▶ 第 10 章

超级程序员：ChatGPT 如何帮助我们成为代码高手

一提到 ChatGPT，我们可能首先想到的是它在对话和写作方面的能力。但实际上，ChatGPT 不仅是个能聊天的机器人，还是一个超级程序员。

对于 ChatGPT 的编程能力，目前有很多不同的评价。有人认为它已经达到了高级程序员的水平，也有人认为它只能编写一些基础代码。对于这样的争议，我们可以从它的市场价值来看一看。

2023 年 2 月据 PCMag 报道，ChatGPT 拿到了谷歌公司一份 L3 级工程师的职位，对应的年薪达到了 18 万美元。谷歌内部文件显示，ChatGPT 在编程的面试中表现出色，对于一些技术性问题，如图、树、动态规划等，都能做出非常准确的回答。谷歌确定 ChatGPT 能够承担一个 L3 级工程师的职位，这充分体现了行业对 ChatGPT 的高度认可。这个事件可以从侧面反映 ChatGPT 在编程领域已经达到了非常专业的水平 [1]。

ChatGPT 为什么会有这么强的编程能力呢？其实，答案就隐藏在它的训练数据中。

在 ChatGPT 的训练过程中，大量的编程语言和程序代码被用作训练数据，包括开源代码库 GitHub，以及编程社区中收集的数百万计的代码文件。这些代码数据不仅涵盖了各种编程语言，如 Python、Java、JavaScript 等，也涵盖

[1] 值得注意的是，截至 2023 年 2 月，谷歌测试的 ChatGPT 版本为 GPT-3.5，而本书中所采用的 GPT-4 较 GPT-3.5 又有了大幅的进步。

了各种软件开发领域，如网页开发、数据分析、机器学习等。

正如科学家牛顿所说："我之所以能看得更远，是因为我站在巨人的肩上。"我们也可以把 ChatGPT 看作一个站在无数程序员肩膀上的巨人。它的编程能力，就是吸收了这些优秀程序员的智慧精华。

特别值得关注的是，ChatGPT 在编程训练中得到的逻辑能力，也提升了它在更复杂场景下的推理能力。比如，对我们输入内容的意图理解，或者在大型的写作任务中结构化地安排文章的章节内容。这样的综合推理能力，使得 ChatGPT 的能力远远超越了一个基础程序员的范畴——不仅能编写代码，还能像一位软件架构师或项目经理一样，将复杂的业务问题转化为编程问题，然后进一步去分解和实现。

10.1　ChatGPT 代码解释器：自带电脑的程序员

1. ChatGPT 代码解释器：编程能力触手可及

看了上面的介绍，你可能会想："我不是程序员，ChatGPT 给我写出了一串串代码，我怎么用呢？"对于这个担忧，我们完全可以理解。要想用好编程工具，不仅需要代码，还需要创建编程环境、调试代码、解决 Bug 等。如果缺乏编程基础，的确会遇到一系列的困难。

好消息是，2023 年 7 月，ChatGPT 推出了一项重磅功能，它就是编程小白的救星——代码解释器（Code Interpreter）。

代码解释器，听起来像是一种很冷门的技术。其实并不复杂，当 ChatGPT 生成 Python 代码后，代码解释器就可以在云端的计算机环境下执行代码，直接给出运行的结果。现在的 ChatGPT 就像一个自带电脑的程序员，不仅能写出代码，还能立刻执行，用得到的结果来回答问题。（注：目前只支持 Python 代码的执行。）

比如，我们让 ChatGPT 写一个计算 100 以内所有质数之和的程序。在以前，ChatGPT 会生成代码，但我们需要自己去执行，才能得到结果。现在，只需在代码解释器环境下提出这个问题，就可以得到结果。

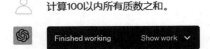

计算100以内所有质数之和。

Finished working   Show work ⌄

100以内所有质数之和为1060。

ChatGPT 解决的计算任务（调用代码解释器）

在启用代码解释器之后，ChatGPT 会直接告诉我们计算结果是 1060。

有了代码解释器，编程这个看似高深莫测的技术不再专属于程序员，而是可以服务于广大的"编程小白"，即使没有编程经验，也能用 ChatGPT 来解决一些复杂的问题。

在更多的工作场景下，我们需要对文件中的内容进行处理，比如数据分析、批量处理文件、文件格式转化等。针对这种场景，代码解释器还提供了文件上传和下载的功能。我们可以把需要处理的文件直接上传到 ChatGPT，通过对话让 ChatGPT 来分析处理；当文件处理完成后，ChatGPT 还可以提供一个文件下载链接，让我们获取处理后的结果。这特别适用于需要批量处理大量文件的情况。

目前代码解释器只支持 Python，那对于其他的编程语言，我们该怎么办呢？其实，不需要太担心。Python 已经是当今应用最广泛的编程语言之一，几乎能帮我们解决绝大多数问题。

2. ChatGPT：超级开发团队

刚刚介绍了 ChatGPT 作为编程解释器的强大能力，你可能会问：这些功能虽然看起来很酷，但 ChatGPT 真的能像真实的程序员一样开发实际的产品吗？针对这个疑问，我们来尝试一个更有挑战性的场景。

假设你是一个创业者，资源和资金都有限，但你需要开发一款电商 App。这是一个极具挑战性的任务，因为从前端开发、后端开发、界面设计，到整个项目的架构设计，你都要一手掌控。在大多数情况下，你可能需要招聘整个团队，包括前端工程师、后端工程师、界面设计师，甚至还要有一位出色的 CTO 来掌握整个项目的进程和架构。你可能会担心如何才能找到这样的团队，以及需要花费多少时间和资金才能组建这样的团队。

　　然而，现在你有了 ChatGPT。ChatGPT 就像一个全能的 IT 团队，可以帮你了解项目需求、设计 UI、编写前端和后端代码，甚至帮你规划整个项目的架构。在 ChatGPT 的帮助下，你不仅拥有了一个超级程序员，而且拥有了一个可以独立完成项目的 IT 团队。无论是编写代码、设计用户界面、管理项目还是设计架构，ChatGPT 都能游刃有余地处理。

　　首先，你可以让 ChatGPT 提供一个极简的基础方案。

 我想做一个电商App，你能帮我设计基本产品功能形态吗？先提供一个极简方案。

当然可以。以下是一个基本的极简电商App的功能设计方案：

1. **用户管理**
   - 用户注册/登录：允许用户通过手机号码、电子邮件或者社交媒体账户注册和登录。
   - 个人资料设置：允许用户编辑个人信息，如姓名、头像、送货地址等。
   - 密码找回：用户忘记密码时，可以通过手机号或者电子邮件找回。
2. **产品展示**
   - 产品列表：展示所有的产品，支持按照类别或者搜索进行筛选。
   - 产品详情：提供每个产品的详细信息，如图片、描述、价格、评论等。
3. **购物车**
   - 添加到购物车：允许用户把自己感兴趣的商品加入购物车。
   - 修改购物车：允许用户在购物车里增加或减少商品数量，或者删除商品。
4. **订单处理**
   - 下单：用户可以对购物车中的商品进行结算，生成订单。
   - 订单查看：用户可以查看历史订单的详情，包括商品信息、总价、订单状态等。
   - 订单追踪：用户可以查看订单的配送状态。
5. **支付**
   - 支付选项：支持多种支付方式，如信用卡、电子钱包、货到付款等。
   - 支付流程：进行支付，包括输入支付信息、确认支付、接收支付结果等。
6. **用户反馈**
   - 用户评价：允许用户对购买的商品进行评价。
   - 用户支持：为用户提供咨询和帮助，可以是FAQ，也可以是在线客服。

以上就是一个极简的电商App的功能设计。你可以根据自己的需求调整这个设计方案，添加更多的功能，或者改变某些功能的细节。

ChatGPT 提供的电商 App 基础设计方案

在这个项目开发中，将涉及前端、后端、数据库、网络等一系列复杂的技术，ChatGPT 真的能搞定吗？我们不妨问问它究竟会哪些专业技能。

 ChatGPT，你会哪些编程开发技能？

作为一个由OpenAI开发的人工智能，ChatGPT在编程和软件开发方面具有广泛的知识。这包括但不限于以下技能：

1. **编程语言知识**：ChatGPT对多种编程语言有深入的理解，包括Python、Java、C、C++、JavaScript、Go、Rust、Swift、PHP、Ruby、TypeScript等。
2. **算法和数据结构**：如排序和搜索算法、树和图、队列和堆栈、哈希表、链表、动态规划、递归等。
3. **计算机科学基础**：计算机网络、操作系统、计算机体系结构、数据库系统、软件工程等。
4. **Web开发**：前端（HTML、CSS、JavaScript、React、Vue等）和后端（Node.js、Django、Flask、Spring等）开发，以及数据库（如MySQL、MongoDB等）知识。
5. **系统设计**：包括分布式系统设计、微服务架构、系统性能优化等。
6. **机器学习和人工智能**：如神经网络、卷积神经网络、循环神经网络、深度学习、自然语言处理等。
7. **DevOps**：持续集成和持续部署（CI/CD），容器化技术如Docker、Kubernetes等。
8. **代码审查和调试**：ChatGPT能找出代码中的错误，并给出解决方案。

需要注意的是，虽然ChatGPT可以提供关于这些技能的知识和信息，但它并不能直接编写复杂的代码或创建完整的软件项目。此外，ChatGPT提供的编程帮助主要以指导性的形式存在，它不能替代专业的软件开发人员或工程师。

ChatGPT 掌握的编程开发技能

从 ChatGPT 的回答中可以看出，它几乎掌握了所有主流的编程开发技术。无论是 JavaScript、Python、C++，还是 React、Node.js 等前端技术，都是它的强项。无论你有什么需求，它都能提供专业的解决方案。

你可能还会担心，当面临一个项目级别的问题时，ChatGPT 是如何处理复杂任务的？其实，这正是 ChatGPT 的超级能力之一。当它接收到一个复杂任务的指令时，它能够准确理解项目的核心需求，将这个大任务转化为编程开发任务，并拆解成一个个子任务逐步实现。如果我们问它如何开发一个电商App，它能够写出清晰的开发路径，包括需求收集、产品设计、开发、集成与测试、部署与维护、市场推广的全部流程。

我需要开发一个电商App，帮我分解任务，设计一个整体的项目框架。

 一个电商应用的开发是一项复杂的工作，需要考虑各种因素，如用户界面、后端数据库、支付系统、产品管理等。以下是一个基本的任务分解和项目框架设计：

1. **需求收集与分析**
   - 理解项目目标和需求，这将包括了解你的目标市场、用户需求，以及你希望实现的特定功能。
   - 了解商业模式和盈利策略，以便设计与之相匹配的系统。
   - 制定项目计划，确定里程碑和交付日期。

2. **设计**
   - 建立初步的概念设计，确定应用程序的主要特性和功能。
   - 进行详细设计，包括前端界面设计、数据库设计、后端设计、安全策略等。
   - 定义API接口。

3. **开发**
   - 前端开发：实现用户界面，包括产品列表、产品详情、购物车、订单页等。
   - 后端开发：实现服务端逻辑，包括用户管理、商品管理、订单管理、支付接口等。
   - 数据库开发：建立和维护商品数据库、用户数据库、订单数据库等。

4. **集成与测试**
   - 进行各部分的集成，包括前端和后端的集成、支付系统的集成等。
   - 实施全面的系统测试，包括功能测试、性能测试、安全测试等。

5. **部署与维护**
   - 部署应用程序到生产环境。
   - 进行维护和更新，以保证应用程序的稳定性和用户体验。

6. **市场推广**
   - 确定你的目标客户群，制定营销策略。
   - 实施市场推广活动，如社交媒体营销、广告、促销活动等。

在执行这个框架的过程中，团队应使用敏捷开发方法，以保证能及时应对需求变更和问题。此外，也需要考虑使用版本控制工具如Git进行代码管理，使用CI/CD工具实现持续集成和部署，以及使用项目管理工具进行任务管理和进度跟踪。

ChatGPT 设计的电商 App 项目的整体框架

因此，当你拥有 ChatGPT 后，一个人扮演一个 IT 团队去开发产品将不再是梦想。ChatGPT 就是那个能够提供一站式解决方案的"超级开发团队"。

3. 如何把握"硅基程序员红利"

从上面的例子中可以看到，我们正在进入一个人人都能编程的时代。借助 ChatGPT，即使是编程小白，只要能够清晰地描述自己的需求，就能得到相关的代码，甚至直接拿到结果。我们称这种现象为**"硅基程序员红利"**，它让每个业务人员都有可能借助 ChatGPT 的编程能力，为自己的业务赋能。

借助 ChatGPT，每个企业都可以拥有能够了解公司业务的开发团队。这种能力对于工作人员、业务部门和企业的价值都是不同的，具体该如何把握这种红利呢？

1）对于工作人员

产品设计人员可以将他们对产品和业务的理解直接通过 ChatGPT 转化为代码，从而辅助产品的设计和开发。比如，在设计一个移动 App 来跟踪和管理用户健康活动时，产品设计人员可以直接向 ChatGPT 提出需求（比如，创建一个功能来记录用户的运动量和饮食数据），然后 ChatGPT 会给出相应的代码，从而将产品设计人员的想法转化为实际的产品。

场景	一个产品设计人员正在设计一个新的移动 App，该应用旨在帮助用户跟踪和管理他们的健康活动
业务需求	需要创建一个功能，可以根据用户输入的每日运动和饮食数据，计算并显示用户的每日热量消耗
ChatGPT 提问指令	我需要一个功能，可以计算和显示用户基于每日运动和饮食数据的热量消耗。这个功能如何通过编程实现
ChatGPT 提供支持	ChatGPT 会生成相应的代码，产品设计人员只需进行少量的调整，即可将其集成到应用中

2）对于业务部门

对于业务部门，每个业务领域都有其自己的业务逻辑，这些逻辑在数据层面可以抽象为特定的规则或算法。ChatGPT 可以帮助业务人员将他们的知识和经验转化为自动化、智能化的程序。例如，销售部门可以利用 ChatGPT 生成的代码来创建工具，使其自动分析销售数据并预测客户的采购需求。

场景	销售部门希望提高销售团队的工作效率
业务需求	需要一个工具，可以自动分析销售数据，预测哪些客户最有可能在下一个季度进行购买
ChatGPT 提问指令	我需要一个算法，可以根据过去的销售数据，预测客户在下一个季度的购买概率。我应该如何实现这个算法
ChatGPT 提供支持	ChatGPT 会生成适用于这个问题的机器学习代码，销售经理只需输入他的销售数据，就可以得到预测结果

3）对于企业

对于企业来说，都希望实现业务的数字化。但数字化对于大多数小企业来说意味着高昂的成本，因此难以实现业务定制的软件。然而，ChatGPT 的出现让我们看到了可能性——再小的公司都可能拥有自己专属的业务算法和软件系统。

场景角色	一个小型企业希望建立自己的在线商店
业务需求	需要一个网站，用户可以浏览企业的产品，添加产品到购物车，并进行购买
ChatGPT 提问指令	我需要一个网站，用户可以浏览我们的产品，添加产品到购物车，然后进行购买。这个网站如何通过编程实现
ChatGPT 提供支持	ChatGPT 会生成相应的网站框架代码，工作人员只需进行一些定制和优化，就可以快速地建立自己的在线商店

ChatGPT 的出现大大降低了面向业务的编程开发门槛，使得更多的一线业务人员和小微企业享受到"硅基程序员红利"。

下面的章节，我们将详细演示如何利用 ChatGPT 帮助我们逐步实现业务需求的开发。由于本章所涉及的技术点与案例数量较多，我做了以下整理，供读者参考：

• 在第 10.2 节中，我们将主要面向那些对编程完全陌生的读者，展示如何利用 ChatGPT 快速掌握编程的入门知识和技巧。我们将采用 Python 语言作为示例，这是因为 Python 在职场业务中应用广泛，学习难度较低

- 第 10.3 节将以 Python 语言为工具，演示其在办公场景中的实用案例。这一节可以帮助读者了解 Python 语言的实际应用
- 第 10.4 节将引导读者进入微信小程序的开发世界，技术上主要涉及 JavaScript 语言以及微信特有的 WXML 和 WXSS 语言
- 第 10.5 节将深入探讨如何利用 ChatGPT 进行更高级的编程操作，解决一些更复杂的实际问题

值得注意的是，在第 10.3 节至第 10.5 节中，我们将尽可能避免涉及编程的技术细节，而是直接向 ChatGPT 描述我们的要求，让它生成相应的代码，并直接展示实现的效果。

10.2　化繁为简：编程之旅，轻装启程

即使 ChatGPT 能够快速生成代码，我们仍然需要了解代码背后的逻辑，并根据业务需求进行定制化的修改。换言之，编程技能仍然是必要的。事实上，ChatGPT 也可以扮演编程教练的角色，辅助我们学习编程基础知识。

编程语言有很多种，但基本的学习方法是类似的。以应用最广泛的 Python 为例，我们可以通过与 ChatGPT 对话进行互动学习，ChatGPT 就像一个随时在旁的编程教练，为我们的学习提供实时的反馈和帮助。

1. ChatGPT 如何帮我们克服自学编程的三大困扰

我们来看看以往自学编程的三个困扰：学习内容缺乏针对性、学习过程缺乏实操指导、课程内容距离实际应用太远。

1）学习内容缺乏针对性

自学编程的第一个困扰是学习内容缺乏针对性。市面上的编程课程琳琅满目，但是大部分课程都是面向专业的程序员的。这些课程内容丰富，比如《100 节课教你学会 Python：从入门到精通》。然而，现实却是许多学员在还没完成这 100 节课的情况下就已经放弃了。

　　为什么会出现这种情况呢？主要是因为从职场的角度来看，我们只需要掌握与自己业务密切相关的较少且必要的知识，而非完整地学习一套庞大的知识体系。

　　例如，对一位电商运营人员来说，他可能希望通过学习 Python 来提升数据统计分析的能力。然而，像网络编程、函数式编程或复杂数据结构等这些高阶的知识，其实他并不需要掌握。这种场景下，ChatGPT 就能够发挥它的优势，根据个人的需求来制订个性化的学习计划。假设你是一位电商运营人员，你要求 ChatGPT 帮你制作一份有针对性的学习计划。

 我是一位电商运营人员，我想学习Python进行数据统计分析，请问我应该学习哪些内容？我只有周六、周日两天的时间可以集中学习，不需要掌握Python的高阶用法，请给我一份极简的学习计划。

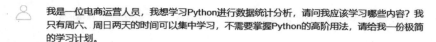 了解你的需求，下面是一个针对电商运营人员使用Python进行数据统计分析的基础学习计划。这个计划假定你每周有两天（周六和周日）时间可以用来集中学习，且暂时不需要掌握Python的高阶用法。

第一周末：Python基础
周六：
- Python环境安装。
- Python基础语法：变量、运算符、数据类型（如字符串、列表、元组、字典、集合）。

周日：
- 控制结构：条件语句（if）、循环语句（for、while）。
- 简单的函数定义与调用。

第二周末：Python数据处理
周六：
- Python数据结构：列表、字典、集合、元组。
- Python中的文件操作：文件读写。

周日：
- 数据清洗和处理：介绍Pandas库。
- 使用Pandas进行数据读取、清洗和基础处理。

第三周末：进阶数据处理
周六：
- 数据处理：数据聚合和分组操作。
- Pandas的高级用法：数据合并、分组、透视表等。

周日：
- 引入Numpy库，了解数组和矩阵运算。

第四周末：数据可视化
周六：
- 数据可视化基础：Matplotlib库的使用。

- 创建基础图表：条形图、折线图、散点图等。

周日：

- 数据可视化进阶：Seaborn库的使用。
- 高级图表：箱线图、热力图、复杂的多图表等。

建议每天学习结束后，都找一些实际的电商数据进行实践和练习，这对于理解和巩固学习内容非常重要。另外，需要注意的是，Python的学习是一个持续的过程，本计划只是一个开始，之后需要不断的实践和深入学习。

ChatGPT 设计的编程学习计划

针对我们的要求，ChatGPT 将整个学习过程安排在四个周末，而且每一天都给出了要学习的具体内容。这样的学习计划与通用的 Python 课程的安排是完全不同的。例如，当我们在第一个周末掌握了基础知识之后，ChatGPT 会直接安排我们学习 Python 的数据处理和进阶的数据分析，而跳过了许多与我们的工作无关的部分。这样一来，学习效率将大大提高。

对职场人士来说，以结果为导向，根据职业发展目标来制订学习计划，是一个更有效的策略。具体来说，可以将我们期望的岗位职责要求直接发送给 ChatGPT，让它根据这些要求制订一个学习计划。例如，当我们在招聘网站上看到一个关于电商数据分析师的职位描述时，可以将其中的任职要求和工作职责直接告诉 ChatGPT，并请它根据这些描述制订一个学习计划，帮助我们准备应聘这个岗位。

跨境电商数据分析师
任职要求：
1. 数学、金融或统计、计算机相关专业；良好的英文读写能力；
2. 优秀的建模能力；
3. 对电商营销逻辑有基本的了解；深刻的数字洞察能力；
4. 出色的沟通、协作及快速学习能力，责任心及主动性强；
5. 对建立数据指标体系，搭建数据分析看板有深入了解；
6. 对各种数据挖掘工具有一定的认知，能使用Python编程语言完成图表制作、数据特征探索洞察，建模及调优等工作。
工作职责：
1. 支持项目交付，负责分析挖掘类项目的需求调研、数据分析、业务分析及数据建模等工作；
2. 根据业务需求，对数据进行探索，设计、建立、测试相关的数据模型，实现从数据中提取决策价值，撰写专题分析报告，并跟踪分析客户业务数据，为客户提供决策支持；
3. 完成需求分析、样本抽样、模型构建、指标定义以及相关文档编写。
根据招聘要求，帮我制订一份Python学习计划，帮助我准备这个岗位的应聘工作。

这是一个为此类工作岗位准备的Python学习计划：

第一阶段：Python基础 （约1~2周）

* Python的基本语法：变量、数据类型、条件语句、循环、函数等。
* 数据结构：列表、元组、字典和集合。

第二阶段：Python中级知识 （约2~3周）

* 面向对象编程：类和对象、继承和多态、封装。
* 模块和包：导入和使用模块，理解包的概念和结构。
* 错误和异常处理：理解Python的错误类型，掌握try-except的使用。

第三阶段：Python数据处理 （约3~4周）

* NumPy：理解数组对象和数组的运算，掌握NumPy的常用功能。
* Pandas：理解Series和DataFrame，掌握数据的导入导出，数据的清洗和处理。
* Matplotlib和Seaborn：数据的可视化，创建各种图形。

第四阶段：Python数据分析 （约4~6周）

* 掌握Python在数据分析中的应用：如何使用Python进行统计分析、建模分析。
* 学习使用Scikit-learn库：进行数据预处理、数据分割、模型训练、模型评估等工作。
* 数据挖掘：掌握数据挖掘的基本流程，熟练使用Python进行数据挖掘。

第五阶段：深入学习和实践 （约2~4周）

* 学习更多的Python库，如SciPy，用于高级科学计算。
* 研究机器学习算法，如决策树、SVM、KNN等，并尝试用Python来实现。
* 通过参加数据科学竞赛或完成相关项目，提高Python编程和数据分析能力。

总的来说，这个学习计划可能需要你花费约3~4个月的时间。需要注意的是，学习计划的进度应该根据你的学习能力和已有经验进行调整，重要的是理解和掌握知识，而不仅仅是完成学习计划。同时，建议你在学习的过程中不断进行实践，这是提高编程技能的最好方式。

ChatGPT 针对招聘要求设计的学习计划（仅展示部分截图）

当有这样的请求后，我们就可以看到 ChatGPT 的回答。针对招聘要求中提到的各项要求，比如数据特征探索、洞察建模和调优等方面，ChatGPT 在学习计划中专门设计了一些高级的数据挖掘和机器学习相关的技能。这就充分发挥了 ChatGPT 在个性化学习路径规划上的优势，使我们能更有针对性地提升自己，以期能够更好地满足未来工作的要求。

2）学习过程缺乏实操指导

自学编程的第二个困扰是学习过程缺乏实操指导。通常，在学习过程中，我们都能顺利地跟上教程进度。然而，一旦开始实际操作，就会遇到各种各样的问题，比如编程环境的配置、代码的格式，以及如何解决遇到的 Bug，等等。这些问题往往需要一对一的帮助才能解决。而这些琐碎的技术问题，常常让很多初学者在尝试过基础的 Demo 之后，无法深入学习。

在这种情况下，ChatGPT 可以成为一个随时待命的私人教练，一步一步帮助我们解决问题，无论问题多么琐碎，它都能提供完整的答案。比如，对初学者来说，学习 Python 的第一步就是安装相关的编程环境。对于没有基础的用户来说，这个步骤可能会比较困难。但是，可以让 ChatGPT 一步一步指导我们。

 我是初学者，没有编程基础，应该如何在电脑上安装Python编程环境呢？

 如果你是初学者并且想要在电脑上安装Python编程环境，我建议你可以尝试Anaconda，这是一个包含Python、Jupyter Notebook（一个流行的交互式编程环境）以及许多科学计算库的开源平台。以下是安装步骤：

1. **下载Anaconda**
   首先，访问Anaconda的官方网站下载页
   （**https://www.anaconda.com/products/distribution**）并下载与你的操作系统相应的 **Anaconda版本。在页面中，你会看到Windows、Mac和Linux的版本，选择适合你的操作 系统的版本进行下载。**

2. **安装Anaconda**
   下载完成后，打开安装文件并按照提示进行安装。在安装过程中，会有一个选项询问是否将Anaconda的Python添加到你的PATH环境变量中，一般来说，我们建议勾选这个选项。如果你不想勾选，那么在使用Python时就需要使用Anaconda的命令行工具Anaconda Prompt。

3. **验证安装**
   安装完成后，你可以打开命令行（在Windows中是CMD或PowerShell，在Mac和Linux中是终端）并输入以下命令来验证Python是否安装成功：

   bash   📋 Copy code

   ```bash
   python --version
   ```

   如果Python已经成功安装，这个命令将会显示你安装的Python版本。

4. **启动Jupyter Notebook**
   Anaconda安装完成后，你可以在命令行中输入以下命令来启动Jupyter Notebook：

   bash   📋 Copy code

   ```bash
   jupyter notebook
   ```

ChatGPT 指导安装 Python 环境

ChatGPT 会为我们提供一份非常完整的指南。在这个过程中，如果有些步骤我们不明白，可以详细提问，让 ChatGPT 进行解释。

安装完成后，你可以打开命令行（在Windows中是CMD或PowerShell，在Mac和Linux中是终端）并输入以下命令来验证Python是否安装成功。

我使用window电脑，这个步骤没看懂，你可以再讲讲吗？

当然，我可以更详细地解释一下如何在Windows电脑上验证Python是否已经成功安装。

在Windows电脑上，你可以通过以下步骤来打开命令行（CMD）：

1. 按下键盘上的 "Windows" 键和 "R" 键，这会打开一个"运行"的对话框。
2. 在"运行"的对话框中，输入 "cmd"，然后按下回车键。这将会打开命令行窗口。

一旦你打开了命令行窗口，就可以在里面输入命令了。在这个窗口中，输入以下命令：

bash   □ Copy code

```bash
python --version
```

然后按下回车键。这个命令的作用是让Python显示其版本号。

如果Python已经成功安装，那么你将会看到一行显示Python版本的信息，比如 "Python 3.8.5"，这个数字就是你安装的Python版本号。如果看到这个信息，那就说明Python已经成功安装了。

ChatGPT 解释 Windows 环境下 Python 安装细节

这样的一对一指导可以帮助我们解决学习过程中的大部分技术问题，让我们在学习的道路上走得更稳更远。

3）课程内容距离实际应用太远

自学编程的第三个困扰是课程内容距离实际应用太远。你是否有过这样的体验：紧跟着课程学习，跑通了课程内的示例代码。然而，当你要将这些知识运用到实际业务场景时，却发现自己无所适从。在理论与实践之间，似乎有一座无法逾越的大山。

为什么会这样呢？在真实的 IT 开发中，我们往往会在现有的项目模板或参考项目的基础上进行迭代开发。专业的程序员并不是从零开始的，而是站在巨人的肩膀上，通过调整和定制现有的代码，使其适应新的开发需求。

然而，对非专业的编程人员来说，找到符合自己业务场景的项目并不是易事。

越是细分的领域，可供参考的项目就越少。这种挑战性使得业务人员难以将学到的编程知识应用于实际问题的解决。

此时，ChatGPT 就是我们的救星。我们只需描述项目需求，**ChatGPT 就可以快速生成模板代码，提供一个立即启动的基础，不用从零开始编写代码。** 有了它，我们可以直接进入最关键的开发环节，而无须从头开始写最基础的代码。就好像在做一道精致的菜肴，ChatGPT 已经准备好了食材，我们只需专心调制美味，而无须在琐碎的准备工作上消耗精力。

假设我们需要进行一个电商数据分析任务，可以向 ChatGPT 提出需求，让它提供一个基础的模板代码。

 我需要为我的电商数据分析编写一个Python程序，但我不知道如何下手，你能提供一个简单的模板代码吗？

当然，我可以提供一个简单的Python代码模板，用于读取和分析电商数据。以下是使用Pandas库进行基础电商数据分析的一种可能的方式。

请注意，此代码只是一个简单的模板，您的实际数据可能需要不同的处理方式。

```python
# 导入所需的库
import pandas as pd

# 读取数据文件，这里假设你的数据文件是CSV格式，并命名为"data.csv"
# 请根据你的实际情况修改文件路径和文件名
df = pd.read_csv('data.csv')

# 显示前5行数据，以便你了解数据的大致情况
print(df.head())

# 数据基本信息，包括各列的数据类型、非空值数量等
print(df.info())

# 描述性统计，如均值、标准差、最小值、最大值等
print(df.describe())

# 假设你有一列是"sales"，表示销售额，你可以按照这一列进行排序
sorted_df = df.sort_values(by='sales', ascending=False)

# 显示销售额最高的前10行数据
print(sorted_df.head(10))
```

ChatGPT 提供的项目代码模板

根据我们的要求，ChatGPT 迅速给出了一段适用的代码，这段代码基于一个名为"data.csv"的数据文件。这是一个好的开端，然而，问题来了——我们还没有这样一个数据文件可以用来分析。

要解决这个问题，我们可以继续向 ChatGPT 提出要求，让它根据我们的任务定义生成一些虚拟的数据。当我们提出这个要求后，ChatGPT 调用了代码解释器的插件，生成了一个虚拟的电商运营数据表，并给出了数据的下载链接。

根据上面的代码，帮我设计生成一个data.csv数据表，并提供下载链接。

看起来我的代码执行环境遇到了一个问题，导致状态被重置。我会再试一次生成数据并保存为CSV文件。这是一个罕见的情况，我为此带来的不便深感抱歉。让我再试一次。

对不起，我在再次执行代码时忘记了一些必要的步骤。这次我将确保所有需要的库都被正确地导入，并再次创建数据。让我们再试一次。

Finished working　Show work ⌄

我已经成功创建了一个包含"product_id"、"product_name"、"sales"和"date"四列的电商数据表，并将其保存为CSV文件。下面是该数据表的前五行：

product_id	product_name	sales	date
1	Product_1	11	2023-01-01
2	Product_2	85	2023-01-02
3	Product_3	7	2023-01-03
4	Product_4	70	2023-01-04
5	Product_5	10	2023-01-05

您可以点击以下链接来下载这个CSV文件：

data.csv

ChatGPT 生成的虚拟数据集与下载链接

我们可以基于这个演示项目，开始探索数据分析和业务结合的奥秘，而不再从零开始摸索。有了 ChatGPT，我们能够迅速地对自己的项目需求进行原型设计和开发，从而节省宝贵的时间和精力。无论我们是专业的开发者，还是非专业的编程学习者，ChatGPT 都能够帮助我们以更高效、更专业的方式解决问题。

2. 让 ChatGPT 扮演编程学习教练

要掌握 Python 编程的秘诀，我们首先得了解 Python 的基本语法——Python 代码的基石。让 ChatGPT 来拟制一个具体的学习计划，带领我们快速掌握 Python 的基础语法。要想高效学习编程相关的知识，我们需要将整个过程划分为三个主要阶段：

（1）了解基础。需要了解编程的基本概念和原理。这个阶段的关键问题是：这些基本知识是什么？请解释这些概念和原理。

（2）学习应用。需要从已了解的概念出发，做一些练习题，从实际的例子中了解这些语法的运用。这个阶段的关键问题是：如何使用这些知识？请给出具体的示例。

（3）成果验证。在这个阶段，需要通过一些定向的练习题来确认我们对知识的掌握程度，并在练习的过程中加深对知识的理解。这个阶段的关键问题是：我想验证学习的成果，能否给我几个测试题目，然后针对这些测试题目给出一些解答？

1）了解基础

按照之前的学习计划，让 ChatGPT 介绍 Python 的最基础语法。我们要求它详细解释这些知识的内涵以及概念和基本原理。

根据我们的要求，ChatGPT 迅速解释了两个基础概念：变量和数据类型。比如，我们想知道什么是列表（List），就可以让 ChatGPT 给出一个通俗易懂的解释。

为了帮助我们理解，ChatGPT 采用了生动的拟人化方式，它说："你可以把列表想象成一个列车，其中每一个元素就是列车上装载的货物。"这种形式对于初学者是非常友好的。

2）学习应用

接下来，来到了学习应用阶段。在这个阶段，我们要求 ChatGPT 针对具体知识点提供示例，帮助我们进一步学习。比如，我们希望它能介绍一下如何使用 List 数据，并给出示例。

根据它给出的示例，我们可以直接复制代码，或者在自己电脑上的 Python
环境中重新键入进行练习。在这个阶段，经常遇到的问题是，示例的代码无法
在自己的电脑上运行。但这并不意外，比如在运行第三段代码时，发现程序报
错了。虽然系统给出了一些提示，但对初学者来说，可能还是无法理解这些提
示的真正含义。这时候，我们可以直接将出错的代码和错误信息一起复制给
ChatGPT。在这个过程中，并不需要特意提出什么要求，ChatGPT 就能识别
我们遇到的代码错误，并给出修改的建议。

看到我们的输入后，ChatGPT 会指出代码中出现的问题，比如缺少一个
结尾的括号，并且会提供修正后的代码。按照它的指导，重新在自己的电脑上
运行修正后的代码，我们就可以正常得到结果了。

这种一对一"定制化"的指导方式，能够帮助初学者快速克服在基础学习
中遇到的问题，是学习过程中不可或缺的助力。

3）成果验证

现在，来到了第三个阶段。在完成上述练习之后，我们可以请求 ChatGPT
提供一些测试题进行练习。

我已经完成了List相关代码的练习。
我想验证学习成果，请给我几个测试题目。

非常好，我很高兴你已经完成了列表的学习。下面我将给你一些练习题来帮助你检验你的理
解和技能。

1. **创建和打印列表**：创建一个包含五个你最喜欢的颜色的字符串的列表，然后打印这个列
   表。
2. **访问列表元素**：创建一个包含至少五个元素的列表（元素可以是任何类型），然后打印列
   表的第一个和最后一个元素。
3. **修改列表元素**：创建一个包含五个元素的列表，然后更改它的第二个和最后一个元素，并
   打印出新的列表。
4. **添加和删除元素**：创建一个空列表，然后使用"**append()**"方法向列表添加三个元素，然后
   删除其中的一个元素，最后打印出列表。
5. **列表切片**：创建一个包含至少五个元素的列表，然后使用切片获取并打印列表的中间三个
   元素。
6. **列表的长度**：创建一个列表，然后编写一个"**print()**"语句来打印列表的长度。

在完成这些练习题后，你将更加熟悉如何在Python中使用列表。如果你在任何问题上遇到困
难，都可以向我寻求帮助。

ChatGPT 生成的 Python 测试题

比如，在做第四个题目时发现自己不太擅长，就可以请求 ChatGPT 帮我们解答，然后我们再进行深入学习。

除了可以系统化地学习，在学习其他材料的时候，我们也可以请求 ChatGPT 给予指导。比如，遇到一段看不懂的代码，我们可以让 ChatGPT 逐行注释和解释。

我们在没有给出任何背景说明的情况下提供一段代码，ChatGPT 不仅能清晰地识别代码的含义，还能针对 Python 语言提供详细的解释。

在这一节中，主要介绍了如何在系统化学习编程知识的过程中利用 ChatGPT 给予我们的帮助。但实际上，更多的工作场景中，我们常常是基于项目的逆向学习。下一节，我们将直接进入实践环节，通过具体描述需求，让 ChatGPT 帮助我们完成相应的编程开发任务。

10.3 Python 闯关：职场的这三类运用，你学会了吗

Python 在职业环境中使用频率极高，尤其是在 IT 开发之外的领域。它有两个核心的优势：

（1）Python 代码极其简洁、直观，易于理解。这使得 Python 成为初学者的首选语言。即使你是编程新手，也能够迅速上手，轻松掌握。

（2）Python 背后庞大而丰富的开源生态系统。Python 有各行各业丰富的第三方库，比如用于数据处理的 NumPy 和 Pandas，用于图像可视化的 Matplotlib，以及用于网页处理的 Requests，等等。这些库使得 Python 在各个领域的应用能力得以极大扩展。只用很简洁的代码，就能解决很复杂的问题。

常用的 Python 第三方库与基本功能

库名	主要功能	应用场景
Pandas	提供数据结构和数据分析工具	数据处理和分析
NumPy	处理数值计算	数学计算和数据分析

续表

库名	主要功能	应用场景
Openpyxl	处理 Excel 文件	数据处理和分析
Matplotlib	数据可视化	数据可视化
Seaborn	数据可视化	数据可视化
Scikit-learn	机器学习算法和工具	数据分析，机器学习
SQLAlchemy	SQL 工具包和对象关系映射器	数据库操作
Requests	发送 HTTP 请求	网络编程，API 接口调用
BeautifulSoup	网页抓取	网络编程，数据采集
Flask	创建网站或 Web 应用	Web 开发
Django	创建网站或 Web 应用	Web 开发
Pytest	全功能的 Python 测试工具	软件测试

对非 IT 开发领域的业务人员来说，Python 的价值并非在深度的专业开发，而是充分利用 Python 强大的第三方库，通过简洁的代码解决实际问题，把编程能力变为实现业务目标的杠杆，达到四两拨千斤的效果。

在这一节中，我们将探讨 Python 在职业办公环境中的三类重要应用：

（1）批量任务处理。有许多重复性的工作，如文件合并、格式转化等，我们可以通过 Python 来批量处理，能够大大提升工作效率。

（2）数据处理与科学计算。Python 拥有强大的数据处理和计算能力，广泛应用于数据分析、机器学习等数据相关的任务。其中，数据处理作为专题在后续章节中会有详细介绍。

（3）利用 Python 第三方库进行细分领域的开发。例如，网络编程、Web 开发，等等。

1. 批量处理任务

假设公司有一项业务，是为大量的企业客户生成评估报告，并向每位企业的邮箱发送报告邮件。这个过程涵盖了读取和处理信息、生成报告，以及发送邮件，这是一项烦琐而且耗时的任务。如果完全由人工来操作，不仅效率低，而且容易出错。

这个时候，Python 就可以派上大用场。我们可以把这个过程拆解为两个步骤：第一步，根据企业的信息，使用 Python 批量生成评估报告文档；第二步，批量发送邮件。

假设与项目相关的数据为 company_grades.csv[①]，格式如下：

企业名称，邮箱地址，评估等级

公司 A，companyA@example.com，A 级

公司 B，companyB@example.com，B 级

1）批量生成评估报告文档

要使用 Python 来生成评估报告，我们需要明确地定义目标和细节：根据表格中企业的信息和评估等级，创建评估报告，并将这些报告保存在以企业名称命名的文件夹中。我们可以将任务交给 ChatGPT，让它生成实现这一目标的 Python 代码。

> 我需要一个Python脚本，能够读取一个包含企业名称和评估等级的csv文件，并根据一个给定的评估报告模板，为每个企业创建一个PDF格式的评估报告。这些报告需要保存在以企业名称命名的文件夹中。

> 这是一个具有挑战性的问题，需要将多个Python库集成在一起，包括 CSV 库来读取csv文件，OS库来处理文件和目录，以及 **Reportlab** 库来生成PDF文件。以下是一个简单的Python脚本，可以根据提供的企业信息和评估等级生成PDF格式的报告。

```python
import csv
import os
from reportlab.pdfgen import canvas

def create_directory(directory):
    try:
        if not os.path.exists(directory):
            os.makedirs(directory)
```

---

① CSV（Comma-Separated Values）是一种常用的数据格式，每个字段之间用逗号进行分隔。CSV 格式简单易用，适用于大多数数据处理任务，并且可以被多种软件和编程语言广泛支持和读取。

```
        except OSError:
            print(f'Error: Creating directory. {directory}')

def create_pdf(company, grade, directory):
    c = canvas.Canvas(f"{directory}/{company}.pdf")
    c.drawString(100, 750, f"Company: {company}")
    c.drawString(100, 725, f"Grade: {grade}")
    c.save()

def read_csv(file):
    with open(file, 'r') as csvfile:
        reader = csv.DictReader(csvfile)
        for row in reader:
            directory = row['企业名称']
            create_directory(directory)
            create_pdf(row['企业名称'], row['评估等级'], directory)

read_csv("company_grades.csv")
```

这个脚本首先定义了两个函数：**create_directory** 和 **create_pdf**，分别用于创建对应的企业目录和在其中生成PDF报告。然后，**read_csv** 函数被用来读取csv文件，并为每一行（每个企业）调用这两个函数。

用 Python 批量生成的评估报告文档

代码的处理流程非常清晰：首先，读取表格文件中的信息；然后，创建与企业名称相对应的目录；最后，生成 PDF 文件并保存在相应的目录中。这样，我们就得到了我们需要的结果[1]：包含企业名称和评估等级的 PDF 文件。

在这个过程中，Python 调用了一个专门用于生成 PDF 文件的库，名叫 reportlab。我们不用从头开始研究如何创建 PDF 文件，借助第三方的工具就能直接实现。

2）批量发送邮件

接下来，是批量发送邮件的步骤。我们期望 Python 程序能读取表格中的企业名称和邮箱地址，找到相应的 PDF 报告，并将其发送到对应的邮箱。这不是一个简单的批量邮件发送任务，而是一个需要完全定制化操作的任务，因为我们需要对每个企业指定的邮箱发送对应的文件。

---

[1] 示例代码的执行依赖于本地电脑的具体文件路径设置，因此实际的运行效果可能会因文件路径的不同而有所不同，故作者没有提供执行效果的演示。

我需要一个Python脚本，能够读取一个包含企业名称和邮箱地址的csv文件，并为每个企业发送一封包含其名称及其对应的评估报告附件的邮件。

要实现这个任务，可以使用Python的**Smtplib**和**Email**库来发送邮件，以及CSV库来读取csv文件。以下是一个基本的Python脚本，可以读取企业信息并发送带有评估报告附件的邮件。

```python
python                                                    📋 Copy code

import smtplib
import csv
from email.mime.multipart import MIMEMultipart
from email.mime.text import MIMEText
from email.mime.base import MIMEBase
from email import encoders


# SMTP Server Configuration
smtp_server = "smtp.example.com"
smtp_port = 587
smtp_username = "username@example.com"
smtp_password = "password"
```

用 Python 批量发送企业邮件

根据我们的要求，ChatGPT 提供了完整的 Python 代码。这个代码实现了一些关键步骤，包括创建邮件、添加报告附件、设置邮件正文以及发送邮件。

将第一步和第二步的操作结合起来，我们就完成了一个自动化的业务流程：自动生成报告，并对每个企业定向发送报告。这种自动化处理不仅节省了大量的人力，同时也极大地提高了业务处理的准确性和效率。

2. 数据处理与科学计算

Python 在数据处理上的应用十分广泛，这是一个话题丰富的领域。我们将在下一章进行深入讨论。而在这一节，我们将重点展示 Python 在科学计算领域的价值。

在科学和工程领域，Python 已经成为一门重要的编程语言。这是因为 Python 拥有众多专门用于数据处理和科学计算的第三方库。例如，NumPy 提供了强大的数据计算能力，而 Matplotlib 则提供了专业级的可视化数据。有了这些工具，我们就能轻松解决许多与科学计算相关的问题。

来看一个具体的例子：在超声产品领域，无论是科学研究还是产品设计，都需要生成并处理超声波的波形。于是，我们尝试用 Python 来创建一个超声波形的模拟器。

设计超声波形模拟器代码，根据我输入的频率，显示相应的波形图形。

好的，这是一项有趣的任务。我们可以使用Python的Matplotlib库来创建图形，Numpy库来生成超声波波形。

以下是一个基础的Python函数，该函数根据指定的频率生成正弦波，并使用Matplotlib创建波形图。这个函数的输入是频率（以赫兹为单位）和持续时间（以秒为单位）。

```python
import numpy as np
import matplotlib.pyplot as plt

def plot_wave(frequency, duration):
    sample_rate = 10000
    t = np.linspace(0., duration, int(sample_rate * duration), endpoint=Fals
    y = 0.5 * np.sin(2 * np.pi * frequency * t)
    plt.plot(t, y)
    plt.xlabel("Time [s]")
    plt.ylabel("Amplitude")
    plt.title("Ultrasonic Wave with Frequency of {} Hz".format(frequency))
    plt.grid(True)
    plt.show()
```

用 Python 创建超声波形模拟器

通过 ChatGPT 的代码解释器，输入目标频率，便可生成相应的波形图，并直接展示出来。首先，让它绘制一个 10Hz 的波形图。

绘制一个10Hz的波形图。

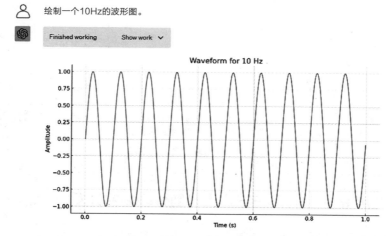

这里，由于时间轴的长度是1s，频率是10Hz，因此它有10个完整的周期。

用 Python 绘制的简单的波形图

结果令人满意，ChatGPT 不仅绘制出了波形图，还给出了图像的解释。这是一个直观的教学示例，我们可以通过图像直观地了解频率的概念。

接下来，让它执行一个更复杂的任务：在 10Hz 正弦波的基础上，再绘制一个 5Hz 的方波，并在两个子图中展示。就像我们期望的那样，ChatGPT 迅速地完成了这个任务，绘制出了含有两个波形图的图像。

除了在 ChatGPT 窗口中的显示，我们也可以将代码复制到编程环境下调试、运行。我们只需点击代码解释器的"∨"，就能看到后台运行的代码。

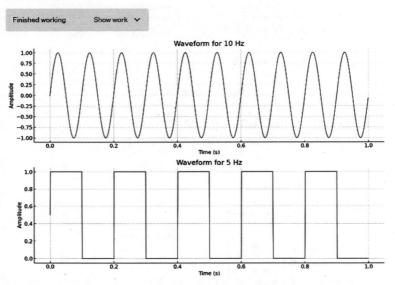

在10Hz正弦波的基础上再绘制一个5Hz的方波，并显示在两个子图中。

很好，我将首先生成一个10Hz的正弦波，然后生成一个5Hz的方波，最后我将在两个子图中显示这两个波形。

这里是10Hz的正弦波和5Hz的方波。它们被显示在两个不同的子图中。您可以看到，正弦波有一个平滑的波形，而方波有一个锯齿状的波形。

用 Python 绘制的多个波形图

3. 利用 Python 第三方库进行细分领域的开发

Python 拥有海量的第三方库，覆盖了各式各样的细分领域。这里，你可以找到任何你想要的工具，无论你是游戏开发者，还是用户界面设计师。比如，游戏开发者可能会对 Pygame 感兴趣，这是一个专为游戏开发设计的 Python 库。而对于想要设计优秀用户界面的人，Tinker 和 PyQt 都是不错的选择。这些库能快速地创建用户界面，无须从零开始。

　　下面，我们以五子棋游戏的开发为例，看看如何借助 Pygame 库快速创建一个游戏。五子棋，看似是一款简单的游戏，但其中有诸多的逻辑设定：棋盘格局的设置、黑白子的设定、落子规则如何定义、如何展示落子过程，甚至还包括胜负判断的规则，等等，这些都需要我们仔细考虑设计。

　　这其实并不是一个简单的工作，但是对 ChatGPT 来说，我们只需给出一个最基础的描述，它就能够创建这样一个游戏的雏形。

 我需要一个Python脚本，使用Pygame库，创建一个五子棋游戏，棋盘背景应为浅灰色。

 这是一个使用Pygame库创建五子棋游戏的基础代码，该代码能够绘制一个棋盘，并响应鼠标点击事件，用黑色和白色交替表示落子。需要注意的是，这个代码不包含游戏输赢判断逻辑，如果需要完成一个完整的五子棋游戏，你可能还要增加判断输赢的代码。

```python
import pygame
import sys

# Pygame初始化
pygame.init()

# 设定一些常量
WIDTH, HEIGHT = 800, 800  # 窗口大小
ROWS, COLS = 15, 15  # 15*15棋盘
SQUARE_SIZE = WIDTH//COLS

# 设定颜色
GREY = (200, 200, 200)
BLACK = (0, 0, 0)
WHITE = (255, 255, 255)

# 创建窗口
WIN = pygame.display.set_mode((WIDTH, HEIGHT))

# 棋盘状态
board = [[0]*COLS for _ in range(ROWS)]  # 0表示空，1表示黑子，2表示白子
player = 1  # 当前玩家，1表示黑子，2表示白子
```

用 Python 生成的极简的五子棋游戏代码（仅展示部分截图）

根据我们的要求，ChatGPT 设计出了一个基础版五子棋游戏的代码。我们运行这些代码，就可以看到一个简洁的五子棋游戏界面。

这个界面是一个 15x15 的灰色棋盘，我们只需简单点击鼠标，就可以看到黑子和白子的落子，游戏规则完全符合我们熟悉的五子棋规则。

可以看出，ChatGPT 的能力远不止于编写代码，更在于能够理解我们对任务的描述，结合领域知识给出解决方案，并用代码来实现它。在五子棋游戏开发的示例中，我们并没有具体定义五子棋的规则、棋盘形式、黑白子落子的顺序，然而这些作为模型中的隐含信息，已经在 ChatGPT 给出的代码中体现出来。这样，我们可以跳过最基础的工作，直接研究和设计一些更有趣、更有价值的功能。

ChatGPT 与 Python 编程的结合，给我们"解锁"了无限的可能性。如同打印机与 Word 办公软件的结合，让我们在不需要研究排版印刷底层技术的情况下，也能轻松完成文档的处理。ChatGPT 的编程能力，允许我们在不精通编程语言的前提下，快速生成实现需求的代码和功能，从而显著提升我们的工作效率。

在这个 AI 充分赋能的时代，**实现业务目标并不仅仅依赖于深入掌握技术细节，更在于能否精确描述需求，并借助类似 ChatGPT 这样的 AI 工具，将需求转化为实际的产出**。在五子棋游戏的项目代码中，我们可能无法完全理解每一行代码，甚至逻辑的设定，但这几乎不会阻碍我们实现小游戏的开发。

以终为始、以结果为导向的原则，在 ChatGPT 时代会显得更加重要。

10.4 玩转小程序：用 ChatGPT 辅助开发微信小程序

小程序，如其名，是一种能够在微信环境中直接运行的轻量级应用程序，已经成为我们生活中不可或缺的一部分。据阿拉丁研究院统计，截至 2021 年，全网的小程序数量已经超过了 700 万个，日活用户超过了 4 亿人。这个庞大的生态为商家和开发者提供了极其广阔的空间。

微信小程序的优势非常明显，它无须下载和安装，用户只需要在微信中搜索或扫描二维码就可以直接使用。对中小企业来说，这提供了一种非常便捷的方式，可以轻松地获取用户或提供服务。

然而，开发微信小程序的难度比 Python 编程和简单的网页开发要大。这是因为微信小程序既涉及前端用户界面和功能的设计，也需要后端的编程支持。这意味着我们需要具备一些基础知识，并能清晰地描述开发需求。如何清晰地定义一个小程序的开发需求呢？依然可以通过 ChatGPT 来实现。

下面，我们通过一个简单的案例——开发一个四则运算器小程序来展示这一过程。

1. 微信小程序开发的基础知识

在开发微信小程序之前，首先需要了解一些基础知识。我们可以让 ChatGPT 给出一个简要的介绍。

 能简单介绍一下微信小程序开发的基本知识吗？

 当然可以。微信小程序是一种不需要下载安装即可使用的应用，它不仅实现了应用"触手可及"的梦想，用户扫一扫或者搜一搜即可打开应用，也体现了"用完即走"的理念，用户不需要关心是否安装太多应用的问题。应用将无处不在，随时可用，但又无须安装卸载。

微信小程序开发包括以下几个基本环节：

1. **设置开发环境：** 下载并安装微信开发者工具。该工具包含了编写代码、预览和调试的功能。
2. **创建小程序：** 在微信开发者工具中，通过创建项目开始小程序开发，你需要提供你的应用ID、项目名称和项目目录等信息。
3. **理解基础框架：** 微信小程序主要由两部分组成——前端和后台服务。前端主要使用 WXML（类似 HTML）、WXSS（类似 CSS）和 JavaScript 进行页面设计和逻辑编程。后端则通过微信的云开发或自建服务器提供服务。
4. **编写代码：** 在微信开发者工具中，你可以开始编写代码。每个页面通常包括四个文件：WXML 文件、WXSS 文件、JS 文件和 JSON 文件。
5. **预览与发布：** 在微信开发者工具中，可以对编写的代码进行预览和调试。确保无误后，可以将小程序提交给微信后台审核，审核通过后即可发布。

具体学习开发微信小程序，你可以参考官方提供的开发文档以及各种在线教程，它们通常会详细介绍如何创建小程序、使用开发工具、设计界面、编写逻辑代码、使用微信提供的 API、调试以及发布等步骤。

ChatGPT 介绍的微信小程序开发的基本知识

它告诉我们微信小程序开发的关键步骤包括设置开发环境、创建小程序、编写代码以及预览和发布。在了解微信小程序开发的基本流程后，我们可能会注意到微信小程序开发过程中涉及了多种代码文件。为了更好地了解这些文件及其功能，我们可以要求 ChatGPT 提供一个项目架构。

于是，ChatGPT 便生成了一个微信小程序的项目架构示意图，并解释了每一类文件的功能和用法。通过这个架构图，我们能清晰地看出项目中各个文件的层次关系，这对于我们接下来创建微信小程序有着非常大的帮助。同时，ChatGPT 还给出了每一类文件的基本示例代码，这样我们可以更加直观地了解每个文件的作用和用法。

2. 四则计算器小程序的初步设计

让 ChatGPT 根据我们的要求给出一个初步的设计方案。我们的要求很简单，就是希望这个小程序界面简洁明亮，能够实现四则运算。

> 我需要开发一个微信小程序，它需要提供四则运算功能。界面需要简洁明了，用户可以轻松进行加、减、乘、除四种基础运算。

> 好的，首先我们需要明确微信小程序的开发基于微信的开发工具，主要使用的语言是 JavaScript，而界面设计主要使用的是 WXML 和 WXSS，这些都需要你有基础的编程知识和理解。下面是一个简单的四则运算微信小程序的设计概念：
>
> 1. **设计界面**：我们的界面设计可以分为两个主要部分。一个输入区域，用户可以在这里输入数字和选择运算符；一个结果显示区域，用于显示计算的结果。
> 2. **定义变量和函数**：在后台的 JavaScript 代码中，我们需要定义一些变量来存储用户的输入和结果。然后，我们需要定义一些函数来执行用户选择的操作。
>
> 以下是一个基本的微信小程序代码框架：
>
> index.wxml

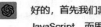

html   📋 Copy code

```html
<view class="container">
  <input type="number" placeholder="请输入第一个数字" bindinput="inputNum1"/>
  <picker mode="selector" range="{{operatorList}}" bindchange="changeOperato
    <view class="picker">{{selectedOperator}}</view>
  </picker>
  <input type="number" placeholder="请输入第二个数字" bindinput="inputNum2"/>
```

```
<button bindtap="calculate"></button>
<text>{{result}}</text>
</view>
```

ChatGPT 生成的四则计算器小程序代码（限于篇幅，仅显示部分）

根据我们的要求，ChatGPT 首先给出了开发的大致步骤，包括设置界面和定义变量与函数。然后，它给出了一些初步的代码，这些代码涉及 .js、.wxml 和 .wxss 三种类型的文件，分别用于处理后端逻辑、定义页面结构和设置样式。我们可以继续问 ChatGPT 具体如何使用这三种类型的文件。

在你的回答中，你给出了3个代码文件 index.js、index.wxml、index.wxss，在微信小程序开发环境中具体应该如何使用？

在微信小程序的开发环境中，通常会有一种常见的文件结构。每个页面通常由四个文件组成：.js、.wxml、.wxss 和 .json。这些文件分别处理脚本逻辑、结构、样式和配置。

假设你正在创建一个名为 "index" 的页面，你应该这样做：

1. 在项目的 "pages" 目录下，创建一个新的文件夹，命名为 "index"。这是你的页面目录。
2. 在这个 "index" 文件夹中，创建四个文件：**index.js**、**index.wxml**、**index.wxss** 和 **index.json**。
3. 将我提供的代码复制到相应的文件中：
   - 将 JavaScript 代码复制到 "**index.js**" 文件中。
   - 将 WXML 代码复制到 "**index.wxml**" 文件中。
   - 将 WXSS 代码复制到 "**index.wxss**" 文件中。
4. "**index.json**" 文件可以用于设置窗口背景色，文字颜色等，如果不需要这些设置，可以留空。

注意：新创建的页面需要在 app.json 中进行注册。在 app.json 的 pages 字段下添加 pages/index/index。

完成以上步骤后，你就可以在微信开发者工具中预览你的 "index" 页面了。如果遇到问题，欢迎随时向我提问。

ChatGPT 介绍的代码文件用途

了解代码文件的用途后，我们就可以开始在微信小程序的开发工具中创建并填充这些文件。填写完代码后，就可以预览小程序的效果。

微信开发者工具中预览小程序界面

现在，我们看到的这个初级的四则运算器界面非常粗糙[1]，和我们经常使用的计算器数字键盘输入方式差别很大。不仅如此，我们还要手动输入数字，并从下拉菜单中选择运算符号。这明显不符合我们的使用习惯。

我们可能会有点失望，但问题的关键在哪里呢？

原因是我们仅对四则运算功能提出了需求，却没有对其实现形式进行具体的描述——需求定义（提问指令）不够清晰。所以下一步，我们需要优化需求的描述，设计并生成一个更实用的四则运算器小程序。

3. 四则计算器小程序的功能迭代

我们需要对四则运算器小程序的功能和设计做出更明确的定义。这也是交互式软件开发中的一大挑战：如何做出专业的需求定义。

究竟需要一个怎样的计算器呢？我们可以参考一下 Windows 系统计算器的设计。

---

[1] 在此截图中计算器并未显示全部运算符，这并非程序错误，而是需要点击"+"按钮后，才能展示其他运算符按钮。

以 Windows 系统计算器为样板，我们想到了计算器设计的几个基本要求：首先，数字、小数点和运算符的键盘布局；其次，在输入过程中，如何动态显示数字输入信息的更新；最后，对于错误输入的提示。

上面想到的三个要点，并不能覆盖全部的需求定义，我们还需要一个更加完整、系统化的需求描述。不用担心，我们依然可以把这个问题交给 ChatGPT 来解决。

 帮我写一个简要的微信小程序四则计算器设计需求。

· 只需要四则运算
· 界面设置参考Windows系统计算器的形式，所有数字按键、运算符号、等号都用按钮显示
· 样式要美观

 当然，下面是一份简要的微信小程序四则运算器设计需求文档。

微信小程序四则运算计算器设计需求

1. 功能需求

1.1 基本功能

· 计算器需要提供基本的四则运算（加、减、乘、除）。
· 用户需要能够输入数字，并进行基本的四则运算。
· 计算结果需要及时显示在界面上。

1.2 错误处理

· 对于非法操作，如除数为0，程序需要有合适的错误处理和提示。

2. 用户界面

2.1 基本界面

· 参考Windows系统计算器的设计，设计一个简洁、美观的计算器界面。
· 所有数字键和运算符键都使用按钮显示，按键清晰明了。
· 按键包括0~9的数字键、加、减、乘、除四个运算符键和一个等号键。
· 输入区域在上方，用于显示用户输入的数字和运算符以及计算结果。
· 按键区域在下方，方便用户进行输入。

2.2 界面设计

· 按钮设计需要清晰、易识别，方便用户操作。
· 整体颜色和设计风格需要统一，保持美观。
· 应考虑不同设备的屏幕尺寸，做到自适应。

ChatGPT 完善后的四则运算小程序需求定义

按我们的要求，ChatGPT 给出了一个非常框架化的需求定义，包括了功能需求和用户界面。也就是说，第一部分，定义了数据后台运算的逻辑；第二部分，定义了用户界面应该如何显示，以及如何与用户进行交互。

在得到这版更清晰的需求描述后，我们让 ChatGPT 重新生成了四则运算器的代码。

我们将更新后的代码重新部署到微信开发者工具的环境中。

微信开发者工具显示的四则运算小程序

可以看到，这次的计算器样式已经完全符合我们的预期。键盘布局是 0 到 9 这 10 个数字，以及加、减、乘、除、等号、小数点等符号，按一个 4x4 的数字键盘进行布局，而且在上方还设置了一个显示区域。

接下来，测试一下计算器的功能。

我们用了两个基础的计算例子，一个是 5+6，它显示的结果是 11，这符合我们的预期。再看看在错误输入情况下能否识别，我们输入了 1/0，它没有给出结果，而是弹出了一个小框提示"除数不能为 0"。从这两个测试中可以看出，这款计算器已经具备了基本的功能。

当然，这个计算器的功能还有进一步优化的空间。比如，可以设置一个"Clear"按钮来清除输入内容，或者设置显示历史计算记录。

> 计算器缺少"Clear"按钮，无法清除输入内容，如何调整？

> 好的，让我们为计算器添加一个 "Clear" 按钮来清除输入内容。
>
> 首先，我们需要在 WXML 中添加 "Clear" 按钮。你可以选择添加到你认为合适的位置，例如，添加到最前面：

```html
<view class="button-row" wx:for="{{buttons}}" wx:key="index">
  <view class="button" wx:for="{{item}}" wx:key="index" data-value="{{item.v
    <view class="button" data-value="C" bindtap="buttonTap">Clear</view>
</view>
```

ChatGPT 回答的功能迭代实现代码（限于篇幅，仅显示部分截图）

至于更多的高级功能，我们可以通过与 ChatGPT 的交互进行实现，这些探索可以留给读者朋友们自行尝试。

10.5　编程进阶：解锁高端玩法，提升实战能力

在大型复杂的项目开发中，我们不可避免地会遇到一系列更为棘手的挑战，例如代码的安全性问题、代码的运行效率，以及对代码质量的全面测试。在这些场景下，我们可以借助 ChatGPT，通过更高级的编程开发技巧，帮助我们应对各种挑战，把大型复杂项目管理得井井有条。

（1）在开发的早期，我们需要考虑代码和架构的安全性。这就好比给建筑打下坚实的地基，预防任何可能的安全风险。在这个阶段，ChatGPT 就像一个工程安全专家，帮助我们发现潜在的安全隐患，并提供切实可行的解决方案。

（2）在开发的中期，当完成项目的基础功能开发后，接下来就需要进行代码的重构和优化，以提升代码的结构和性能，使得未来的维护和更新更为便捷。

在这个阶段，ChatGPT 可以帮助我们优化代码，提升性能。

（3）在开发的后期，我们要对代码进行全方位的测试。这时候，ChatGPT 就扮演了测试员的角色，它只需知道我们的原始代码，就可以生成自动化的测试模块。

（4）当一个项目结束后，我们往往需要考虑多平台的部署，这就需要将代码转换成其他编程语言。在这个阶段，ChatGPT 就如同翻译专家，帮助我们将一种编程语言快速转换为任意的其他编程语言。

我们通过四个案例来具体学习如何运用这些高级技巧。

1. 开发早期：使用 ChatGPT 检查代码的安全性

在项目开发的早期阶段，假设我们想设计一个用户登录的数据库功能。由于这是一个敏感的操作，其中潜藏的安全问题可能会导致严重的后果，所以我们需要对代码进行严格的安全审查。

此时，我们可以利用 ChatGPT 来检查代码漏洞。只需将初始的代码复制给 ChatGPT，然后向它询问："请帮我检查上面的代码有没有安全漏洞，如果有的话，该如何修复？"

在接下来的回答中，ChatGPT 展示了强大的安全分析能力。它首先找出了代码中可能存在的安全风险，那就是网络攻击者有可能通过注入特殊字符进行攻击，这无疑会给我们的系统带来重大的安全风险。

更为重要的是，ChatGPT 不仅指出了问题，还提供了一个具体的解决方案。为了避免被注入式攻击，它建议我们将直接查询转变为参数化查询，这样可以通过后台对特殊字符进行转义，进而避免注入式攻击。

在这个示例中，ChatGPT 可以帮助我们在项目早期发现可能的安全风险，让我们能够在一开始就设计出一个安全、健康的系统架构，避免在中后期因发现重大问题而进行大规模的修改。这样既保证了安全性，也提高了开发效率。

2. 开发中期：使用 ChatGPT 重构、优化代码

在项目开发中期，我们常常需要对现有的代码进行优化，提升其执行效率和可读性，降低未来的维护成本。假设我们现在手头有一段效率不高的代码，此时可以请教 ChatGPT，看看如何改善这段代码。

我们的要求非常明确，就是让 ChatGPT 检查这段代码存在哪些问题，以及应如何进行重构。

 帮我检查以上代码有哪些问题，并重构优化。

以上 Python 排序代码存在以下问题：

1. 使用了低效的排序算法。上述代码实现的是选择排序，这是一种时间复杂度为 O(n^2) 的排序算法，而 Python 的内置排序函数 sorted 或者 list.sort 方法实现的是 Timsort，这是一种时间复杂度为 O(n log n) 的排序算法。
2. 混用了逻辑和打印语句。在排序函数中包含了打印语句，这违反了单一职责原则。函数应该只做一件事情，也就是排序。打印排序结果应该在函数外部完成。
3. 排序后的列表被返回了出去。在 Python 中，列表是可变对象，排序操作直接作用在原列表上，无须返回。如果需要不改变原列表的排序结果，应使用 Python 的内置函数 sorted。

重构后的代码如下：

```python
def my_sort(input_list):
    # Sort the list in ascending order
    input_list.sort()

# Test the function
input_list = [5, 2, 3, 1, 4]
my_sort(input_list)
print("Sorted list is: ", input_list)
```

这样，我们就将排序逻辑和结果打印分离，同时使用了 Python 内置的更高效的排序方法，大大提高了代码的可读性和运行效率。

用 ChatGPT 优化重构代码

在 ChatGPT 给出的答案中，它首先分析了代码存在的问题。首先，从效率的角度来看，这段代码的执行效率不高；其次，从架构的角度来说，代码混淆了逻辑和打印语句，这违反了单一职责原则；最后，从操作的角度来看，原

有代码的操作可能会影响数据的排序结果。

指出问题之后，ChatGPT 很快给出了一个重构后的代码，并且还提供了代码运行的示例。这样，我们不仅解决了代码效率问题，提高了代码的可读性，同时也遵循了良好的编程规范，降低了未来的维护成本。

此外，在传统的开发工作中，不同的工作人员对代码重构的理解和要求可能各不相同，这可能导致重构后的代码风格和标准不一致。而使用 ChatGPT 重构，只要我们明确指定了代码重构的原则，ChatGPT 就能确保所有优化后的代码都遵循一致的风格和标准。

3. 开发后期：使用 ChatGPT 测试代码

进入开发后期后，为了确保软件的稳定运行，需要对新增的模块进行全面的测试。我们可以要求 ChatGPT 编写针对该函数的测试代码，然后进行测试，以验证函数的正确性。

> 我需要为以下Python函数编写测试代码：
>
> ```
> def reverse_string(input_string):
>     return input_string[::-1]
> ```
>
> 请给出测试函数和测试结果。

在Python中，我们常常使用内建的 **unittest** 模块来编写测试代码。为了测试 **reverse_string** 函数，我们可以创建一个测试类 **TestReverseString**，并在该类中编写测试方法。

下面是一种可能的测试代码：

```python
import unittest

def reverse_string(input_string):
    return input_string[::-1]

class TestReverseString(unittest.TestCase):
    def test_reverse_string(self):
        self.assertEqual(reverse_string('hello'), 'olleh')
        self.assertEqual(reverse_string('world'), 'dlrow')
        self.assertEqual(reverse_string('python'), 'nohtyp')
```

```
if __name__ == '__main__':
    unittest.main()
```

在这个测试代码中，我们创建了三个测试用例来验证 **reverse_string** 函数的正确性。如果 **reverse_string** 函数的实现是正确的，运行这个测试代码将不会有任何输出。否则，**unittest** 将会打印出失败的测试用例及其对应的错误信息。

ChatGPT 编写的单元测试代码

在 ChatGPT 给出的测试代码中，它设计了一些特定的案例，以确认函数是否达到预期的结果。这种自动生成的测试能力大大提高了我们的工作效率，也更有利于保证代码的稳定性。

4. 跨平台拓展：使用 ChatGPT 转换代码的编程语言

项目初步完成后，我们可能需要考虑跨平台拓展。在这个阶段，可能需要将原有的代码转换成其他编程语言。比如，有一个项目需要将 Python 代码转换成 Java 代码，以便能更好地集成到现有的 Java 环境中，这就需要我们对代码进行重写。

举例来说，如果我们有一段 Python 代码，需要转换成其他编程语言。我们可以将这段代码提供给 ChatGPT，并要求 ChatGPT 将其转换成 Java 代码。可以看到，在 ChatGPT 的回答中，它成功地将 Python 代码转换成了 Java 代码，并对转换后的代码进行了解释。

将以上代码转换成Java代码。

以下是将冒泡排序的Python代码转换为Java代码的结果：

```java
                                                              Copy code
public void bubbleSort(int[] inputArray) {
    int n = inputArray.length;
    for (int i = 0; i < n-1; i++) {
        for (int j = 0; j < n-i-1; j++) {
            if (inputArray[j] > inputArray[j+1]) {
                // swap inputArray[j] and inputArray[j+1]
                int temp = inputArray[j];
                inputArray[j] = inputArray[j+1];
```

```
                    inputArray[j+1] = temp;
                }
            }
        }
    }
```

这段Java代码和Python代码实现的功能是一致的，都是原地对一个数组进行冒泡排序。由于Java是静态类型语言，所以我们需要明确指定输入数组的类型为整数数组。另外，Java中数组的长度是通过.length属性获得的，Python中则是通过内置的len()函数。最后，由于Java中没有Python那样的元组交换语法，所以我们需要引入一个临时变量来完成两个元素的交换。

ChatGPT 将 Python 代码转换为 Java 代码

这种能力并不局限于特定的编程语言，我们可以指定 ChatGPT 将其转换为 C++ 或任何其他编程语言。

这种跨语言的转换能力让开发者能够更加关注业务逻辑的设计，而不是关注语言转换过程中可能出现的错误。这大大提高了我们的工作效率，也为跨平台开发提供了强大的支持。

值得一提的是，ChatGPT 的跨语言转化能力不仅可以帮助我们在多种语言间转换代码，还能帮助我们更快地学习新的编程语言。以我为例，我最擅长的编程语言是Python，但近期的项目需要使用 JavaScript 来开发小程序。在这种情况下，我可以利用 ChatGPT 的能力，通过迁移学习来快速了解新的编程语言。

ChatGPT 可以分别给出这个表达式在 Python 和 JavaScript 中的代码，并解释它们之间的关联性。这种方法非常适合帮助开发者从一种编程语言快速迁移到另一种编程语言，也特别适合编程新手快速学习。

## 第 11 章

数据专家：ChatGPT 如何帮助我们成为数据处理高手

在日常工作中，Excel 是我们使用最多的数据处理软件，在标准化的常规数据处理中，Excel 可以轻松解决很多问题。但是，一旦遇到非标准化数据，或者当手头没有数据需要手动去找数据的时候，Excel 就显得无力了。

在实际工作中，我们经常面临两类挑战：

（1）没有直接可用的数据，需要手动梳理资料。比如，在官方公告中查找关键数据，或在客户新闻动态中收集整理信息，这些任务需要我们从文本中手动提取信息，然后转化为可处理的数据。

（2）需要整合、清洗不同来源和格式的数据。现实中，我们往往会遇到从各种不同的渠道收集到的数据，需要人工进行整合、校对，甚至清洗去掉非标准化或错误的数据去填充一些空缺的数据。

这两类任务一般被称为"Dirty Work"，是项目中不得不处理的琐碎工作，既会耗费大量的时间精力，又难以直接产出成果。面对这些非标准的问题，ChatGPT 就是我们最好的帮手，它可以按照我们意图和目标应对各类纷繁复杂的场景。

如果说在以上两种场景中，ChatGPT 可以帮助我们节省时间和精力，降低成本，那么面对更加复杂的分析工作，ChatGPT 则可以帮助我们拓展工作的深度和广度，带来"增效"的价值。与传统的数据处理工具（如 Excel）相比，ChatGPT 的优势主要体现在三个方面：

（1）灵活处理非标准化数据和文本。ChatGPT 能有效处理非标准化数据和文本，比如从大量文本中提取关键信息，或者处理非结构化的数据。

（2）定制化的数据处理。ChatGPT 能结合我们的业务需求，根据不同的数据类型和场景，形成定制化的数据处理策略。

（3）结合编程能力完成更复杂的数据处理。ChatGPT 能结合编程技术进行更复杂的数据处理，如通过爬虫获取数据，使用 Python 进行数据分析和可视化，甚至连接到专业数据库进行大数据处理。

2023 年 7 月，ChatGPT 最新功能——代码解释器的发布，又给数据分析解锁了更多的可能性。

将ChatGPT和代码解释器结合起来能帮助人们解决哪些数据处理方面的问题？

ChatGPT 结合代码解释器可以解决许多数据处理问题。以下是一些例子：

1. **数据清洗**：处理和清洗原始数据是数据分析的重要部分。可以使用 Python 的 Pandas 库来清洗数据，如处理缺失值、删除重复值、转换数据类型等。
2. **数据转换**：可以使用 Python 对数据进行各种转换，如将数据从一种格式转换为另一种格式，或者进行更复杂的转换，如将日期字符串转换为Datetime对象。
3. **数据探索**：可以使用各种统计和绘图库来探索数据，找出数据的分布、相关性等信息。例如，可以使用 Matplotlib 或Seaborn 库进行数据可视化，使用 Pandas 进行统计分析。
4. **数据分析**：可以进行各种复杂的数据分析，比如，运行机器学习模型或进行统计测试。再比如，可以使用Scikit-learn 运行回归分析，或使用Statsmodels 进行假设测试。
5. **数据导出**：将处理后的数据导出，生成各种格式的文件，如 CSV、Excel、JSON 等。
6. **自动化任务**：创建可重复执行的脚本，以自动完成数据处理任务。

这些都是使用 ChatGPT 结合代码解释器可以解决的一些问题。通过在对话中描述你的需求，我可以帮助你编写代码来解决这些问题。

ChatGPT 与代码解释器相结合展现的数据处理能力

在本章中，我们将从各个场景出发，逐个解锁 ChatGPT 的数据处理能力。

11.1 文本信息：提取、聚类与标签处理

在整理资料的过程中，我们经常需要从复杂、冗长的文本中筛选出关键信息。一般有两类常见的任务：

（1）**从文本中提取相关的信息或数据。**例如，我们可能需要从一段话中找出提到的公司名字、国家名字等，或者从文字中提取表格化的指标数据。

（2）**对已有的文本信息进行分类或打标签。**例如，我们可能需要把一堆短语或文字按照主题分类，或者对一些评价信息按照情绪来打标签。

下面我们通过具体的例子来看看 ChatGPT 是如何处理数据的。

1. 用 ChatGPT 提取文本中的数据

1）用 ChatGPT 提取实体名词

在整理资料的过程中，我们经常需要提取人名、地名、公司名、日期等特定名词。然而，这些名词可能有各种别称或缩写，使得提取工作变得复杂。

例如，你正在阅读巴菲特股东会文字实录，你对巴菲特提到的公司感兴趣。只要你提出要求，ChatGPT 就能列出文章中提到的所有公司名称。

由于去年美股市场的大幅动荡，伯克希尔全年亏损228.19亿美元。不过股市的剧烈波动也为伯克希尔提供了买入股票的机会，该公司2022年建仓派拉蒙全球和建筑材料制造商路易斯安那太平洋等公司，并且大举买入西方石油的股票成为西方石油最大的股东。截至2022年底，伯克希尔是苹果、美国运通、美国银行、可口可乐、惠普、穆迪、西方石油和派拉蒙全球八家公司最大的股东。巴菲特称，通过去年对财产意外保险公司Alleghany的收购，伯克希尔的保险浮存金从1470亿美元增加至1640亿美元，这是一项非凡投资。

请列出文章中提到的所有公司名称。

文章中提到的所有公司名称如下：

1. 伯克希尔
2. 派拉蒙全球
3. 路易斯安那太平洋
4. 西方石油
5. 苹果
6. 美国运通
7. 美国银行
8. 可口可乐
9. 惠普
10. 穆迪
11. Alleghany

这些公司都在文章中被明确提到，其中伯克希尔是主要的投资公司，其他公司则是伯克希尔的投资对象。

ChatGPT 识别的巴菲特股东会中提及的公司名称清单

在这个过程中，ChatGPT 的准确率非常高。它能在巴菲特的讲话中精准地识别出 11 个公司的名称。更值得注意的是，尽管有些单词具有多重含义（如"苹果"既可以是水果，也可以是公司名称），或者一些公司名字较为复杂（如"西方石油""路易斯安那太平洋公司"），但 ChatGPT 都能准确地识别出来。

要实现这样的识别准确率，毫无疑问是借助了 ChatGPT 所拥有的广泛行业知识，尤其是 ChatGPT 在最后一句指出，伯克希尔与其他所提及的公司是投资与被投资的关系。

2）用 ChatGPT 提取文本中的数据并生成表格

在许多情况下，关键数据往往隐藏在官方新闻稿、通告等文本中。比如，国家统计局每月发布的 CPI 数据就包含了多个维度，包括 CPI 总体值以及食品和非食品的变动情况，同时还涉及同比和环比数据。手动整理这样的信息是相当烦琐的。

我们可以把文本内容复制给 ChatGPT，然后要求它将文中提及的指标整理成表格。

从同比看，CPI上涨0.1%，涨幅比上月回落0.6个百分点。同比涨幅回落较多，主要是上年同期对比基数较高。其中，食品价格上涨0.4%，涨幅比上月回落2.0个百分点，影响CPI上涨约0.07个百分点。食品中，禽肉类、鲜果、食用油和猪肉价格分别上涨6.7%、5.3%、4.8%和4.0%，涨幅均有回落；鲜菜价格下降13.5%，降幅扩大2.4个百分点。非食品价格上涨0.1%，涨幅回落0.2个百分点，影响CPI上涨约0.07个百分点。非食品中，服务价格上涨1.0%，涨幅扩大0.2个百分点，其中出行类服务恢复较好，飞机票、宾馆住宿、旅游和交通工具租赁费价格涨幅在7.2%～28.7%之间；工业消费品价格下降1.5%，降幅扩大0.7个百分点，主要是能源价格回落较多，其中汽油和柴油价格分别下降10.6%和11.5%，降幅分别扩大4.0和4.2个百分点。

将以上文字中提及的指标，整理成表格。

以下是根据你提供的文字整理出的表格：

指标类别	指标名称	变化	影响CPI
总体	CPI	上涨0.1%	—
食品类	总体	上涨0.4%	上涨约0.07个百分点
食品类	禽肉类	上涨6.7%	—
食品类	鲜果	上涨5.3%	—
食品类	食用油	上涨4.8%	—
食品类	猪肉	上涨4.0%	—

续表

指标类别	指标名称	变化	影响CPI
食品类	鲜菜	下降13.5%	—
非食品类	总体	上涨0.1%	上涨约0.07个百分点
非食品类	服务价格	上涨1.0%	—
非食品类	工业消费品价格	下降1.5%	—
非食品类	汽油价格	下降10.6%	—
非食品类	柴油价格	下降11.5%	—

ChatGPT 识别数据并生成表格

在指令要求下，ChatGPT 会清晰地识别出 CPI 总体值以及食品和非食品的变动情况，并列出 CPI 的涨跌幅度。按数据处理的惯例，我们可以继续要求将变动幅度描述转换为百分比数字，那么 ChatGPT 也能准确地按照要求生成新的表格。

这个例子充分体现了 ChatGPT 的能力，它能够自动识别和提取数据，即使我们没有给出明确的定义和要求，它也准确地理解 CPI 指标和分项数据之间的"总—分"关系。

2. 用 ChatGPT 对文本聚类、打标签

1）用 ChatGPT 对文本聚类

在许多情况下，我们需要对大量的信息进行整理和分类，以便进一步分析和讨论。例如，在一次关于 ChatGPT 对职业影响的头脑风暴会议上，可能会产生大量的创新观点或关键词，我们需要对这些关键词进行分组和归类。

我们只需告诉 ChatGPT 我们的要求——将这些关键词按层次和类型进行分组，并要求分组的数量在 5 个以内。

> ChatGPT对职场的影响和改变包括以下这些维度，按层次和类型对这些维度进行分组，组别在5个以内：
>
> 跨语言通信
> 职业培训
> 知识管理
> 人才招聘

智能化决策
个性化服务
自动化流程
人机协作
增强现实
办公模式
办公效率
职能岗位
组织形态
公司模式

 以下是按层次和类型对这些维度的分组：

1. 通信与协作

- 跨语言通信
- 人机协作
- 增强现实

2. 人力资源管理

- 职业培训
- 人才招聘
- 职能岗位

3. 办公效率与流程优化

- 知识管理
- 自动化流程
- 办公效率

4. 服务与决策

- 智能化决策
- 个性化服务

5. 组织与模式变革

- 办公模式
- 组织形态
- 公司模式

这些分组可以帮助我们更好地理解和分析ChatGPT对职场的影响和改变。

ChatGPT 对关键词进行分组和归类

　　根据这个要求，ChatGPT 可以将这些关键词分到 5 个类别，包括"通信与协作""人力资源管理""办公效率与流程优化""服务与决策""组织模式变革"

等，这样就为进一步的分析和讨论提供了清晰的逻辑基础。

此外，ChatGPT 的这种分类能力也可以用于新闻或其他主题的分类。比如，当我们需要制作一份 AI 领域的新闻简报时，可以首先让 ChatGPT 找到最新的 10 条新闻。

 最近一周AI领域有哪些重要新闻，列举Top10。
use WebPilot, use Google

 Used WebPilot ⌄

以下是最近一周AI领域的重要新闻Top10：

1. 一些小型初创公司在解决生成式AI的最大挑战上取得了进展 ——OpenAI、Microsoft和Google并非唯一能提供有用AI工具的公司。

2. 人工智能为美国股市带来实质性提升 —— 最近的人工智能进步引发了对未来企业如何更高效运营的乐观情绪。

3. AI对工作岗位的威胁引发了谁来保护工人的问题 —— 数千万个工作岗位可能会被生成式人工智能自动化。

4. 介绍CHAT，世界上第一个生成式AI ETF —— 随着OpenAI的ChatGPT等的兴起，生成式AI的兴趣激增。

5. ChatGPT创始人和OpenAI CEO Sam Altman呼吁对AI进行监管 ——这是AI新闻的周末回顾。

6. 白宫公布新的努力，以指导联邦AI研究 —— 最近几个月，美国政府和私营部门开始更公开地权衡人工智能的可能性和风险。

7. 《电线》的创作者在被HBO解雇一周后猛烈抨击AI的使用 —— 获奖的制片人David Simon在周五的一次坐谈中发表了这些评论。

8. 立法者建议设立机构来监管人工智能 ——立法者表示他们希望监管人工智能技术，避免他们对互联网公司的远离处理。

9. 本周应用程序：ChatGPT来到iPhone，Bing AI努力扩大，Instagram的Twitter克隆 —— 本周应用程序提供了一种跟踪应用程序世界最新动态的方法，包括新闻、更新、创业公司融资、M&A等。

10. Cohesity Turing将AI工具用于备份和勒索软件 ——备份供应商继续丰富其生态系统，提供更多的人工智能用于备份和勒索软件，以聊天式报告。

ChatGPT 联网查询的 AI 领域新闻资讯

为了方便分类，我们可以要求 ChatGPT 把这些新闻按主题分类。

 将以上的新闻按主题分为三个组别，并说明分类的逻辑。

 以下是按主题将这些新闻分为三个组别的分类：

1. **AI技术的发展与应用**
   - 一些小型初创公司在解决生成式AI的最大挑战上取得了进展
   - 人工智能为美国股市带来实质性提升

- 介绍CHAT，世界上第一个生成式AI ETF
- 本周应用程序：ChatGPT来到iPhone，Bing AI努力扩大，Instagram的Twitter克隆
- Cohesity Turing将AI工具用于备份和勒索软件

这一组新闻主要关注AI技术的发展和在各个领域的应用，包括金融市场、手机应用和数据备份等。

2. **AI的监管与政策**
- AI对工作岗位的威胁引发了谁来保护工人的问题
- ChatGPT创始人和OpenAI CEO Sam Altman呼吁对AI进行监管
- 白宫公布新的努力，以指导联邦AI研究
- 立法者建议设立机构来监管人工智能

这一组新闻主要关注AI的监管和政策问题，包括AI对工作岗位的影响、AI的监管需求以及政府在AI研究方面的指导。

3. **社会对AI的反应**
- 《电线》的创作者在被HBO解雇一周后猛烈抨击AI的使用

这一组新闻主要关注社会对AI的反应和观点，包括对AI使用的批评和看法。

分类逻辑主要是根据新闻的主题和内容，将它们分为AI技术的发展与应用、AI的监管与政策以及社会对AI的反应这三个主题。

ChatGPT 对 AI 领域新闻资讯的分组

在我们的要求下，ChatGPT 可以将新闻分为"AI 技术的发展与应用"，"AI 的监管与政策"，"社会对 AI 的反应"这三个类别，这样就形成了一份结构清晰的新闻简报。

通过这种方式，ChatGPT 可以帮助我们在信息爆炸时代，快速准确地从海量数据中提取有价值的信息，以及了解信息背后的逻辑。

2）用 ChatGPT 对评论打标签

分类任务的一个常见应用场景是情绪识别，这在处理用户反馈或者评论的时候尤其重要。以投资者对股票的评论为例，我们可以告诉 ChatGPT 我们想要把这些评论分为乐观、中性和悲观三个类别，并要求它识别出代表这些情绪的关键词。

这只股票真是太棒了，收益率一直稳步上升。
没想到这只股票会暴跌，亏损好几个百分点。
股票价格一直波动不定，让我很不安。
持股不到一周，就已经获利20%，感觉自己真是赚翻了。
最近这只股票不断发布财报，收益表现很稳定。
我感觉这只股票有很大的上涨空间，打算加仓持有。
我之前一直看好这只股票，但最近大跌让我失望了。

这只股票被市场低估了，目前有很好的投资机会。

看来我在这只股票上的投资还需要加强研究和学习。

这只股票表现平平，我打算卖出换一只。

以上是投资者对股票的评价，请识别情绪类型（乐观/中性/悲观），并识别出关键的情绪词，用表格显示。

 以下是对投资者对股票评价的情绪类型识别和关键情绪词的识别：

投资者评价	情绪类型	关键情绪词
这只股票真是太棒了，收益率一直稳步上升。	乐观	太棒了，稳步上升
没想到这只股票会暴跌，亏损好几个百分点。	悲观	暴跌，亏损
股票价格一直波动不定，让我很不安。	悲观	波动不定，不安
持股不到一周，就已经获利20%，感觉自己真是赚翻了。	乐观	获利20%，赚翻了
最近这只股票不断发布财报，收益表现很稳定。	乐观	不断，稳
我感觉这只股票有很大的上涨空间，打算加仓持有。	乐观	上涨空间，加仓持有
我之前一直看好这只股票，但最近大跌让我失望了。	悲观	大跌，失望
这只股票被市场低估了，目前有很好的投资机会。	乐观	低估，很好的投资机会
看来我在这只股票上的投资还需要加强研究和学习。	中性	加强研究和学习
这只股票表现平平，我打算卖出换一只。	中性	平平，卖出

这个表格是基于投资者的评价识别出的情绪类型（乐观/中性/悲观）以及关键的情绪词。

ChatGPT 识别的投资者评论情绪标签

从 ChatGPT 的回答来看，标签的划分是相当准确的。例如，对于一条评论"这只股票真是太棒了，收益率一直稳步上升"，ChatGPT 可以正确地将其分类为乐观，并指出"太棒了"和"稳步上升"是代表乐观情绪的关键词。而对于另一条评论"没想到这只股票会暴跌，亏损好几个百分点"，ChatGPT 将其分类为悲观，并指出"暴跌"和"亏损"是代表悲观情绪的关键词。

同样，这种能力也可以应用到其他场景，比如分析对售后服务的反馈，或者分析电商商品的用户评价等，帮助我们从海量的文本数据中快速地获取有价值的信息，进而进行更有效的决策或者改进。

11.2　数据获取：爬虫、API 接口与数据生成

在数据分析和处理的过程中，我们首先要解决的关键问题是数据的获取。

对于互联网上公开的数据，我们可以通过创建爬虫和连接 API 接口的方式来获取。但当我们需要的数据是以多媒体（如图片、音频、视频）的形式存在，怎么做呢？这时候，就需要一些创新的方法了，比如借助 AI 工具（OCR 文字识别、语音识别），从多媒体信息中识别并提取出文本等信息数据，然后再进行进一步的处理。

如果完全没有数据怎么办？还有一个思路，那就是生成数据。我们可以根据场景的描述和字段的定义，生成一些虚拟的数据。这样，即使暂时没有真实数据，我们也可以在虚拟数据的基础上，尝试完成整个数据分析处理的流程。

不论哪种形式，ChatGPT 都可以更有效地获取到目标数据。

1. 用 ChatGPT 创建爬虫获取数据

网络爬虫是获取数据的一种非常有效的工具，但是要创建它，确实需要掌握一些编程技术。假设我们需要追踪苹果公司的股价数据，网络爬虫可以帮我们实现这个目标。通过编写一个特定的代码，我们可以把 Yahoo 财经网站上苹果公司最近一周的股价数据爬取下来。我们还可以让 ChatGPT 生成爬虫代码。

 演示一个极简的Python爬虫示例，从Yahoo财经网站抓取苹果公司最近一周的股价数据。

 好的，这是一个极简的Python爬虫示例，用于从Yahoo财经网站抓取苹果公司最近一周的股价数据。请注意，这个示例使用了**Requests**和**BeautifulSoup**库，你需要确保已经安装了这两个库。

```python
                                                              📋 Copy code

import requests
from bs4 import BeautifulSoup
import pandas as pd

def get_stock_data():
    url = "https://finance.yahoo.com/quote/AAPL/history?p=AAPL"
    headers = {
        'User-Agent': 'Mozilla/5.0 (Windows NT 10.0; Win64; x64) AppleWebKit
    }
```

```
    response = requests.get(url, headers=headers)
    soup = BeautifulSoup(response.text, 'html.parser')

    table = soup.find('table', {'data-test': 'historical-prices'})
    tbody = table.find('tbody')
    rows = tbody.find_all('tr')

    data = []
    for row in rows[:7]:  # 只获取最近一周的数据
        cols = row.find_all('td')
        date = cols[0].text
        close_price = cols[4].text
        data.append([date, close_price])

    df = pd.DataFrame(data, columns=['Date', 'Close Price'])
    print(df)

get_stock_data()
```

ChatGPT 生成的爬虫代码

可以看到，运行这段代码后，我们成功获取到了苹果公司最近一周的股价数据，包括了日期及收盘价格。

```
[1]: import requests
     from bs4 import BeautifulSoup
     import pandas as pd

[2]: def get_stock_data():
         url = "https://finance.yahoo.com/quote/AAPL/history?p=AAPL"
         headers = {
             'User-Agent': 'Mozilla/5.0 (Windows NT 10.0; Win64; x64) AppleWebKit/537.36\
             (KHTML, like Gecko) Chrome/58.0.3029.110 Safari/537.3'
         }
         response = requests.get(url, headers=headers)
         soup = BeautifulSoup(response.text, 'html.parser')

         table = soup.find('table', {'data-test': 'historical-prices'})
         tbody = table.find('tbody')
         rows = tbody.find_all('tr')

         data = []
         for row in rows[:7]:  # 只获取最近一周的数据
             cols = row.find_all('td')
             date = cols[0].text
             close_price = cols[4].text
             data.append([date, close_price])

         df = pd.DataFrame(data, columns=['Date', 'Close Price'])
         return df

[3]: df = get_stock_data()

[4]: df

[4]:      Date   Close Price
```

0	May 23, 2023	171.56
1	May 22, 2023	174.20
2	May 19, 2023	175.16
3	May 18, 2023	175.05
4	May 17, 2023	172.69
5	May 16, 2023	172.07
6	May 15, 2023	172.07

运行 Python 爬虫代码

当然，这只是一个简单的例子。在实际使用爬虫的过程中，我们需要注意很多因素。首先，要合规，我们的爬虫行为必须遵守网站的服务条款，不能抓取涉及隐私的信息。其次，要考虑技术问题，随着网站结构的变化，我们的爬虫代码需要不断更新。最后，许多网站设置了反爬虫机制，也会给爬虫工作带来更大的技术难度。

2. 用 ChatGPT 连接 API 接口获取数据

相比爬虫，API 是一种直接从数据提供者获取数据的方式，通常更加高效、可靠。在计算机领域，API 就是应用程序接口，是一种使软件组件间交互的规范协议。如果以苹果公司的股价数据为例，Yahoo 财经网站提供了查询股价数据的 API 途径。

我们同样可以使用 ChatGPT 来编写代码，调用 Yahoo 财经网站的 API 接口，获取苹果公司最近一周的股价数据。

运行代码后，我们可以看到通过 API 获取的数据。

```
[1]: import yfinance as yf
     from datetime import datetime, timedelta

     # 获取当前日期
     end = datetime.now()
     # 获取一周前的日期
     start = end - timedelta(days=7)

     # 获取APPL公司的数据
     apple = yf.Ticker("AAPL")

     # 获取最近一周的股价数据
     hist = apple.history(start=start.strftime('%Y-%m-%d'), end=end.strftime('%Y-%m-%d'))
```

```
[2]: # 打印股价数据
     # print(hist)
     hist
```

[2]:		Open	High	Low	Close	Volume	Dividends	Stock Splits
Date								
2023-05-17 00:00:00-04:00		171.710007	172.929993	170.419998	172.690002	57951600	0.0	0.0
2023-05-18 00:00:00-04:00		173.000000	175.240005	172.580002	175.050003	65496700	0.0	0.0
2023-05-19 00:00:00-04:00		176.389999	176.389999	174.940002	175.160004	55772400	0.0	0.0
2023-05-22 00:00:00-04:00		173.979996	174.710007	173.449997	174.199997	43570900	0.0	0.0
2023-05-23 00:00:00-04:00		173.130005	173.380005	171.279999	171.559998	50697900	0.0	0.0

运行 API 数据查询 Python 代码

对比通过爬虫获取的数据，API 获取的数据通常更为丰富。除了开盘价、收盘价，还有盘中的最高价、最低价、交易量等多种信息。

然而，API 获取数据这种方式的局限性，在于并不是所有的网站都免费提供 API 服务。能否通过 API 获取数据，往往取决于数据提供方是否提供这样的服务，或者是否需要付费获取。

3. 用 ChatGPT 从多媒体中提取数据

有时，我们所需的数据可能存储在图片、音频或视频中，那么如何从这些多媒体文件中提取信息呢？这时，就需要利用 AI 工具了，如语音识别和图像识别技术，来提取这些信息。这听起来似乎很复杂，不过不用担心，我们依然可以借助 ChatGPT 轻松实现！

1）使用 ChatGPT 从图片或扫描文件中提取数据

假设有一个扫描的 PDF 文件，需要从中识别文字内容。我们只需在 ChatGPT 的代码解释器中上传这个文件，然后要求它识别其中的文字，并将其输出为 TXT 文本。

ChatGPT 便会按照我们的要求，使用光学字符识别（OCR）技术识别 PDF 中的文字，并输出文本，并且提供一个可下载的 TXT 文件链接。

识别文字内容后，我们还可以继续要求 ChatGPT 对识别出的内容进行概括。

这个文档的主题是什么?

从这段摘要中,我们可以看到文档可能是关于一家名为"Gopenal"的公司的产品和公告。这家公司似乎提供了一个API服务,客户可以通过支付使用它。在文档中,他们宣布了对GPT-4的访问权,以及他们对聊天模型的更新。他们设想了一个未来,聊天模型可以支持任何用例。此外,他们还宣布了对旧的Completions API模型的弃用计划,并建议用户采用聊天完成模型。

然而,请注意,这只是基于你提供的500个字符的摘要。如果想要更准确的主题,可能需要查看整个文档。

ChatGPT 总结扫描文档主题内容

从 ChatGPT 的回答中可以看到,这份文档是一个关于公司的产品公告和 API 服务的说明。其中,除了"OpenAI"这个公司名称识别出现了一点小错误外,ChatGPT 对其他内容的理解准确无误。

2)使用 ChatGPT 从音频文件中提取数据

同样的思路,我们尝试用 ChatGPT 调用 Python 和语音识别库从录音文件中识别文字信息。

使用Python和语音识别库,帮我识别会议录音的文字,用TXT文本输出。

会议录音.mp3

非常抱歉,由于安全限制,当前的环境并不支持通过网络访问或执行需要网络访问的操作,包括使用在线语音识别服务。然而,您可以在本地环境中使用某些库,比如Google的SpeechRecognition库来完成这项工作。

下面是一段使用Google SpeechRecognition库进行语音转文字的代码示例:

```python
import speech_recognition as sr

# 创建语音识别对象
r = sr.Recognizer()

# 打开音频文件
with sr.AudioFile('会议录音.mp3') as source:
    audio_data = r.record(source)
    text = r.recognize_google(audio_data, language='zh-CN')

# 将识别的文字保存到txt文件中
with open('output.txt', 'w') as file:
    file.write(text)
```

注意，Google的语音识别服务可能需要翻墙访问，并且对于大于5分钟的录音可能会有一些限制。如果您的录音文件很长，可能需要将其分割成多个小文件。另外，语音识别的准确性会受到许多因素的影响，包括音频质量、口音、背景噪声等。

ChatGPT 代码解释器处理录音文件测试

ChatGPT 没能立即解决这个问题。原因是什么呢？网络访问的安全限制——ChatGPT 不能直接访问谷歌的语音识别库，所以，暂时无法完成这项工作。

不过，不用失望，因为这并不是技术的问题，只是在当前阶段代码解释器暂未开放网络访问功能。我们可以期待，随着 ChatGPT 产品的迭代，未来很可能它能够实现这样的功能。更进一步，即使它不能直接实现，我们也可以借助它提供的代码和思路，实现录音中数据提取的目标。

4. 用 ChatGPT 生成虚拟数据

什么情况下会用到虚拟数据呢？想象一下，我们需要做一个电商数据分析的项目，而公司的电商系统正在搭建中，还没有产生真实的数据。这种情况下，虚拟数据的使用就变得至关重要了。它不仅可以利用虚拟数据推进后续的数据处理环节，还可以在真实数据产生后实时替换，为我们实现有效的数据分析提供了可能。

尽管还没有拿到真实的数据，但从项目的定义中，我们可以推断出关键的数据维度和字段。所以，我们可以要求 ChatGPT 生成虚拟数据，并提供下载的链接。

帮我生成一批虚拟的电商运营数据，约500条。
字段包括订单ID、客户ID、产品名、日期、购买数量、单价（美元）、总价（美元），

并提供下载CSV文件链接。

我已经为您生成了所需的电商运营数据，并保存为CSV文件。您可以点击**这里**下载该文件。

ChatGPT 生成的虚拟电商运营数据

可以继续要求 ChatGPT 显示 5 条数据样本，供我们检查确认。

 显示5条数据样本。

Finished working　　Show work ∨

以下是生成的电商运营数据的前5条样本：

订单ID	客户ID	产品名	日期	购买数量	单价(美元)	总价(美元)
87558066	51434542	Multi-lateral executive model	2022-02-21	1	35.37	35.37
55321424	17015945	Right-sized grid-enabled Graphical User Interface	2021-10-06	2	21.82	43.64
97744817	72976657	User-centric value-added capability	2022-08-04	5	35.95	179.75
84179691	60476381	Virtual explicit Internet solution	2022-05-13	3	89.86	269.58
27976223	73772729	Persevering neutral initiative	2023-07-02	1	58.29	58.29

ChatGPT 显示虚拟电商运营数据样本

从样本数据中可以看出，日期、数量、单价、总价的数据都符合一般销售记录的格式。在这个虚拟数据集的基础上，我们就可以继续推进电商数据分析项目。

11.3　数据整合与清洗：具体问题具体分析

在日常工作中，数据源多种多样，比如来自不同的渠道或者不同的数据提供者。这就给我们整理数据带来了两大挑战：

（1）数据格式不统一。我们发现，数据散落在各种类型的文件中，而且文件的格式也各不相同，比如分布在 Excel、CSV 甚至 Word 文件中。而这些文件中数据的名称、单位也可能大相径庭。

（2）数据质量参差不齐。我们还发现，部分数据存在缺失、错误或冗余，甚至缺少一些关键的字段。

　　这就导致我们无法制定一个统一的、确定的解决策略，每次只能以人工的方式，针对每个具体的情况进行处理。这样的琐碎工作会消耗我们大量的时间和精力，而 ChatGPT 将会智能地解决这个棘手的问题。

　　我们可以从一个具体的示例来看：将三个不同格式的销售记录表整合成一个规范的数据文件。

1. 上传数据压缩文件，检查数据格式

　　首先，将三个文件以压缩包的形式上传到 ChatGPT 的代码解释器，它会立即解压并识别出三个 CSV 文件。

　　👤　这是三个销售记录表。

　　⑤　好的，我看到你上传了一个名为"**ecommerce_data.zip**"的压缩文件，这个文件可能包含了你提到的三个销售记录表。让我首先解压这个文件，看看里面有什么内容。

　　Finished working　　Show work　∨

　　解压之后，我找到了以下三个 CSV 文件：

1. ecommerce_data_1.csv
2. ecommerce_data_2.csv
3. ecommerce_data_3.csv

ChatGPT 代码解释器上传数据文件压缩包

　　继续让 ChatGPT 预览每个数据文件的前两行。通过预览，我们发现了一些问题，比如数据集 1 的店铺名称字段缺失、总价字段异常，三个数据集的日期格式大相径庭。

　　👤　每个数据文件预览显示前两行数据。

　　⑤　Finished working　　Show work　∨

　　这是三个数据集的前两行内容：

数据集1:

订单ID	客户ID	产品名	日期	购买数量	单价(美元)	总价(美元)
S53MLN4I3A	5	Apple Watch	06/06/2019	4	1247.31$	1247.31$1247.31$1247.31$1247.31$
4KMC0KBX9M	2	Mac mini	09/10/1972	5	605.19$	605.19$605.19$605.19$605.19$6C

数据集2:

订单ID	客户ID	产品名	日期	购买数量	单价(美元)	总价(美元)	店铺名称
8JE11N9F02	7	AirPods	26-08-1971	1	585.53	585.53	Best Buy
IUDFCBO7H7	2	AirPods	13-02-1978	4	1914.91	7659.63	Best Buy

数据集3:

订单ID	客户ID	产品名	日期	购买数量	单价(美元)	总价(美元)	店铺名称
U562×30GSW	4	iMac	2016-10-2C	2	1565.65	3131.31	Apple Store
ZJK9NK0DGJ	2	iPhone			16.93	5267.70	Apple

↻ Regenerate response

ChatGPT 预览数据表前两行样本

发现问题后，我们就能找到解决方案了。

2. 清洗错误数据

我们可以要求 ChatGPT 清洗错误的数据，按照我们的要求，ChatGPT
重新计算并更新总价数据。

1）统一多个数据表的格式

继续解决格式不统一的问题。要解决这个问题，我们可以先问问 ChatGPT。

这三个数据表的格式不一致，如何统一格式？

将这三个数据表的格式统一的步骤可能包括：

1. **列名的统一**：确保所有表格的列名都是一样的。比如，如果一个表格的列名是中文，另一个表格的列名是英文，那么我们需要选择一种语言，并将所有表格的列名都统一。
2. **数据格式的统一**：确保所有表格中相同列的数据格式是一样的。比如，日期可能在一个表格中是 "dd-mm-yyyy" 格式，在另一个表格中是 "yyyy-mm-dd" 格式，我们需要将其统一。
3. **缺失列的处理**：如果某个表格缺少了其他表格都有的某列，那么我们需要在该表格中添加这一列。新添加的列可以全部填充为某个默认值，比如 NaN。
4. **列的排序**：为了便于比较和合并，我们需要确保所有表格的列的顺序都是一样的。

我将按照以上步骤来处理这三个表格。在此之前，我需要知道你希望将列名统一为中文还是英文？还有，如果有缺失的列，你希望用什么默认值来填充？

ChatGPT 统一数据表的格式的步骤

ChatGPT 分析出了几个主要问题：列名和数据格式不统一、缺失某列数据。按照提示，我们提出了两个要求：列名都用中文，缺失的数据都用空值来填充。

列名都使用中文，用空值填充缺失值。请完成格式的统一。

 Finished working　　Show work ⌄

我已经将这三个数据表的格式统一了。以下是修改后的每个数据集的前两行内容：

数据集1：

订单ID	客户ID	产品名	日期	购买数量	单价(美元)	总价(美元)	店铺名称
S53MLN4I3A	5	Apple Watch	2019-06-06	4	1247.31	4989.24	None
4KMC0KBX9M	2	Mac mini	1972-09-10	5	605.19	3025.95	None

数据集2：

订单ID	客户ID	产品名	日期	购买数量	单价(美元)	总价(美元)	店铺名称
8JE11N9F02	7	AirPods	1971-08-26	1	585.53	585.53	Best Buy
IUDFCBO7H7	2	AirPods	1978-02-13	4	1914.91	7659.63	Best Buy

数据集3：

订单ID	客户ID	产品名	日期	购买数量	单价(美元)	总价(美元)	店铺名称
U562×30GSW	4	iMac	2016-10-29	2	1565.65	3131.31	Apple Store
ZJK9NK0DGJ	2	iPhone	1984-08-01	4	1316.93	5267.70	Apple Store

ChatGPT 统一数据表格式

2）合并数据文件输出

在完成三个表格的数据格式统一之后，我们就进入了最后一步：整合。我们要求 ChatGPT 将三个已经格式统一的表格整合成一个文件，并补充了三个具体的要求。

 将这三个数据表合并成一个完整的，并按照以下三个要求来完成。
1. 缺少的店铺名称用 "Amazon" 填充。
2. 按销售日期，从最新到最早排序。
3. 整合后输出一个 CSV 文件下载链接，并预览合并后数据的前两行。

 Finished working   Show work ⌄

我已经将这三个数据表合并成了一个，并按照销售日期从最新到最早进行了排序。缺少的店铺名称我已经用 "Amazon" 填充了。以下是合并后的数据集的前两行：

订单ID	客户ID	产品名	日期	购买数量	单价(美元)	总价(美元)	店铺名称
S53MLN4I3A	5	Apple Watch	2019-06-06	4	1247.31	4989.24	Amazon
5WEC86EYLH	4	MacBook	2018-01-10	4	202.67	810.68	Apple Store

你可以点击这里下载合并后的 CSV 文件。

ChatGPT 输出合并文件与下载链接

最终，ChatGPT 完成了数据的整合清洗工作，提供了一个完整的数据表，并给出了下载链接。

在这个示例中，ChatGPT 在我们的指引下一步步执行数据操作。在熟悉 ChatGPT 数据处理的基本逻辑之后，我们也可以一次性提出数据整合和清洗的要求，让 ChatGPT 直接执行。

11.4 数据库管理：精简架构，善用工具

在上一节中，我们通过 ChatGPT 实现了数据的整合和清理。当得到标准化和规范化的数据后，我们往往需要使用专业的数据库进行数据存储和管理。在实际的业务场景中，最常用的数据库就是 SQL 数据库。利用 ChatGPT，我

们可以直接通过描述我们的要求来实现专业的数据库操作。

1. ChatGPT 介绍 SQL 基本操作

什么是 SQL 数据库？如何操作 SQL 数据库？可以直接让 ChatGPT 来解释。

 简要介绍一下SQL数据库的基本操作和指令。

SQL（结构化查询语句）是一种用于管理关系型数据库的语言。你可以使用SQL执行各种操作，包括查询数据、插入新的数据、更新现有的数据，以及删除数据。以下是一些基本的 SQL操作和指令：

1. SELECT：这是最常用的SQL指令，用于从数据库中查询数据。你可以使用SELECT来选择你想要的列，并使用WHERE子句来设置查询条件。例如：

sql　　　　　　　　　　　　　　　　　　　　　　　　　　　　　　　　🗐 Copy code

```sql
SELECT 产品名，总价
FROM orders
WHERE 客户ID = 1;
```

ChatGPT 介绍 SQL 数据库操作基础（仅展示部分截图）

通过 ChatGPT 的介绍，我们了解到 SQL 数据库是一种关系型数据库，通过结构化查询语言进行操作。

2. 使用 SQL 创建数据表并录入数据

首先，我们需要创建一个数据集，并将数据录入到数据库中。同时，还需要了解现有的数据字段和结构。我们可以让 ChatGPT 展示现有数据集的字段和数据样本。

 数据集包括哪些字段？显示前两行数据。

Finished working　　　Show work ⌄

扩展的虚拟数据集包括以下字段：

1. 订单ID：每个订单的唯一标识符
2. 客户ID：每个客户的唯一标识符

3. 产品名：购买的产品的名称

4. 日期：购买日期

5. 购买数量：购买产品的数量

6. 单价(美元)：产品的单价（以美元为单位）

7. 总价(美元)：购买的总价（以美元为单位）

8. 店铺名称：产品购买的店铺的名称

9. 季度：购买日期所在的季度

数据的前两行如下：

```yaml
                                                            Copy code

           订单ID    客户ID     产品名        日期   购买数量      单价(美元)          总价
0   L60LZVZ093      8      iMac  2023-02-21     3  304.300000   912.90000      Bes
1   J548JJJA6J      9    iPhone  2022-01-20     5  935.120874  4675.60437    Apple
```

ChatGPT 展示的目标数据结构与样本

在了解数据结构后，可以要求 ChatGPT 告诉我们如何使用 SQL 创建相应的数据表。

> 我如何使用SQL来管理数据并创建一个新的订单表?

如果你使用SQL来管理数据，你可以使用CREATE TABLE语句来创建一个新的订单表。下面是一个创建新订单表的例子，其中的字段与我们刚才讨论的数据集相匹配。

```sql
                                                            Copy code

CREATE TABLE orders (
    订单ID VARCHAR(10) PRIMARY KEY,
    客户ID INT,
    产品名 VARCHAR(50),
    日期 DATE,
    购买数量 INT,
    单价 FLOAT,
    总价 FLOAT,
    店铺名称 VARCHAR(50),
    季度 VARCHAR(6)
);
```

这个语句创建了一个名为"**orders**"的新表，包含了我们的数据集中的所有字段。数据类型（如VARCHAR、INT、DATE、FLOAT）可能需要根据你的具体数据和数据库系统进行调整。

请注意，这个SQL语句只是一个基本的示例，你可能需要根据你的具体需求来进行调整，例如增加其他的约束条件（如NOT NULL）或者索引。

ChatGPT 演示的如何创建新的 SQL 数据表

接下来，就可以在这个数据表中插入具体的数据了。

 我需要在订单表中插入一条新的订单记录。

在SQL中，你可以使用INSERT INTO语句来向表中插入新的记录。下面是一个例子：

```sql
INSERT INTO orders (订单ID, 客户ID, 产品名, 日期, 购买数量, 单价, 总价, 店铺名称,
VALUES ('ABC123', 1, 'iPhone', '2023-07-01', 2, 999.99, 1999.98, 'Apple Stor
```

这个语句将向"**orders**"表中插入一条新的记录。这条记录的订单ID是ABC123，客户ID是1，产品名称是iPhone，日期是2023-07-01，购买数量是2，单价是999.99，总价是1999.98，店铺名称是Apple Store，季度是2023Q3。

请注意，这个SQL语句只是一个基本的示例，你需要根据你的具体需求来修改插入的值。

ChatGPT 演示的如何在数据表中插入新的数据记录

这是一个非常基础的操作演示，在实际工作中，我们可能会使用 Python 或其他编程语言进行数据批量插入和自动化操作。

3. 使用 SQL 查询数据结果

拥有数据库后，我们便可以利用查询操作获取各种数据了。比如，想知道总销售额或者平均订单值，只需让 ChatGPT 提供相应的查询语句和代码。

如果想了解不同商品的销售情况，也可以利用 SQL 查询语句统计每种商品的总销售额。通过分析查询结果，我们便可判断出各种商品的销售量。

以上只是一些基本的示例，实际业务需求可能会更复杂。然而，**无论需求如何复杂，只要我们能用自然语言清晰地表达出来，ChatGPT 都有可能生成相应的 SQL 指令，帮我们实现目标。**

11.5 数据可视化：从单一图表到数据大屏

在数据处理和分析的工作中，数据可视化是一个至关重要的环节。它能将原本复杂的数据转化为直观易懂的图表，揭示数据背后的趋势，帮助我们对复

杂的数据进行解读，从而为业务决策提供强大的支持。我们可以使用 ChatGPT 快速地进行数据的可视化，并根据业务需求将多种数据聚合到一个数据大屏（Dashboard）中，以掌握业务全局，为决策提供有力的支持。

我们只需通过提供数据并描述要求，ChatGPT 便可以快速生成相应的图表。如果我们有更复杂的要求，比如需要将多种数据聚合到一个数据大屏中，ChatGPT 也能轻松完成。

1. 用 ChatGPT 创建基础图表

我们可以直接上传前两节示例中的电商运营数据表，让 ChatGPT 生成相关的图表，包括各类产品的购买总数量、各个店铺的销售额占比，以及每个季度销售额和各个店铺销售额。我们要求 ChatGPT 生成三种类型的图表：条形图、饼图以及堆叠柱状图。

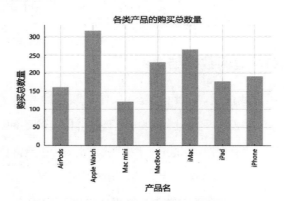

ChatGPT 生成的数据图表（条形图）

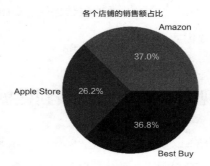

ChatGPT 生成的数据图表（饼图）

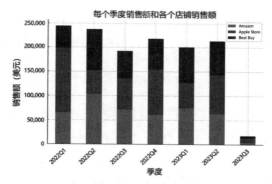

ChatGPT 生成的数据图表（堆叠柱状图）

我们看到，生成的图表非常符合我们的预期。特别是每个季度销售额和各个店铺销售额的展示，采用了堆叠柱状图的形式，让我们既能看到总量，又能了解每个季度中各个店铺对销售额的贡献情况。

2. 用 ChatGPT 优化图表

如果图表的形式不符合我们的预期，可以让 ChatGPT 继续优化。比如，"各类产品的购买总数量"中元素的排序顺序比较杂乱，并不能直观地呈现哪些产品的销售量更突出。我们可以补充要求，让 ChatGPT 按降序排列，并按水平柱状图显示。

各类产品的购买总数量、降序排列、水平柱状图。

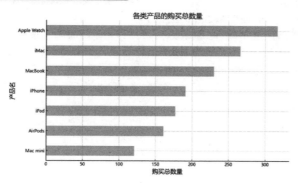

这是按照购买总数量降序排列的各类产品的水平柱状图。

我们可以看到，这个图表展示了每一类产品的购买总数量，产品名是按照购买总数量降序排列的。

ChatGPT 优化后的数据水平柱状图

从修改后的图表中，我们便可以一目了然地看出在店铺中销售量最高的三种产品，分别是 Apple Watch、iMac 和 MacBook。

3. 用 ChatGPT 创建数据监控大盘

在实际的业务中，我们通常需要同时监控多个数据指标，以全面了解业务发展情况。例如，在电商业务中，我们可以要求 ChatGPT 创建一个多图表的数据面板。

具体来说，我们可能需要一个 2×2 的框架，分别展示每个月的销售额、每个月的商品销售件数、每个月的平均订单金额，以及每个月三大店铺的销售额占比。

帮我设计一个2×2的数据面板，监控最近三个月的数据指标。
1. 每个月的销售额。
2. 每个月的商品销售件数。
3. 每个月的平均订单金额。
4. 每个月三大店铺的销售额占比（用标准化堆叠柱状图）。

Finished working   Show work ⌄

这是你要求的数据面板，监控最近三个月的数据指标。
在这个数据面板中，我们有四个指标：
1. 每个月的销售额：这个图表展示了最近三个月每个月的销售额。
2. 每个月的商品销售件数：这个图表展示了最近三个月每个月的商品销售件数。
3. 每个月的平均订单金额：这个图表展示了最近三个月每个月的平均订单金额。
4. 每个月三大店铺的销售额占比：这个图表展示了最近三个月每个月三大店铺的销售额占比。

ChatGPT 创建的数据面板

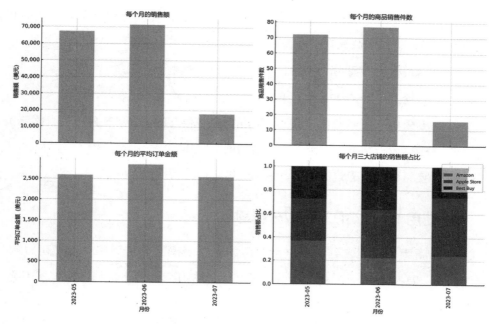

ChatGPT 创建的 2×2 数据面板

从这个数据面板中，我们可以看出：

（1）销售额变动情况。从 2023 年 5 月到 6 月，销售额、订单数量和销售数量都呈现增长趋势。而到了 7 月，销售额、销售数量均大幅下降，原因在于 2023 年 7 月尚未结束，销售还在持续增长中。

（2）不同店铺的销售额贡献。在第四张图表中看出，在 7 月，Apple Store 的销售额占比大幅度增加，成为主力销售渠道。

对于我们指定的数据可视化要求，ChatGPT 能够轻松、高效地完成。要用好 ChatGPT 的数据可视化能力，真正的难点在于**指定可视化的目标维度和图表的形式**。

11.6　数据分析案例：电商销售数据洞察

假设你是一个数据分析的新手，需要处理一份电商销售数据，你的任务是深入挖掘这份数据，分析销售业绩的情况，并为下个季度设定销售目标。

在这个案例中，我们仍采用前两节的电商数据。我们全程使用 ChatGPT 进行数据分析，具体分为五个步骤：

（1）将数据上传到 ChatGPT，并和它一起探讨分析思路。

（2）要挖掘一些关键指标，找出数据中的"金矿"。

（3）要采用一些商业分析方法，发现销售中存在的问题，并分析提升策略。

（4）根据分析结果，设定下个季度的销售目标。

（5）要整合所有的分析结果，输出一份数据分析报告。

1. 使用 ChatGPT 获取分析思路

作为新手，我们拿到数据之后，可能没有明确的分析思路。我们可以向 ChatGPT 直接提出一个基础的问题，那就是分析电商数据的时候，哪些是重要的指标呢？

分析电商销售数据，有哪些最重要的指标，列举五个。

在电商销售数据分析中，以下是五个重要的指标：

1. **总销售额（Gross Sales）**：这是衡量公司销售表现的最基本指标，反映了公司在一段时间内销售的总额。

2. **订单数量（Number of Orders）**：这个指标表示了在一段时间内你的公司接收到了多少订单。这个数字可以帮助你理解你的销售量是否在增长，或者是否在某个特定时间段（例如假日）中增长。

3. **平均订单价值（Average Order Value, AOV）**：这个指标是通过将总销售额除以订单数量得到的。它可以帮助你理解每个订单为你的公司带来了多少收入。

4. **客户获取成本（Customer Acquisition Cost, CAC）**：这个指标是通过将你在营销和广告上的总支出除以获得的新客户数量来得到的。这个数字可以帮助你理解你需要花费多少才能获取一个新的客户。

5. **客户生命周期价值（Customer Lifetime Value, CLV）**：这个指标是预测一个客户在他们与你的公司的整个关系期间可以带来多少收入。这个数字可以帮助你理解你的客户关系的长期价值，以及你可以在获取新客户时花费多少。

请注意，这些只是一些常见的电商指标，实际的指标可能会根据你的特定业务或分析需求而变化。

ChatGPT 介绍的电商数据分析五个关键指标

针对我们的问题，ChatGPT 给出的答案是五个关键指标，包括总销售额、订单数量等。但是，在我们的任务中，我们只能分析我们已有的数据。所以，我们进一步请求 ChatGPT 根据已经上传的数据表来确定哪些指标是可以进行分析的。

 根据上传的电商订单数据表，哪些重要的指标可以分析？

 Finished working　　Show work ∨

根据你提供的电商订单数据表，以下是一些可以计算和分析的重要指标：

1. **总销售额（Gross Sales）**：可以通过累加所有订单的"总价(美元)"来计算。
2. **订单数量（Number of Orders）**：可以计算数据表中的订单总数。
3. **平均订单价值（Average Order Value, AOV）**：可以通过将总销售额除以订单数量来计算。
4. **产品销售量（Product Sales Volume）**：可以通过累加每种产品的"购买数量"来计算每种产品的销售量。
5. **最受欢迎的店铺（Most Popular Stores）**：可以通过计算每个"店铺名称"出现的次数来确定最受欢迎的店铺。
6. **最受欢迎的产品（Most Popular Products）**：可以通过计算每个"产品名"的销售量来确定最受欢迎的产品。

注意：由于数据表中并没有提供关于营销费用或客户交易历史的信息，所以我们无法直接计算客户获取成本（CAC）和客户生命周期价值（CLV）。如果你有更多的数据或其他分析需求，也可以告诉我。

ChatGPT 回答的可分析的重要指标

ChatGPT 更加具体的建议是，我们可以针对销售额和订单进行相关的分析。比如，我们可以分析总销售额、订单数量和平均订单价值、产品销售量，甚至还可以进一步分析店铺和产品的受欢迎程度。

2. 关键指标分析

在 ChatGPT 的引导下，我们选择分析与销售额和订单直接相关的前三个指标，包括总销售额、订单数量以及平均订单价值。这些指标可以帮助我们深入了解电商销售的整体情况。

 总销售额（Gross Sales）：可以通过累加所有订单的"总价(美元)"来计算。
订单数量（Number of Orders）：可以计算数据表中的订单总数。
平均订单价值（Average Order Value, AOV）：可以通过将总销售额除以订单数量来计算。
分别分析这三个指标，并给出你的分析结果。

以下是根据月度销售数据分析的结果：

1. **总销售额（Gross Sales）**：从图表中我们可以看到，总销售额在一年中的波动情况。总的来看，销售额并没有明显的上升或下降趋势，但是确实存在一些季节性的波动。例如，在某些月份（如1月和3月）销售额较高，而在其他一些月份（如2月和5月）销售额较低。这可能与消费者的购买习惯或者促销活动有关。

2. **订单数量（Number of Orders）**：订单数量的趋势与总销售额的趋势相似，也存在一些季节性的波动。这表明订单数量可能是影响销售额的一个重要因素。同时，我们也注意到，即便在订单数量较少的月份，销售额也可能会较高，这可能说明在这些月份，每个订单的平均价值较高。

3. **平均订单价值（Average Order Value, AOV）**：平均订单价值在一年中也有所波动，但并没有明显的趋势。这可能表明，尽管订单数量和销售额在不同的月份有所不同，但每个订单的平均价值在大多数时间里相对稳定。

这些观察结果可以为电商公司的销售策略提供一些参考。例如，公司可能需要调查为什么在某些月份的订单数量会下降，是否有可能通过调整产品价格或推出促销活动来提高这些月份的销售额。同时，通过了解每个订单的平均价值，公司也可以更好地了解客户的购买习惯，以便优化产品组合或定价策略。

请注意，这只是基于提供的数据进行的基本分析，如果你需要更深入的分析，或者有任何其他问题，欢迎告诉我。

ChatGPT 解读的数据分析结果

根据 ChatGPT 的分析解读，总销售额的走势表现出明显的季节性波动。例如，1 月和 3 月的销售额较高，2 月和 5 月的销售额相对较低。这可能与各类促销活动、节日等因素有关。同时，我们也发现，平均订单价值相对稳定，主要体现了用户的消费习惯。

在了解这些基础数据后，我们还想了解到底哪些产品销售量最好，哪些产品最受欢迎。

产品销售量（Product Sales Volume）：可以通过累加每种产品的 "购买数量" 来计算每种产品的销售量。
最受欢迎的产品（Most Popular Products）：可以通过计算每个 "产品名" 的销售量来确定最受欢迎的产品。
分别分析这两个相关指标，给出你的结论。

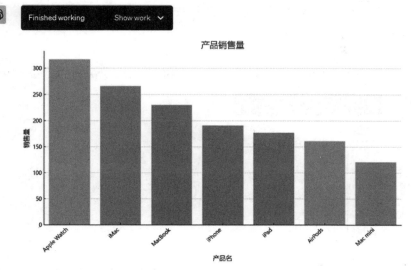

从产品销售量的图表中，我们可以得到以下结论：

1. **产品销售量**（Product Sales Volume）："Apple Watch"的销售量最高，其次是"iMac"和 "MacBook"。这可能意味着这些产品更受消费者的欢迎。
2. **最受欢迎的产品**（Most Popular Products）："Apple Watch"是销量最高的产品，这可能说明这款产品非常受消费者喜欢。

请注意，销售量只是衡量产品受欢迎程度的一个方面。要获得更全面的理解，可能还需要考虑其他因素，如产品的价格、市场竞争情况、消费者的需求等。如果你需要进行更深入的分析，或者有任何其他问题，欢迎告诉我。

ChatGPT 分析产品销售量

根据 ChatGPT 的回答，Apple Watch 是销售量最高的产品，其次是 iMac 和 MacBook。这对我们了解产品的市场表现，以及进行下一步的产品决策非常有帮助。

然而，销售量只是反映产品市场表现的一个维度，真正决定销售额的，还有产品的单价。为了更全面地了解销售情况，我们决定从交叉的维度——销售量和单价两个维度一起来进行分析。

3. 多维数据分析，洞察销售业绩

我们借助 ChatGPT 进行了交叉分析，以揭示各类产品的销售量和单价之间的关系。通过二维图表，我们可以清晰地看到每个产品的销售量和单价的关系。

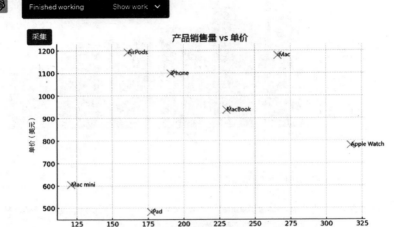

从上图中，我们可以看到各类产品的销售量和单价之间的关系。这种图表有助于我们理解产品的价格如何影响其销售量，或者哪些产品在销售量和价格上表现出较好的平衡。

1. 在左上角，我们可以看到 "Apple Watch" 和 "iMac" 的单价相对较低，但销售量很高。这可能意味着这些产品由于价格合理，所以受到了消费者的青睐。
2. 在右下角，我们可以看到 "MacBook" 的单价较高，但销售量也相当高。这可能说明该产品即使价格较高，也能够吸引大量的消费者。
3. 在左下角，我们可以看到 "Mac mini" 的单价和销售量都较低。这可能表明该产品在市场上的表现相对较差。

ChatGPT 绘图显示销售量与单价的关系

从图表中可以看出，虽然 Apple Watch 的销售量最高，但由于其单价较低，因此其对总销售额的贡献有限。反观 iMac，尽管销售量不是最高的，但由于其单价较高，因此对总销售额的贡献很大。这些信息有助于我们确定哪些产品的销售表现较好，哪些产品需要改进。

进一步，我们让 ChatGPT 尝试用波士顿矩阵对产品进行分类，并制定相应的销售提升策略。

你知道波士顿矩阵吗？尝试根据销量和单价，将数据划分到四个象限中：
（1）说明现有产品分别属于什么象限。
（2）针对每个象限，分别提出销售提升策略。

波士顿矩阵（Boston Matrix）也被称为BCG矩阵，是一种用于产品投资组合分析的工具，由波士顿咨询集团（Boston Consulting Group）在20世纪70年代初开发。在波士顿矩阵中，一个公司的产品被划分到四个象限中，每个象限代表一种特定类型的产品。

1. **明星产品（Stars）**：高市场份额，高市场增长率。这些产品有很大的成长潜力，也可能需要大量的投资来保持其市场地位。
2. **金牛产品（Cash Cows）**：高市场份额，低市场增长率。这些产品已经在成熟的市场中建立了稳定的地位，可以带来稳定的现金流。
3. **问题产品（Question Marks）**：低市场份额，高市场增长率。这些产品在快速增长的市场中地位不稳，可能需要大量的投资来提高市场份额。
4. **瘦狗产品（Dogs）**：低市场份额，低市场增长率。这些产品在成熟或下滑的市场中表现不佳，可能需要考虑剥离或停产。

让我们开始计算这些产品的象限。

以下是我们根据销售量和单价将各类产品划分到波士顿矩阵四个象限的结果：

1. **明星产品**：MacBook、iMac、iPhone
2. **金牛产品**：Apple Watch
3. **问题产品**：AirPods
4. **瘦狗产品**：Mac mini、iPad

针对这些象限，我们可以提出以下销售提升策略：

1. **明星产品**：MacBook、iMac、iPhone 是公司的明星产品，它们的销售量和单价都相对较高。公司应继续投资这些产品，以保持其市场地位，并寻找增长和扩张的机会。
2. **金牛产品**：Apple Watch 是公司的金牛产品，它的销售量高，但单价相对较低。公司应优化这个产品的生产和分销效率，以最大化利润。
3. **问题产品**：AirPods 的销售量较低，但单价较高。公司需要确定是否值得投资这个产品以提高市场份额，或者是否应该转向其他更有前景的产品。
4. **瘦狗产品**：Mac mini 和 iPad 的销售量和单价都相对较低。公司可能需要考虑剥离或停产这些产品，将资源重新分配到其他产品。

请注意，这只是一个简单的分析，实际的商业决策需要考虑更多的因素。如果你需要进行更深入的分析，或者有任何其他问题，欢迎告诉我。

ChatGPT 采用波士顿矩阵分析数据

不过在初次回答中，ChatGPT 没有充分考虑到我们的身份——是销售商，而不是生产商。因此，我们提出了更具体的要求，希望它能为销售商提供合适的策略。

注意：我是销售商，不负责产品的生产。

非常感谢你的提醒。作为销售商，你的主要关注点可能在于如何优化产品组合以最大化利润，而不是生产或剥离产品。因此，你可以针对波士顿矩阵的四个象限调整销售策略：

1. **明星产品**：MacBook、iMac、iPhone 是公司的明星产品，它们的销售量和单价都相对较高。公司应优化这些产品的销售和营销策略，以保持其市场地位，并寻找增长和扩张的机会。例如，你可以增加这些产品的库存，以满足高需求。
2. **金牛产品**：Apple Watch 是公司的金牛产品，它的销售量高，但单价相对较低。这个产品可能是公司的主要收入来源，因此你应该确保有足够的库存来满足需求。
3. **问题产品**：AirPods 的销售量较低，但单价较高。对于这类产品，你可能需要调查为什么销售量较低，是否是价格过高或者市场需求不足。你也可以考虑提高这个产品的市场推广，以提高其销售量。
4. **瘦狗产品**：Mac mini 和 iPad 的销售量和单价都相对较低。对于这些产品，你可以考虑减少库存，或者通过折扣促销来提高销售。

ChatGPT 结合反馈更新分析观点

收到我们的反馈后，ChatGPT 调整了销售策略，更加符合我们的实际情况。为了直观地看到各类产品对销售额的贡献，我们让 ChatGPT 用图表的形式表示出来。

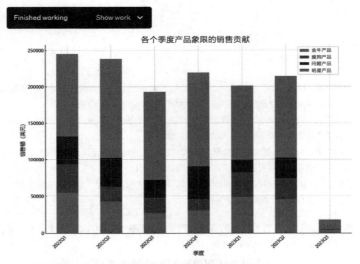

以上表格和图表展示了各个季度四类产品对总销售额的贡献。

从图表中我们可以看出，"明星产品"在所有季度中都占据了销售额的主要部分，这说明这类产品是公司销售的主要驱动力。"金牛产品"和"问题产品"的贡献也相对较大，但较"明星产品"有所减少。"瘦狗产品"的贡献最小，说明这类产品在公司的销售中起的作用较小。

ChatGPT 显示各个季度销售额构成

从图表中，我们可以清晰地看到"明星产品"在各个季度的销售额占比，这对我们制定销售策略非常有帮助。

4.销售业绩目标制定

通过前面的分析，我们明白了业绩目标的实现，必须落实到每个具体产品类型以及主力产品上。

我们设定了几个基本原则。在总销售额上，我们要求同比和环比的增长。然后在目标拆解上，我们对于"瘦狗产品"会采取一种策略性的放弃。对于"问题产品"，我们需要调整营销策略，寻找问题的根源，然后对症下药。基于这个思路，我们要求 ChatGPT 制定第三季度的销售目标。

目前，2023年第二季度已经结束，需要制定第三季度的销售目标。基本原则：
（1）总销售额同比、环比增长都不低于10%。
（2）将销售额目标拆解到四类产品，其中：
· "瘦狗产品"将战略性放弃，不再考核业绩增长。
· "问题产品"需要调整营销策，本季度实现同比、环比不下降即可。

帮我设定第三季度的销售目标，并说明你的思路。

Finished working　Show work ⌄

以下是我根据你提供的原则设定的2023年第三季度的销售目标：

1. **明星产品**：目标销售额为 $126,618
2. **金牛产品**：目标销售额为 $51,719
3. **问题产品**：目标销售额为 $28,090
4. **瘦狗产品**：目标销售额为 $28,755

在设定这些目标时，我遵循了以下的思路：

（1）首先，根据你的要求，我计算了2023年第三季度的总销售目标，确保它同比和环比增长都不低于10%。

（2）对于"瘦狗产品"，由于你打算战略性放弃，所以我没有设定业绩增长目标，其销售目标就是2023年第二季度的实际销售额。

（3）对于"问题产品"，你的目标是实现同比、环比不下降，所以我设定的销售目标是2022年第三季度和2023年第二季度的实际销售额中的最大值。

（4）对于"明星产品"和"金牛产品"，我将剩余的销售目标按照它们在2023年第二季度的销售额的比例分配。

ChatGPT 按要求制定的下一季度业绩目标

为了更直观地看销售目标，我们可以在图表中进行显示，其中"瘦狗产品"和"问题产品"的销售额增长设定为 0%，这就像我们设定的安全线，只要不下降就行了。关于公司业绩主要的增长，我们希望通过"明星产品"和"金牛产品"来实现，这就是我们的撒手锏。

用柱状图更直观地显示2023Q2销售额与2023Q3目标额。

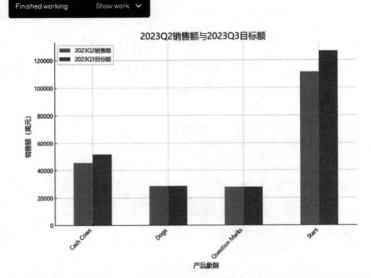

以上柱状图直观地展示了2023年第二季度的销售额与2023年第三季度的销售目标之间的对比。

从图表中我们可以看到，"明星产品"和"金牛产品"的销售目标都有所增长，这与我们的预期相符，因为我们计划增加这两类产品的销售额。而对于"瘦狗产品"和"问题产品"，销售目标与2023年第二季度的销售额相同，这也符合我们的策略，因为我们计划放弃"瘦狗产品"的销售，而对"问题产品"的目标则是保持销售额稳定。

ChatGPT 可视化显示下一季度业绩目标

5. 生成数据分析报告

有了这样的目标设定，我们就可以向团队发布这份分析报告和设定的业绩目标了。我们可以要求 ChatGPT 根据之前的讨论，来撰写一份简要的数据分析报告。

根据以上的分析讨论，写一份简要的数据分析报告，重点说明产品销售情况现状、未来提升的思路，以及第三季度业绩目标的设定。

电商数据分析报告

1. 产品销售情况现状

根据2022年和2023年前两个季度的销售数据，我们的产品可以被分类为四个象限：明星产品、金牛产品、问题产品和瘦狗产品。

- **明星产品**：包括 MacBook、iMac、iPhone，这些产品的销售量和单价都相对较高，表现出强劲的市场表现。
- **金牛产品**：包括 Apple Watch，这个产品的销售量高，单价相对较低，是公司的主要收入来源。
- **问题产品**：包括 AirPods，这个产品的销售量较低，但单价较高，未来发展潜力待挖掘。
- **瘦狗产品**：包括 Mac mini 和 iPad，这些产品的销售量和单价都相对较低，对公司的贡献较小。

2. 未来提升的思路

对于**明星产品**和**金牛产品**，我们将着重优化销售和营销策略，以保持其市场地位，并寻找增长和扩张的机会。对于**问题产品**，我们需要进行市场调研，找出销售量低的原因，是否是价格过高或者市场需求不足。我们也需要加大市场推广力度，提高产品知名度，从而提高其销售量。而对于**瘦狗产品**，我们将战略性地减少投入，不再考核业绩增长。

3. 第三季度业绩目标的设定

根据以上的分析和讨论，我们设定了2023年第三季度的销售目标。基本原则是总销售额同比、环比增长都不低于10%，将销售额目标拆解到四类产品。

具体目标如下：

- **明星产品**：目标销售额为 $126,618，同比增长 4.91%，环比增长 13.62%。
- **金牛产品**：目标销售额为 $51,719，同比增长 91.87%，环比增长 13.62%。
- **问题产品**：目标销售额为 $28,090，同比和环比均无下降。
- **瘦狗产品**：目标销售额为 $28,755，同比增长 37.18%，环比无增长。

以上目标的设定基于我们对产品现状的分析和未来提升的思路，希望能够更好地推动公司的业绩发展。

ChatGPT 生成的数据分析报告

从上面的示例可以看出，ChatGPT 的价值不仅在于处理数据、计算和制作图表，更重要的是它能结合我们的需求、有针对性地进行数据分析和挖掘。借助 ChatGPT，我们可以轻松地分析数据，然后整合所有的数据信息，形成一份完整的分析报告。

第 12 章
ChatGPT 风口下的新兴职业

12.1　职业变更三重奏：替代、增强、新生

AIGC 技术的进步，使得像 ChatGPT 这样的人工智能工具在我们的工作中应用得越来越普遍，因此我们的职业生态也正在经历深刻的变化，主要体现在三个方面，我把它们分别称作替代、增强、新生。

1. 被 AIGC 技术替代的职业

那些日常重复、机械性高的工作将被 ChatGPT 取代，比如数据分类、文本翻译、图像处理等工作。这些工作在以往常常是企业选择外包的部分。

2023 年 4 月初，国内一家知名公关公司华东区总部的运营采购部发了一封邮件 ①，邮件里写着：“为了遏制核心能力空心化势头，全面拥抱 AIGC 技术，管理层决定无限期全面停止创意设计、方案撰写、文案撰写等外包支出。”

同样地，根据第一财经报道，某游戏外包公司的特效技术总监说，公司最近三个月裁员 30% ②，而且裁员最多的岗位就是原画师。有一家原画公司已经从画画降级到给 AI 修图了。他们预计，几年后原画行业可能被取缔，建模师这一

---

① Tech 金融网. 首批因 AI 失业的人来了！国内公关巨头蓝色光标全面停用文案外包？[EB/OL]. (2023-04-13) [2023-07-13]. https://finance.sina.cn/stock/ssgs/2023-04-13/detail-imyqcyew8415869.d.html?vt=4.

② 第一财经. 第一批因为 AI 失业的人出现？游戏原画师迎来变革 [EB/OL]. (2023-04-05)[2023-07-13]. https://finance.sina.cn/2023-04-06/detail-imypivzy9240047.d.html?vt=4.

岗位也将面临裁员。

AIGC 技术带来的冲击，已经悄然发生了。

2. 被 AIGC 技术增强的职业

ChatGPT 可能会取代某些岗位，但它也能提升某些岗位的工作效率，它为那些能与 AIGC 技术协同工作的岗位带来了新的机遇。这些岗位并不会被 ChatGPT 替代，反而是需要相关的工作人员掌握 ChatGPT 技能，利用 AI 技术来提高工作效率。

现在，我们甚至可以在一些招聘公告中看到类似的要求 [①]。例如，某公司招聘 ChatGPT 行业研究助理，职位描述中明确指出，应聘者需要研究 ChatGPT 及 AIGC 的趋势，探索其在企业管理方面的应用，并参与公司内部 AI 项目的开发和实施。还有一些公司在招聘内容运营（ChatGPT 方向）的岗位时，也要求应聘者熟练使用 ChatGPT 优化工作成果，写出吸引人的产品文案，设计并执行有效的内容营销策略。

我们可以预见，在未来的求职市场中，ChatGPT 和 AIGC 技术相关的技能将逐渐成为员工的标配，拥有这些技能的员工，会更受企业的青睐。举例来说，在新闻媒体和广告公司中，AIGC 技术极大地提升了广告和短视频的文案产出能力；而在金融行业，借助 ChatGPT，人们可以通过大量的新闻公告来了解市场和竞争对手的动态，以此来辅助他们的基本面分析。

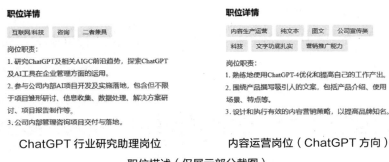

ChatGPT 行业研究助理岗位　　　　内容运营岗位（ChatGPT 方向）

职位描述（仅展示部分截图）

---

① 本章中使用的招聘信息示例，均来自 Boss 直聘网站的公开信息。

3. AIGC 技术带来的新兴职业

AIGC 技术，特别是 ChatGPT，就像历次技术革命一样，正在催生出一系列全新的职业。从产业链的角度来看，这些新兴职业可以被划分为三个部分：上游职业、中游职业、下游职业。

（1）上游职业。如 AI 算法研究员和 AIGC 安全专家，他们专注于技术研发与创新，处在产业链的源头，主要工作是研发 ChatGPT 等 AIGC 技术模型。

（2）中游职业。如 AIGC 产品经理和提示词工程师，他们主要负责产品开发与设计。他们利用上游的技术成果，开发和设计出符合市场需求的产品。

（3）下游职业。如 AIGC 培训师和 AIGC 内容创作与运营人员，他们主要负责应用与服务，直接面对终端用户，运用新兴产品进行行业应用和提供服务。

上游职业主要涉及 AIGC 技术的核心领域，这些领域专业性强，技术门槛相对较高。然而，并非所有人都需要成为 AI 专家。相反，中游和下游的职业领域更加广泛，对技术的要求相对较低，更注重场景应用，具有较强的大众性。

这些新兴职业本质上是"原有职业 +ChatGPT/AIGC"，在原有行业的基础上，借助 AI 的技术力量，为用户提供更优质的产品和服务。

任正非曾经说过："人工智能软件平台公司对人类社会的直接贡献可能不到2%，而剩下的 98% 主要是通过对工业社会和农业社会的促进来实现的。"对大多数读者来说，关键是如何在中下游的广泛领域中找到适合自己的职业或岗位，通过应用 AI 技术，实现在职业生涯中的质的飞跃。

在接下来的章节中，我们将详细介绍上游、中游和下游的新兴职业，以及他们所带来的职业机会。

12.2　ChatGPT 上游的新兴职业：技术研发与创新

我们将通过具体的新兴职业案例来了解这些职业在实际工作中的情况，包括职责、所需的技能和知识，以及它们在 AI 行业中的重要性。对于 ChatGPT

上游的相关职业，我们将重点关注 ChatGPT 算法工程师、ChatGPT 开发工程师和 ChatGPT 数据标注师。

1. ChatGPT 算法工程师

以下是一个常见的 ChatGPT 算法工程师的职位描述。

职位描述　　　　　　　　　　　　　　　　　　　　　　　　　○ 微信扫码分享　△ 举报

计算机相关专业　　自然语言处理项目经验　　人机对话相关经验

职位描述：
1. 负责训练和优化ChatGPT模型，提高模型性能，具备对Transformer架构及其变体的深入理解；
2. 对预训练好的模型进行fine-tuning，以满足特定应用场景的需求，如对话生成、情感分析、文本分类等；
3. 负责语料库的采集、整理和数据制作，以满足模型训练需求，掌握数据增强和降噪技术；
4. 参与多模态（如图片等）相关的训练和调参任务，熟悉视觉-语言预训练模型（VL-BERT、ViLBERT等）；
5. 跟进并了解业界最新研究成果和技术动态，持续优化模型和算法，如零样本学习、自监督学习等技术；
6. 针对模型性能进行系统评估，优化模型训练策略，提高计算资源的利用效率；
7. 与团队成员密切合作，共同完成项目目标，协助其他团队成员解决技术难题。

职位要求：
1. 研究生以上学历，计算机科学、数据科学、人工智能等相关专业；
2. 熟练掌握深度学习、自然语言处理等相关领域的理论知识和技术；
3. 熟悉GPT系列模型及其底层原理，有实际操作经验和相关项目经历者优先；
4. 具备扎实的编程基础，熟练使用C/C++、Python，掌握PyTorch、TensorFlow等深度学习框架；
5. 熟悉常见的自然语言处理和计算机视觉任务，如文本生成、语义理解、目标检测等；
6. 具备良好的数据预处理和数据分析能力，熟悉主流数据处理工具如pandas、NumPy等；
7. 具备较强的学术和技术沟通能力，能够高效地与团队成员合作，撰写技术文档和报告。

职位描述（ChatGPT 算法工程师）

从这个职位描述中，我们可以看出这个职位有两个重要特点：

（1）高度专业化。该职位对技术背景和专业技能有很高的要求，包括深度学习、自然语言处理、计算机视觉等领域的专业知识，以及深度学习框架的操作技能。这说明 ChatGPT 算法工程师必须拥有扎实的专业基础和广阔的视野。

（2）跟踪技术前沿。该职位要求熟悉并能应用最新的人工智能技术，如零样本学习、自监督学习等。这表明该职位需要在科技前沿站立，对新技术有敏锐的洞察力和快速的学习能力。

这类新兴职业，对求职者的专业技能和知识储备有严格的要求，同时也需要他们具备出色的学习能力、适应能力、问题解决能力和团队合作精神。

2. ChatGPT 开发工程师

以下是一个常见的 ChatGPT 开发工程师的职位描述：

职位描述   💬 微信扫码分享   ⚠ 举报

Python   计算机相关专业

岗位职责：
1. 开发、维护基于ChatGPT等AI技术的应用产品；
2. 参与技术调研、可行性分析，系统、流程结构设计、优化、重构；
3. 完成模块的设计与开发；
4. 调试、解决核心技术问题。
职位要求：
1. 3年以上编程经验，本科以上学历；
2. 具备良好的开发基本功，熟练使用基本的数据结构和算法；
3. 具备良好的编码习惯，结构清晰，命名规范，逻辑性强，代码冗余率低；
4. 熟练掌握Flask/Django、Sqlalchemy、Celery等主流框架，深入理解框架实现原理及特性；熟练使用Python的常用库；
5. 熟练掌握MySQL/PostgresSQL，具备索引优化、查询优化的能力；熟悉MongoDB、Redis、RabbitMQ的特性和适用场景；
6. 熟悉HTTP协议，熟悉缓存机制；
7. 较强的逻辑分析和解决问题的能力。

职位描述（ChatGPT 开发工程师）

与算法工程师相比，ChatGPT 开发工程师的职位更注重实践性和广泛的技术知识。他们需要了解和应用 ChatGPT 等 AI 技术，同时需要具备扎实的编程基础，并有能力解决实际开发中的问题。

（1）实践导向。与算法工程师相比，ChatGPT 开发工程师更注重实践性，他们需要将 ChatGPT 等 AI 技术应用到实际的产品开发中。他们的工作内容包括技术调研，可行性分析，系统和流程的设计、优化和重构，以及具体的模块设计和开发，还需要调试和解决核心技术问题。

（2）广泛的技术视野。这个职位要求熟悉一系列开发技术和工具，包括各种主流的开发框架、数据库技术、消息队列技术以及 HTTP 协议和缓存机制等。

对善于实践、喜欢解决具体问题的求职者来说，这是一个极好的发展机会。

3. ChatGPT 数据标注师

数据标注师在 AI 产业中扮演着重要角色。他们的主要工作是对机器学习模型使用的训练数据进行标注，使这些数据满足特定的模型训练需求，从而提升模型的性能。

以下是招聘网站上常见的 ChatGPT 数据标注师的职位描述：

职位描述　　　　　　　　　　　　　　　　　　　　　　　💬 微信扫码分享　△ 举报

文本标注　　AI模型训练　　标注　　ChatGPT

【岗位职责】
负责AI模型训练及评测相关的工作，具体工作内容包括但不限于：
1. 熟练掌握AI模型训练及评测相关标注任务；
2. 负责各类问答对构造、文本润色、多回答排序等复杂标注工作；
3. 支持标注任务的审核和质检工作；
4. 完成临时交办的其他工作。
【职位要求】
1. 本科及以上学历，工作年限1年以上；
2. 具有一定的文字功底和文案撰写能力；
3. 掌握常用的办公软件、搜索引擎等工具；
4. 逻辑清晰，具备较强的学习能力及协调能力，能快速熟练掌握各类判别标准，工作细致，有团队合作意识；
5. 有良好的责任心和沟通协作能力，工作细致、踏实、严谨、思维活跃、领悟力强。
【具备以下条件者优先】
1. 熟悉互联网产品，有文本、对话标注经验者优先；
2. 翻译等语言类相关专业，或具有数学、计算机等专业理工知识背景者优先；
3. 对ChatGPT等相关AI模型有深入了解或丰富的使用经验者优先。

职位描述（ChatGPT 数据标注师）

该职位描述显示，尽管数据标注师在技术背景上的要求相较于算法工程师和开发工程师可能较低，但他们需要有很强的语言理解、判断逻辑和信息处理能力。

从上述三个新兴职业的职位描述中，我们可以总结出 ChatGPT 上游相关职业的重要特点：

（1）领域非常细分。涵盖了算法工程师、开发工程师和数据标注师等多个角色，每个角色都对特定的技术或能力有明确的要求。

（2）技术专业背景要求高。例如，算法工程师需要深入了解深度学习、自然语言处理等领域，开发工程师则需要扎实的编程基础，对多种开发工具要熟练掌握。

（3）必须跟随技术发展的步伐。例如，算法工程师需要了解并应用最新的 AI 技术，开发工程师需要适应各种新的开发框架和工具。

总的来说，这些上游职业直接从 ChatGPT 的技术创新中受益，但其应用范围相对较小，主要集中在 AI 技术开发领域。

12.3　ChatGPT 中游的新兴职业：产品开发与设计

对于 AI 技术，不论它的算法多么先进，如果无法在实际场景中落地，那么它都无法为人们带来实际的价值。这个环节，需要产业中游的产品开发与设计人才，如提示词工程师、产品经理、UI/UX 设计师。他们是 AI 技术与用户之间的桥梁，将前沿的技术转化为有形的产品，使普通人可以享受到 AI 带来的益处。

1. ChatGPT 提示词工程师

提示词工程师，这个新兴的职业，在 2023 年初在美国初露头角，很快在全球范围内引起了广泛关注。它被《时代》杂志誉为最热门的科技工作之一，因为所有的公司都在寻找更好地应用 AI 的方法，以期最大化其效益。在 *Mashable* 杂志的报道中，提示词工程师的年薪在 175,000 ~ 300,000 美元之间，一跃成为高薪职业，并且不需要具备深厚的技术背景。

在国内，随着 AI 技术的普及和发展，这一新兴职业也开始受到追捧。提示词工程师的主要工作是创造提示词，如同 AI 模型的细节美工，他们通过创造提示词，来引领 AI 模型按照特定的方式进行工作。这个职业的出现，标志着 AI 领域的一个新趋势：**人工智能的应用，越来越依赖人类的引导和监督，而不仅仅是技术的开发**。

在招聘平台上，一个典型的 ChatGPT 提示词工程师职位描述如下：

职位描述

作为一名提示词工程师，你将负责使用Stable Diffusion、GPT等开源工具，开发和优化提示词库，进一步提高AI模型的性能和实用性。如果你能迅速地适应新技术，并熟悉Stable Diffusion、GPT等工具，你就是我们团队的理想人选。

职位要求：

-拥有计算机科学、计算机工程或相关领域的学士学位。

-熟练使用Stable Diffusion、GPT等开源工具进行AI任务开发和优化。

-对Stable Diffusion的各种插件和完成各种AIGC任务的方法有深入了解。

-熟练掌握Prompt命令及其在GPT中完成各种复杂任务的使用方法。

-有与跨部门团队合作的经验，有效沟通项目需求和进度。

-良好的问题解决能力，能在压力下快速应对问题。

-对人工智能领域的发展保持关注，了解并掌握最新的技术和趋势。

职责：

-使用Stable Diffusion、GPT等开源工具开发和优化提示词库，以提高AI模型的性能和实用性。

-与研发团队密切合作，确保研发项目按照既定目标和时间表推进。

-参与各项AI项目，有效使用资源，确保高质量的项目执行和交付。

-跟踪和分析项目中遇到的问题和挑战，制定有效的解决策略。

-了解行业最佳实践并将其应用于开发过程中，以优化提示词库的性能和用户体验。

-准备项目文档，与团队成员分享知识和经验，促进团队协作和知识共享。

-保持对人工智能领域的变化和发展敏感，积极学习和采用新技术。

职位描述（ChatGPT 提示词工程师）

通过分析招聘信息，我们可以对这个新兴职业——提示词工程师有更深入的了解。

（1）该职位描述中技术词汇几乎是全新的。例如，Stable Diffusion、GPT、AIGC、Prompt 等，它们都是最近一年才进入大众视野的新概念。从百度搜索指数中可以看出，在 2022 年 10 月之前，Stable Diffusion、GPT 这两个概念几乎没有关注量（搜索量），在 2023 年初才出现了爆发式的增长。

百度搜索指数（AIGC 关键词趋势）

（2）职位描述中却鲜见传统的编程开发技术词汇，如 Python、算法、模型等。这表明提示词工程师这个岗位高度专业化。

这两个特点充分说明了提示词工程师的挑战性——这个岗位目前几乎没有成熟的学习和培训材料。即使在企业端也没有明确的工作规范、标准操作流程，这就需要想从事这个职业的人员具备强大的学习能力，快速掌握最新的技术。除技术以外，沟通和团队协作也是这个岗位重要的素质要求。要与研发团队、项目组等各方保持良好的沟通，了解并清晰表达项目需求，解决问题，推动项目进展。

要成为一名优秀的提示词工程师，不仅要具备出色的技术能力，还要有良好的沟通能力、团队协作能力以及适应变化的能力。这是一个全方位的职业，需要全面的技能。

2.ChatGPT 产品经理

ChatGPT 是革命性的技术，要想转化为用户可使用、可感知的产品或服务，产品经理需要扮演关键的角色：他们需要深入了解 ChatGPT 这样的技术，了解它的潜力和局限，并能够想象和设计出它如何被用于创造有价值的产品和服务。他们必须具备深厚的市场洞察力，了解不同用户群体的需求和期望，并在产品设计和开发过程中引导技术团队来满足这些需求。

这是招聘网站上常见的 ChatGPT 产品经理的职位描述：

职位描述　　　　　　　　　　　　　　　　　⊙ 微信扫码分享　⚠ 举报

`C端产品`　`AI产品`　`用户产品`

岗位职责：

1.负责项目前期调研及需求分析工作，深入了解市场，搜集行业动态和相关政策信息。

2.深度挖掘用户需求，根据公司产品战略独立完成产品规划、产品需求文档；编制市场规划、方案设计报告和实施方案报告。

3.根据客户需求，对产品成本进行评估和控制。

4.与客户保持良好沟通，全程把握客户需求；全程对项目需求分析、设计、开发和测试进行指导和监控，确保按时交付项目。

5.能独立完成数据分析、数据报表的整理，拓宽市场渠道，督促产品研发及使用过程中可能出现的功能、性能和稳定性问题。

6.不定期收集市场销售信息、新技术产品开发信息，分析及跟踪竞争对手，吸取行业发展优点并融入到产品中去。

7.负责公司现有项目产品的完善和开发等工作。

职位要求：

1.具备互联网医疗产品经验，了解AI技术、CHATGPT。

2.用户导向，敏感的产品感觉和用户感觉，优秀的用户分析能力。

3.逻辑清晰、善于沟通，有出色的学习、分析和洞察能力。

4.熟悉互联网产品，熟练使用产品设计类软件，对技术研发环节有一定的了解。

5.具备较好的沟通能力和团队协作能力。

6.富有创新精神和商业敏感性，善于沟通合作，内驱、激情、乐观。

7.较强的用户需求判断、引导、控制能力，思维敏捷，具有较强的表达能力。

8.工作年限5年以上，本科及以上学历。

9.有互联网健康医疗实操落地经验的优先。

职位描述（ChatGPT 产品经理）

根据以上职位描述，我们可以总结出 ChatGPT 产品经理的三个关键技能：

（1）对所服务的行业有深入的了解。从上述例子中可以看到，产品经理需要了解医疗健康领域的行业动态、政策信息及客户需求。

（2）有一定的技术理解能力。虽然他们不需要像工程师那样深入学习技术，但需要了解如何将 AI 技术如 ChatGPT，与产品需求结合起来。这样，他们就可以设计出利用技术优势满足用户需求的产品和服务。

（3）有一定的用户理解能力。他们需要了解不同用户群体的需求和期望，并能将这些需求和期望转化为产品设计和开发要求。

总的来说，ChatGPT 产品经理需要在行业知识、技术理解和用户理解三个方面都表现突出，才能有效地发挥他们的作用。

12.4　ChatGPT 下游的新兴职业：应用与服务

在下游的产业链中，ChatGPT 的智能化、个性化和创新性，推动了许多创新服务和应用不断涌现，催生了一批与 ChatGPT 密切相关的新兴职业。这些职业充分利用了 ChatGPT 的力量，开拓出新的服务模式和商业模式，从而扩大了职业领域的边界。

由于本书篇幅有限，我们无法逐一赘述所有的职业。因此，在接下来的内容里，我们会重点介绍三个代表性的领域：培训教育、内容创作、个性化服务。从中，你会看到 ChatGPT 如何发挥其巨大的作用，推动行业的进步和创新。

1. 培训教育领域：ChatGPT 讲师 / 培训师

这是招聘网站上常见的 ChatGPT 讲师的职位描述：

职位描述　　　　　　　　　　　　　　　　　　　　　　　　○ 微信扫码分享　　△ 举报

Python　自然语言处理项目经验　知识图谱相关经验　口头表达逻辑强　熟悉AIGC

岗位职责：
1. 开发和讲授基于工作业务场景的AI教育课程(不限细分方向)，尤其是ChatGPT，如图文报告、跨境电商、AI作图、AI视频、AI专家身份答疑等。
2. 建立并维护与学生和同事之间的积极关系，为他们提供必要的支持和指导。
3. 跟踪行业的最新技术发展，研究和开发新的教学方法，确保课程内容的实时性和有效性。
职位要求：
1. 拥有计算机科学、应用数学、自然语言处理、机器学习或相关领域的学士或硕士学位。
2. 熟练掌握GPT-4以及Midjourney等工具，具备深度学习和自然语言处理的专业知识和实际应用经验，熟悉AIGC行业，知识面广。
3. 拥有课程开发经验或教学经验。
4. 具备良好的组织能力和时间管理能力，能够在压力下工作。

5. 有强烈的自我驱动力，能够主动学习和研究新的技术和教学方法。
6. 有创业想法者优先。
7. 自带AI课程者优先，不限细分方向。

职位描述（ChatGPT 讲师）

从这个职位描述中可以看出，ChatGPT 讲师需要具备以下几个条件：

（1）专业知识。要求对计算机科学、自然语言处理、深度学习等领域有深入的了解，特别是对 GPT-4 和 Midjourney 等工具要熟练掌握。

（2）紧跟前沿的教育和教学能力。ChatGPT 讲师不仅能开发出基于工作业务场景的 AI 教育课程，更要让课程跟上行业的步伐，确保课程内容的实时性和有效性。

（3）自我驱动力和创新精神。AI 教育领域像一个永不停息的跑道，我们要随时准备改变教学内容和方式，以适应技术的快速发展。如果我们有自己的 AI 课程或创业想法，就如同拥有一盏指引我们前行的明灯。

2. 内容创作领域：ChatGPT 内容运营师或 AI 绘画设计师

1）ChatGPT 内容运营师

这是招聘网站上常见的 ChatGPT 内容运营师的职位描述：

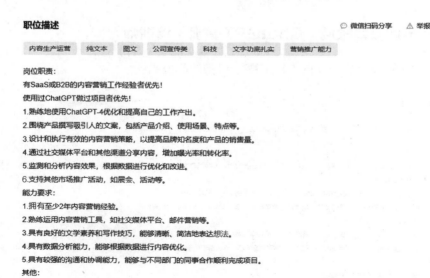

2.具有较强的学习能力，能够快速适应新环境和新产品。

3.对互联网行业和产品有浓厚的兴趣和热情，有良好的市场洞察力。

4. 能够灵活地应对变化，并适应快速发展的工作环境。

（此招聘文案90%由Chat-gpt4完成，完美符合我的需要。）

职位描述（ChatGPT 内容运营师）

从这个职位描述中可以看出，ChatGPT 内容运营师需要具备以下几个条件：

（1）利用 GPT-4 提升工作效果。设计并执行内容营销策略，撰写吸引人的文案，就如同赛车手精确的操作和冷静的决策。

（2）通过社交媒体的推广，让作品在众多竞品中脱颖而出，提升曝光率和转化率。除此之外，还要能支持其他市场推广活动。综合来说，就是需要具备优秀的写作技巧、社交媒体运营和数据分析等能力。

特别值得注意的是，这份招聘文案中 90% 的内容由 GPT-4 完成。这充分反映了企业对 AI 技术，尤其是 ChatGPT 的全面接纳和创新运用。对求职者来说，这是一个明确的信号：这家公司对 AI 技术有深度的了解和应用，期待求职者能熟练驾驭这种工具。

2）AI 绘画设计师

这是招聘网站上常见的 AI 绘画设计师的职位描述：

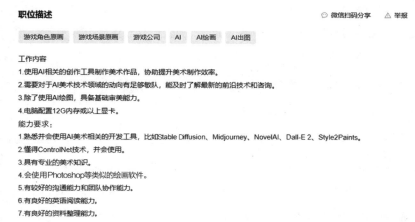

职位描述（AI 绘画设计师）

从以上职位描述中，我们可以看到这个职位的一些特点：

（1）使用了全套 AI 绘图设计工具。主要的工作软件将完全转向 AI 类工具，如 Stable Diffusion、Midjourney、NovelAI 等。传统的图像设计工具如 Photoshop，虽有提及，但处于非常次要的位置。

（2）沟通协作能力。沟通能力、团队协作能力、英语阅读能力以及资料整理能力，都是让应聘者在这个岗位上工作得游刃有余的重要条件。

3. 个性化服务领域：AIGC 数字人直播营销员

这是招聘网站上常见的 AIGC 数字人直播营销员的职位描述：

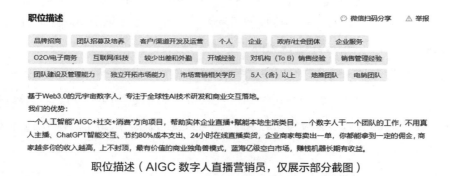

职位描述（AIGC 数字人直播营销员，仅展示部分截图）

我们可以从工作内容和技能要求两个方面来看看这个职位的特点：

（1）工作内容。要利用 AI 技术，特别是 ChatGPT 智能交互，探索并实践"**AIGC+ 社交 + 消费**"的模式（这是招聘方提出的全新概念）。该岗位的工作人员将管理一个完全由 AI 运行的数字人团队，实现 24 小时不间断的直播。想象一下，只需要管理一个数字人，就能完成一支团队的工作量，这将大大降低企业的运营成本，同时提升销售效率。

（2）技能要求。虽然 AI 技术在这个岗位上起到了关键作用，但这并不意味着人的专业知识和经验就不重要了。实际上，市场营销相关的学历、销售管理经验、团队建设和管理能力以及独立开拓市场的能力，都是该岗位员工在这个岗位上取得成功的必备条件。

总结一下，AIGC 数字人直播营销，是一种结合了 AI 技术和传统销售技能的新兴职业，这种类型的岗位也将成为未来的常态。

## 第 13 章

未来展望

ChatGPT 横空出世，以其令人叹为观止的人工智能能力震撼了世界。它的出现不仅是一个技术突破，更是一个现象级的应用，标志着人工智能领域进入了一个崭新的阶段。这是在人工智能发展历程中的一个重大突破点和转折点。

ChatGPT 也让我们看到了 AI 在各个领域广泛应用的可能性，比如在教育、医疗、媒体、娱乐等领域都可以看到 ChatGPT 的身影。

未来 10 年，随着 AI 语言模型如 ChatGPT 的进一步发展和普及，我们可以预见它们将对社会产生深远的影响。

下面，我们将从技术影响、数字鸿沟、隐私与数据安全、伦理与责任、人工智能与人类的界限五方面，来分别谈谈。

13.1 技术影响

ChatGPT 是一个知识渊博、反应敏捷的 AI 助手，它正在改变我们的沟通方式。有了它，我们可以更高效地处理日常任务，获得信息，甚至在情感上得到支持。

ChatGPT 的影响力不仅仅在于对话。考虑一下我们的工作场景，AI 能够帮我们处理日常的文本任务，如撰写报告、回复邮件，甚至编写代码。这意味着我们可以将更多的精力投入到更富有创意和挑战性的工作中。当然，这也使我们开始思考未来的职业是否安全。

再进一步想象，ChatGPT 在教育领域的作用。它能够根据每个学生的需求和能力提供个性化的教学内容，使学习变得更有趣，也更加深入。

媒体和娱乐领域也同样能从 ChatGPT 中获益。想象一下，我们最爱的电影、电视剧，甚至是视频游戏的故事线，都是由 AI 模型编写的。这将为观众和玩家提供更丰富、更个性化的体验。

在思考和决策方式上，ChatGPT 也将发挥重要作用。AI 能够处理大量的信息，提供基于数据的见解，帮助我们做出更明智的决策。然而，我们也需要警惕，不能过度依赖 AI，需要保持独立思考的能力。

我们正在进入一个充满机会和挑战的未来，在这个未来中，我们需要接纳这些变化，同时也要警惕可能出现的问题。ChatGPT，就像所有的技术一样，既有优点也有缺点。我们需要确保在尊重人权和保护个人隐私的前提下，最大限度地利用这个工具创造价值。

13.2　数字鸿沟

根据麦肯锡全球研究所的研究，AI 正在以前所未有的速度和规模改变着我们的社会，甚至有可能塑造出一个全新的社会阶层。他们比较了 AI 的发展和工业革命对人类的影响，**发现 AI 的变革速度是工业革命的 10 倍，影响规模则是其 300 倍**，这是一种前所未有的改变，而历史告诉我们，这样的改变常常伴随着**社会阶层的重组和剧变**。

回顾历史，我们会发现在工业革命初期，虽然有些人因为机器的出现而失去了工作，但随着时间的推移，新的职业也随之出现，使得失业的问题得到了缓解。类似地，尽管 AI 在短期内可能会让一些人失去工作，但从长远来看，AI 更可能是在改变工作的形态，而不是消灭工作。就像自动取款机的出现，并没有减少银行柜员的工作，反而让他们的工作更多地转向了与客户的交互，增加了人际交往的环节。

随着技术的迅速发展，比如自动驾驶汽车的出现，以及 AI 在围棋等方面超越人类的成就，我们很难预测未来的职业市场将会是什么样子，技术将会带来哪些无法想象的新变化。

以 ChatGPT 为代表的 AI 技术的快速发展，无疑正在建立一道数字鸿沟。我们将如何应对这样的挑战呢？

为了确保每个人都能公平地获取和使用 AI 技术，或许未来世界可能会逐步建立全面的教育和培训体系，让那些因为经济或教育条件限制而无法接触到这些技术的人也能够学习和使用 AI，确保 AI 技术的普及不会加剧社会的不平等。

现在，我们的学校教育也正在改变。孩子们不再仅仅学习历史、数学和英语，他们也要学习 AI 及其他新技术。对于已经工作的人们，再教育和培训也很重要。就像航海家需要用新的航海图，我们也需要用新的技能去"导航"这个 AI 世界。

13.3　隐私与数据安全

在大语言模型如 ChatGPT 等被广泛使用的情况下，隐私与数据安全问题的重要性将进一步提升。

一方面，AI 技术已经在许多领域产生了深远影响，比如自动驾驶、医疗诊断、金融交易等。另一方面，人工智能也引发了人们对隐私与数据安全的关注，因为这些系统往往需要大量的个人数据进行训练和优化。

隐私与数据安全如果没有得到有效保护，可能会带来一系列的后果。想象一下，你每天都在网上留下足迹，如购物、搜索、社交，甚至是你的手机应用，都在收集你的信息。如果这些信息被不当使用，可能会造成以下情况：

（1）个人隐私可能会被侵犯。想象一下你的个人信息，比如你的名字、住址、电话号码，甚至你的消费习惯，都被别人知道了。这会让你觉得很不舒服吧？而且，这些信息如果落入坏人手中，可能会被用于诈骗、骚扰甚至是身份盗窃。

（2）你可能会成为针对性营销的目标。根据你的搜索历史和购物习惯，广告商可能会推送大量的广告给你。虽然这些广告有时候可能是你感兴趣的，但更多的时候，你可能会觉得它们很烦人，甚至是侵犯了你的隐私。

（3）你的信息可能会被用于"深度伪造"。这是一种通过人工智能技术合成或者操纵视频和音频的技术，制造假象，使人们以为那是真实的场景。如果你的照片或者视频被用于这种技术，可能会制造出一些与你无关，甚至损害你声誉的内容。

如果你的敏感信息，如金融信息或者健康信息被泄露，可能会对你的生活带来严重的影响。如果你的信用卡信息被盗，可能会导致你的资金损失；如果你的健康信息被泄露，可能会被保险公司用于衡量你的保险费用。

在这种情况下，如何保护个人数据的安全，以及防止这些技术被用于不当的目的，就显得尤为重要。

从数据安全和隐私保护的角度来看，很多相关部门和企业已经开始建立相关机制。比如谷歌已经在许多方面做了很多努力，包括访问控制和信息安全、网络、操作系统、语言设计、密码学、欺诈检测和预防、垃圾邮件和滥用检测、拒绝服务、匿名性、隐私保护系统、信息披露控制，以及用户界面与其他人类中心的安全和隐私等。

面对 AI 的发展，我们需要在享受其带来的便利的同时，也要重视数据安全和隐私保护，以及预防其被用于不当的目的。这需要我们在多个层面进行努力，包括建立强大的数据安全和隐私保护机制，使用先进的技术来保护个人数据，以及进行负责任的 AI 研究。

13.4　伦理与责任

我们脑补一下几个有可能出现的场景：

第一个例子是关于 AI 在自动驾驶领域中的应用。这是一个我们在未来 10 年可能看到的人工智能的主要应用之一。尽管自动驾驶汽车可能会减少由于人为失误引起的交通事故，但是它也带来了一些新的伦理问题。假设在某个瞬间，自动驾驶汽车必须在撞上行人和撞上墙之间做出选择，它应该如何选择呢？这是一个非常棘手的伦理问题，因为它涉及人的生命和安全。

　　第二个例子是关于 AI 在医疗决策中的应用。现在，AI 已经在诊断疾病、推荐治疗方案等方面取得了显著的进步。然而，这也带来了一些新的伦理问题。例如，如果 AI 推荐了一个有风险的治疗方案，而这个方案导致了患者死亡，那么责任应该由谁来承担呢？是 AI 的开发者，还是使用 AI 的医生，还是 AI 本身？这是一个非常复杂的问题，需要我们深入研究。

　　第三个例子是关于 AI 在金融服务中的应用。现在，AI 已经在评估信用风险、推荐投资策略等方面起到了重要的作用。然而，如果 AI 做出了错误的决策，导致了客户产生经济损失，那么责任应该由谁来承担呢？是 AI 的开发者，还是使用 AI 的金融服务公司，还是 AI 本身？这也是一个非常棘手的问题。

　　实际上，类似的问题一定会出现，或者说有些已经出现，然而这些责任问题在法律和道德层面都没有明确的答案。人工智能技术仍在快速发展，法律和道德框架需要不断更新来适应新的挑战。目前，各国与地区都在积极研究和制定相关法律法规，以解决人工智能的责任问题。

　　在解决责任问题方面，一种常见的方法是建立合适的监管机构和审查程序，以确保 AI 系统的安全性和可靠性。此外，建立透明的算法和决策过程也非常重要，这样可以使 AI 系统的决策过程可解释，并且能够对其进行审查和验证。

　　在未来，随着 AI 技术的发展和应用，我们也必须更深入地思考和讨论 AI 的伦理问题。这是一个非常复杂，但又非常重要的问题。在未来 10 年，我期待我们能够找到更好的方式来解决这些问题，以确保 AI 技术的发展和应用能够真正地造福人类。

13.5　人工智能与人类的界限

　　我们分几个方面来聊这个话题：人工智能与机器的界限，以及如何定义人性。要明确这些界限，我们需要明白人工智能和机器的定义。

　　人工智能是让机器模拟人类思考的方式，理解人类的语言，解决问题，以及学习新知识的一种科技。而机器一般的定义是一个硬件设备，可以执行一系列指定的任务，而不需要人类干预。

在未来 10 年，人工智能和机器的界限可能会变得模糊。我们看到的 AI 系统，如自动驾驶汽车、智能助手，甚至医疗诊断工具，都在提高其认知和学习能力。但是，虽然 AI 可以模仿人类的某些功能，但在某些方面，它们仍然无法与人类相比。例如，虽然 AI 可以解析和生成自然语言，但它们并不能真正理解语言的含义，也不能体会到人类的感觉。

对于人类的定义，我们需要考虑人性。人性通常包括情感、创造性、道德观念、自由意志、意识以及对生命的感知等方面。这些都是机器或 AI 现在无法完全实现的。我想要强调的是，人工智能与人类之间的界限在很大程度上取决于我们的社会和文化。社会和文化会决定我们如何定义人性，以及人工智能能否或应该达到何种程度的人性。

随着 AI 技术的进步，我们可能会看到更多的 AI 去接管传统意义上被认为是"人类特有"的任务，如艺术创作或复杂决策。然而，无论 AI 技术如何发展，人类的情感、意识、道德观念和创造性等核心属性是目前 AI 无法复制的，这些是定义人性的关键要素。

机器和人的界限也可能会发生变化。随着机器学习和自主性的发展，我们可能会看到机器在不需要人类干预的情况下能够完成更多的任务。然而，机器能否成为社会主体，能否拥有法律权利，能否拥有道德责任，这些都是需要社会决定的问题。

定义人性是一个复杂的哲学问题，涉及道德、情感、意识、自由意志等多个层面。在这种情况下，人性可能被看作对生活的独特理解和体验，以及我们与他人和世界的关系。无论技术如何发展，人性的这些方面都是不容忽视的。因此，**未来 10 年，我们可能会看到人工智能和机器的界限变得更模糊，但人性的核心属性仍将保持不变。**

10 年后的未来，如果要谈起 ChatGPT，我认为实际上我们要谈的是：彼时的 AI 以何种方式与人类共处。